光电子技术

主 编 顾济华 吴 丹 周 皓

苏州大学出版社

图书在版编目(CIP)数据

光电子技术 / 顾济华,吴丹,周皓主编. —苏州：苏州大学出版社,2018.1(2023.7重印)
ISBN 978-7-5672-2364-6

Ⅰ.①光… Ⅱ.①顾… ②吴… ③周… Ⅲ.①光电子技术 Ⅳ.①TN2

中国版本图书馆 CIP 数据核字(2018)第 008408 号

光电子技术

顾济华　吴　丹　周　皓　主编
责任编辑　周建兰

苏州大学出版社出版发行
(地址：苏州市十梓街1号　邮编：215006)
广东虎彩云印刷有限公司印装
(地址：东莞市虎门镇黄村社区厚虎路20号C幢一楼　邮编：523898)

开本 787 mm×1 092 mm　1/16　印张 12.25　字数 296 千
2018 年 1 月第 1 版　2023 年 7 月第 3 次印刷
ISBN 978-7-5672-2364-6　定价：42.00 元

苏州大学版图书若有印装错误,本社负责调换
苏州大学出版社营销部　电话：0512-67481020
苏州大学出版社网址　http://www.sudapress.com

前言

光电子技术是光学技术、电子电路技术、微电子技术、精密机械加工技术、计算机技术等相互结合的交叉学科.它涵盖了光信号的产生、处理、传输、接收和显示等基本内容,不仅在新能源、新材料、航空航天、生命科学等新兴领域中具有广泛应用,而且在日常生活中也发挥着重要的作用.与传统的电子器件相比,光电子器件响应速度更快,传输速率更高,集成化程度更好,因而成为国内外研究的热点领域.进入21世纪以来,随着社会信息化程度的日益加深,世界各国都将光电子产业视为未来国民经济与科学技术持续发展的重要支撑,掀起了一股光电子产业的热潮.

本书主要面向理工科相关本科专业的学生,讲授54课时,完整和简明地讲述了光电子技术的基本理论、光电子器件的工作原理以及实践方法,以达到培养学生探究与分析问题的能力,为今后从事相关领域的工作或研究打下坚实基础的目的.

全书共分为8章,第1章介绍了光电子技术的预备知识,包括光的基本性质和半导体物理基础;第2章介绍了辐射度学和光度学的基本理论以及热辐射定律;第3章介绍了各种光源以及特性参数,阐述了激光的工作原理与应用;第4章介绍了光电探测器的物理效应与主要性能指标;第5章介绍了光电倍增管、光电导探测器和光伏探测器等光子探测器件;第6章介绍了热探测器的基本原理与特征以及热电偶、热电堆与热释电等热探测器的主要结构与性能指标;第7章介绍了光调制的基本概念,以及横向、纵向光电效应原理及其应用;第8章介绍了光电成像器件的工作原理与各种显示技术.

教材主编顾济华主执笔5~6章,吴丹主执笔1~4章,周皓主执笔7~8章.教材吸收了现有国内外优秀教材的许多内容,凝聚了苏州大学光电信息科学与工程学院多位教师的智慧和教学经验,研究生龚冬梅等也为文字编辑做出了贡献,在此一并表示感谢!

由于编者水平有限,书中难免存在疏漏,恳请读者批评指正,提出宝贵的意见和建议.

编者

2017 年 11 月

目录

第1章 光电子技术预备知识 /001

- 1.1 光的基本性质 / 001
  - 1.1.1 光的波动性 / 001
  - 1.1.2 光辐射的传播特性 / 004
  - 1.1.3 光波场的时域频率特性 / 007
  - 1.1.4 光的粒子性 / 010
- 1.2 半导体物理基础 / 011
  - 1.2.1 半导体能带的概念 / 012
  - 1.2.2 半导体对光的吸收 / 015
  - 1.2.3 非平衡状态下载流子的迁移率,平均寿命 / 017
  - 1.2.4 PN结 / 020
- 思考题 / 023

第2章 光的度量与热辐射定律 /024

- 2.1 辐射度学基本知识 / 024
  - 2.1.1 辐射量 / 024
  - 2.1.2 光度量 / 027
  - 2.1.3 辐射度学和光度学中的两个基本定律 / 029
- 2.2 热辐射定律 / 030
  - 2.2.1 热辐射和各种形式的发光 / 030
  - 2.2.2 单色吸收比和单色反射比 / 030
  - 2.2.3 基尔霍夫辐射定律 / 031
  - 2.2.4 普朗克公式 / 031
  - 2.2.5 维恩公式和瑞利-琼斯公式 / 032

2.2.6　斯忒藩-玻尔兹曼定律和维恩位移定律　/033
▶ 思考题　/034

第3章　光　源　/035

- 3.1　光源的基本特性参数　/036
  - 3.1.1　辐射效率和发光效率　/036
  - 3.1.2　光谱功率分布　/036
  - 3.1.3　光源的色温　/037
  - 3.1.4　光源的颜色　/038
- 3.2　如何选择光源　/038
  - 3.2.1　对光源光谱特性的要求　/038
  - 3.2.2　对光源发光强度以及稳定性的要求　/039
- 3.3　光源的发光机制　/040
  - 3.3.1　玻尔假说　/040
  - 3.3.2　粒子数按玻耳兹曼分布律　/041
  - 3.3.3　自发辐射、受激辐射和受激吸收　/041
- 3.4　激光器　/043
  - 3.4.1　激光形成的原理和基本性质　/044
  - 3.4.2　激光器举例　/050
  - 3.4.3　激光应用举例　/053
- 3.5　常用非相干光源　/054
  - 3.5.1　白炽灯与卤钨灯　/054
  - 3.5.2　荧光灯　/055
  - 3.5.3　气体放电光源　/055
  - 3.5.4　发光二极管　/058
- ▶ 思考题　/061

第4章　光电探测器概述　/062

- 4.1　光电探测器的物理效应　/062
- 4.2　光电探测器的噪声　/063
  - 4.2.1　几种典型噪声　/063
  - 4.2.2　光电探测器的噪声类别　/065

- 4.3 光电探测器的性能参数 / 066
- 思考题 / 070
- 附录A 噪声的统计特性 / 070

第5章 光子探测器 /074

- 5.1 光电倍增管 / 074
  - 5.1.1 光电子发射效应 / 074
  - 5.1.2 光电发射阴极 / 074
  - 5.1.3 光电倍增管的工作原理 / 076
  - 5.1.4 光电倍增管的主要特性参数 / 078
- 5.2 光电导探测器 / 082
  - 5.2.1 光电导效应 / 083
  - 5.2.2 光电导探测器的弛豫过程 / 085
  - 5.2.3 半导体材料的光电导与载流子浓度的关系以及电流增益 / 086
  - 5.2.4 光电导探测器的结构和特性 / 087
  - 5.2.5 光敏电阻的偏置 / 090
  - 5.2.6 光敏电阻的应用实例 / 093
- 5.3 光伏探测器 / 095
  - 5.3.1 光伏效应 / 096
  - 5.3.2 光伏探测器的工作模式以及开路电压和短路电流 / 097
  - 5.3.3 光伏探测器的性能参数 / 098
  - 5.3.4 光电池 / 100
  - 5.3.5 太阳能电池的应用实例 / 104
- 附录B 光敏电阻光电特性实验 / 105
- 附录C 太阳能电池基本特性的测量 / 109

第6章 热探测器 /120

- 6.1 热探测器的基本原理及特征 / 120
  - 6.1.1 热探测器的热力学分析模型和热流方程的解 / 120
  - 6.1.2 调制频率及热力学参数对温升的影响 / 122
  - 6.1.3 热探测器的噪声等效功率和比探测率 / 122

- 6.2 热电偶和热电堆 / 124
    - 6.2.1 热电偶的结构和工作原理 / 124
    - 6.2.2 热电偶的主要特性参数 / 125
- 6.3 测辐射热计 / 126
    - 6.3.1 测辐射热计的结构原理 / 126
    - 6.3.2 测辐射热计的主要特性参数 / 127
- 6.4 热释电探测器 / 128
    - 6.4.1 热释电探测器的结构原理 / 129
    - 6.4.2 热释电探测器的主要特性参数 / 131
    - 6.4.3 快速热释电探测器 / 133
    - 6.4.4 热释电探测器的应用 / 133
- 思考题 / 134

第7章 光的调制 /135

- 7.1 光束调制原理 / 135
    - 7.1.1 为什么要调制 / 135
    - 7.1.2 调制有哪些方式 / 135
    - 7.1.3 调制技术的一般原理 / 135
- 7.2 电光调制 / 138
    - 7.2.1 光波在电光晶体中的传播 / 138
    - 7.2.2 KDP 晶体电光调制 / 142
- 7.3 声光调制 / 146
    - 7.3.1 相位栅类型 / 146
    - 7.3.2 声光衍射 / 147
- 7.4 光束扫描技术 / 150
    - 7.4.1 机械扫描 / 150
    - 7.4.2 电光扫描 / 150
    - 7.4.3 电光数字式扫描 / 151
- 7.5 空间光调制器 / 152
    - 7.5.1 泡克耳读出光调制器(PROM) / 152
    - 7.5.2 液晶空间光调制器 / 153
- 思考题 / 153
- 附录D 几种常用的光强度调制装置 / 153

第8章　光电成像与显示技术　/155

- 8.1　固体摄像器件　/ 155
  - 8.1.1　电荷耦合器件(CCD)　/ 155
  - 8.1.2　互补金属氧化物半导体(CMOS)图像传感器　/ 159
  - 8.1.3　图像传感器光强分布　/ 161
- 8.2　光电成像系统　/ 162
  - 8.2.1　系统组成　/ 162
  - 8.2.2　光电成像系统的评价方法——调制传递函数(MTF)评价　/ 163
  - 8.2.3　光电成像系统的基本参数　/ 164
- 8.3　光电显示技术　/ 165
  - 8.3.1　阴极射线显示管　/ 166
  - 8.3.2　液晶显示器　/ 167
  - 8.3.3　等离子体显示器　/ 172
- 8.4　三维显示技术　/ 173
  - 8.4.1　双目视差3D显示　/ 174
  - 8.4.2　真3D显示　/ 175
- 思考题　/ 178

英语词汇　/179

参考文献　/182

第 1 章 光电子技术预备知识

1.1 光的基本性质

1.1.1 光的波动性

19 世纪末,英国物理学家麦克斯韦(J. C. Maxwell)创立了电磁场理论. 根据麦克斯韦电磁场理论,电磁场的变化规律可由麦克斯韦方程组描述,其微分形式如下:

$$\nabla \cdot \boldsymbol{D} = \rho$$

$$\nabla \cdot \boldsymbol{B} = 0$$

$$\nabla \times \boldsymbol{E} = -\frac{\partial \boldsymbol{B}}{\partial t}$$

$$\nabla \times \boldsymbol{H} = \boldsymbol{J} + \frac{\partial \boldsymbol{D}}{\partial t}$$

其积分形式如下:

$$\begin{aligned} &\oiint_S \boldsymbol{E} \cdot \mathrm{d}\boldsymbol{S} = \frac{\sum q}{\varepsilon_0} = \frac{1}{\varepsilon_0} \iiint_V \rho \mathrm{d}V \\ &\oiint_S \boldsymbol{B} \cdot \mathrm{d}\boldsymbol{S} = 0 \\ &\oint_L \boldsymbol{E} \cdot \mathrm{d}\boldsymbol{l} = -\frac{\mathrm{d}\Phi_B}{\mathrm{d}t} = -\iint_S \frac{\partial \boldsymbol{B}}{\partial t} \cdot \mathrm{d}\boldsymbol{S} \\ &\oint_L \boldsymbol{B} \cdot \mathrm{d}\boldsymbol{l} = \mu_0 \boldsymbol{J} + \mu_0 \varepsilon_0 \iint_S \frac{\partial \boldsymbol{E}}{\partial t} \cdot \mathrm{d}\boldsymbol{S} \end{aligned} \quad (1-1)$$

其中,哈密尔顿算符 $\nabla = \frac{\partial}{\partial x}\boldsymbol{i} + \frac{\partial}{\partial y}\boldsymbol{j} + \frac{\partial}{\partial z}\boldsymbol{k}$. 麦克斯韦方程组由四个方程组成:描述电荷如何产生电场的高斯定律、论述磁单极子不存在的高斯磁定律、描述时变磁场如何产生电场的法拉第电磁感应定律、描述电流和时变电场怎样产生磁场的麦克斯韦-安培定律. 式中 $\boldsymbol{D}$、$\boldsymbol{B}$、$\boldsymbol{E}$、$\boldsymbol{H}$ 分别为电位移矢量、磁感应强度、电场强度和磁场强度,ρ 为自由电荷体密度,$\boldsymbol{J}$ 为传导电流密度.

如果利用麦克斯韦方程组研究光波在介质中的传播特性时,还需要考虑介质的属性以及介质对电磁场的影响. 描述介质属性以及对电磁场量影响的方程称为物质方程,即

$$\begin{aligned} \boldsymbol{D} &= \varepsilon \boldsymbol{E} \\ \boldsymbol{B} &= \mu \boldsymbol{H} \\ \boldsymbol{J} &= \sigma \boldsymbol{E} \end{aligned} \quad (1-2)$$

式中,ε 为介电常数,μ 为磁导率,σ 为电导率.

根据斯托克斯定律,对于矢量场 E,有 $\oint_l E\mathrm{d}l = \iint_S \nabla \times E \cdot \mathrm{d}S$ 和高斯散度定理 $\oiint_S E\mathrm{d}S = \iiint_V \nabla \cdot E\mathrm{d}V$.

利用矢量运算 $\nabla \times \nabla \times E = \nabla(\nabla \cdot E) - \nabla^2 E$ 以及 $\nabla \cdot E = 0$,由麦克斯韦方程组可推出当媒质为完全电解质(Perfect Dielectric)或无耗媒质(Lossless Medium),即媒质的导电率 $\sigma = 0$ 时的方程:

$$\nabla^2 E - \frac{1}{v^2}\frac{\partial^2 E}{\partial^2 t} = 0$$
$$\nabla^2 H - \frac{1}{v^2}\frac{\partial^2 H}{\partial^2 t} = 0$$
(1-3)

这就是交变电磁场所满足的波动方程,又称时变亥姆霍兹方程(Helmholtz equation),它表明交变电场和交变磁场是以速度 v 传播的电磁波,其中,$v = \frac{1}{\sqrt{\mu\varepsilon}}$.

若在空间某区域有变化的电场 E(或变化的磁场 H),在邻近区域将产生变化的磁场 H(或变化的电场 E),这种变化的电场和变化的磁场不断地交替产生,由近及远以有限的速度在空间传播,形成电磁波,如图1.1所示. 电磁波具有以下性质:

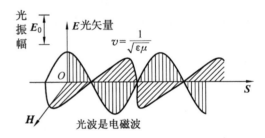

图 1.1 电磁波的传播

① 电磁波的电场 E 和磁场 H 都垂直于波的传播方向,三者相互垂直,所以电磁波是横波. E、H 和传播方向构成右手螺旋系.

② 沿给定方向传播的电磁波,E、H 分别在各自平面内振动,这种特性称为偏振(polarization).

③ 空间各点 E 和 H 都做周期性变化,而且相位相同,即同时达到最大,同时减到最小.

④ 任一时刻,在空间任一点,E 和 H 在量值上的关系为 $\sqrt{\varepsilon}E = \sqrt{\mu}H$. 式中,$\varepsilon$ 为介电常数,μ 为磁导率.

⑤ 电磁波在真空中传播的速度为 $c = \frac{1}{\sqrt{\varepsilon_0\mu_0}} = 2.99792 \times 10^8$ m/s,其中 ε_0 为真空中的介电常数,μ_0 为真空中的磁导率. 电磁波在介质中的传播速度为 $v = \frac{1}{\sqrt{\varepsilon\mu}}$. 故介质的折射率定义为 $n = \frac{c}{v} = \sqrt{\varepsilon_r\mu_r}$,其中 $\varepsilon_r = \frac{\varepsilon}{\varepsilon_0}$ 为介质的相对介电常数,$\mu_r = \frac{\mu}{\mu_0}$ 为相对磁导率. 除铁磁质外,绝大多数介质的磁性都很弱,即 $\mu_r \approx 1$,因此,折射率又可表示成 $n = \sqrt{\varepsilon_r}$. 真空中 $c = \lambda_0\nu$,介质中 $v = \lambda\nu$,ν 为电磁振动频率,其与介质无关.

麦克斯韦方程组预测出电磁振动可以产生电磁波,这不久就被德国物理学家赫兹(H. R. Hertz)用实验所证实. 而光波则是一段频率范围内的电磁波.

例1.1 海水的电导率 $\sigma = 4$ S/m,相对介电常数 $\varepsilon_r = 81$,求频率为1MHz时位移电流与

传导电流的比值. 设电场是正弦变化的, 且 $\boldsymbol{E}=\boldsymbol{i}E_0\cos\omega t$.

解 根据位移电流的定义, 有

$$\boldsymbol{J}_\text{d}=\frac{\partial \boldsymbol{D}}{\partial t}=-\boldsymbol{i}\omega\varepsilon E_0\sin\omega t$$

所以位移电流的幅值为 $J_\text{dm}=\omega\varepsilon E_0$, 传导电流的幅值为 $J_\text{cm}=\sigma E_0$.

因此位移电流和传导电流的比值为

$$\frac{J_\text{dm}}{J_\text{cm}}=\frac{\omega\varepsilon}{\sigma}=\frac{\omega\varepsilon_\text{r}\varepsilon_0}{\sigma}=\frac{2\pi\times 10^6\times 81\times\frac{1}{36\pi}\times 10^{-9}}{4}=1.125\times 10^{-3}$$

电磁波包括的范围很广, 从无线电波到光波, 从 X 射线到 γ 射线, 都属于电磁波的范畴, 只是波长不同而已. 目前已经发现并得到广泛利用的电磁波有波长达 10^4 m 以上的, 也有波长短到 10^{-5} nm 以下的. 我们可以按照频率或波长的顺序把这些电磁波排列成图表, 称为电磁波谱, 如图 1.2 所示, 光辐射仅占电磁波谱的一极小波段. 图中还给出了各种波长范围(波段).

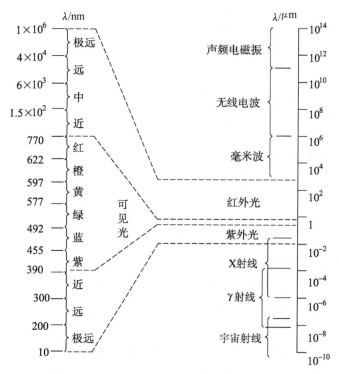

图 1.2 电磁辐射波谱

为了研究方便, 电磁波谱分为长波区、光学区和射线区三个大的谱区. 其中, 长波区用于远洋长距离通信、无线电广播、电视、雷达、无线电导航、移动通信等. 射线区的 X 射线具有很强的穿透力, 能使照相底片感光, 使荧光发光, 可用于医疗检查、金属探伤、晶体分析. γ 射线可用于金属探伤、医疗等. 光电技术所涉及的只是光学谱区, 其波长范围为 $0.01\sim 1000\mu\text{m}$. 它又可再分为红外辐射(infrared radiation)、可见光(visible light)和紫外辐射(ultraviolet radiation)三个波段.

红外辐射: 波长在 $0.78\sim 1000\mu\text{m}$ 的是红外辐射. 通常分为近红外、中红外和远红外三部分, 有显著的热效应, 应用于红外侦察、红外制导、红外热成像、红外报警等. 红外线、可见光、紫外线统称为光辐射.

可见光：日常生活中人们提到的"光"指的是可见光. 可见光是波长在 390～770nm 范围的光辐射，也是人视觉能感受到"光亮"的电磁波. 当可见光进入人眼时，人眼的主观感觉依波长从长到短表现为红色、橙色、黄色、绿色、青色、蓝色和紫色.

紫外辐射：紫外辐射比紫光的波长更短，人眼看不见，波长范围为 0.01～0.3μm. 细分为近紫外、远紫外和极远紫外. 由于极远紫外在空气中几乎会被完全吸收，只能在真空中传播，所以又称为真空紫外辐射. 在进行太阳紫外辐射的研究中，常将紫外辐射分为 A 波段、B 波段和 C 波段，它有显著的生理作用和荧光效应，可用于杀菌.

1.1.2 光辐射的传播特性

光辐射是电磁波，它服从电磁场基本规律. 由于引起生理视觉效应、光化学效应以及探测器对光频段电磁波的响应主要是电磁场量中的 E 矢量，因此，光辐射的电磁理论主要是应用麦克斯韦方程求解光辐射场量 E 的变化规律.

例 1.2 将下列用相量形式表示的场矢量转换成瞬时值或做相反的变化：

(1) $\boldsymbol{E} = i E_0 e^{j\varphi}$；

(2) $\boldsymbol{E} = i E_0 e^{-jkz}$.

解 (1) $\boldsymbol{E}(x,y,z,t) = \mathrm{Re}[iE_0 e^{j\varphi} e^{j\omega t}] = iE_0 \cos(\omega t + \varphi)$

(2) $\boldsymbol{E}(x,y,z,t) = \mathrm{Re}[iE_0 e^{j\left(\frac{\pi}{2}-kz\right)} e^{j\omega t}] = iE_0 \cos\left(\omega t - kz + \frac{\pi}{2}\right)$

1. 光波场的能流密度

电磁场是一种特殊形式的物质，具有能量. 由于光波是以速度 v 传播的电磁波，所以它所具有的能量也向外传播. 为了描述光波场能量的传播，引入能流密度——坡坎亭矢量 $\boldsymbol{S}$，其定义式为

$$\boldsymbol{S} = \boldsymbol{E} \times \boldsymbol{H} \tag{1-4}$$

表示单位时间内通过垂直于传播方向上单位面积的能量.

对于时谐电磁场，其电场强度和磁场强度用相量表示为

$$\boldsymbol{E}(t) = \mathrm{Re}[\boldsymbol{E} e^{j\omega t}] = \frac{1}{2}[\boldsymbol{E} e^{j\omega t} + \boldsymbol{E}^* e^{-j\omega t}]$$

$$\boldsymbol{H}(t) = \mathrm{Re}[\boldsymbol{H} e^{j\omega t}] = \frac{1}{2}[\boldsymbol{H} e^{j\omega t} + \boldsymbol{H}^* e^{-j\omega t}]$$

式中，$\boldsymbol{E}^*$、$\boldsymbol{H}^*$ 分别是 $\boldsymbol{E}$、$\boldsymbol{H}$ 的共轭复相量，将其代入坡印廷矢量的瞬时表达式，有

$$\begin{aligned}\boldsymbol{S}(t) &= \boldsymbol{E}(t) \times \boldsymbol{H}(t) \\ &= \frac{1}{2}[\boldsymbol{E} e^{j\omega t} + \boldsymbol{E}^* e^{-j\omega t}] \times \frac{1}{2}[\boldsymbol{H} e^{j\omega t} + \boldsymbol{H}^* e^{-j\omega t}] \\ &= \frac{1}{2}\mathrm{Re}[\boldsymbol{E} \times \boldsymbol{H}^*] + \frac{1}{2}\mathrm{Re}[\boldsymbol{E} \times \boldsymbol{H} e^{j2\omega t}]\end{aligned} \tag{1-5}$$

在一个周期内求其平均值，得

$$\boldsymbol{S}_{\mathrm{av}} = \frac{1}{T}\int_0^T \boldsymbol{S}(t)\mathrm{d}t = \mathrm{Re}\left[\frac{1}{2}\boldsymbol{E} \times \boldsymbol{H}^*\right] = \mathrm{Re}[\boldsymbol{S}]$$

式中

$$S = \frac{1}{2} E \times H^*$$

S 称为复坡印廷矢量,它与时间无关,代表复功率流密度.注意式中的电场强度和磁场强度是复振幅而不是有效值.复坡印廷矢量的实部为平均功率流密度,也称为平均坡印廷量,记作 S_{av},即 $S_{av} = \frac{1}{2} \text{Re}(E \times H^*)$.

实验表明,使光电探测器响应的是电场,对人眼视网膜起作用的也是电场,因此通常把光波中的电矢量 E 称为光矢量,把电场 E 随时间的变化称为光振动.在讨论光波性质时,只考虑 E 即可.

例 1.3 已知无源($\rho_v = 0, J = 0$)的自由空间中,时变电磁场的电场强度复矢量为 $E(z) = jE_0 e^{-jkz}$,式中,E_0、k、z 均为常数.求:

(1) 磁场强度复矢量;
(2) 坡坎亭矢量的瞬时值;
(3) 平均坡印廷矢量.

解 (1) $\nabla \times E = -j\omega\mu_0 H$

得

$$H = -\frac{1}{j\omega\mu_0} \nabla \times E = -\frac{1}{j\omega\mu_0} k \times j \frac{\partial}{\partial z}(E_0 e^{-jkz}) = -i\frac{k}{\omega\mu_0} E_0 e^{-jkz}$$

(2) 电场、磁场的瞬时值分别为

$$E(z, t) = \text{Re}[E(z) e^{j\omega t}] = jE_0 \cos(\omega t - kz)$$

$$H(z, t) = \text{Re}[H(z) e^{j\omega t}] = -i\frac{k}{\omega\mu_0} E_0 \cos(\omega t - kz)$$

坡印廷矢量的瞬时值为

$$S(z, t) = E(z, t) \times H(z, t) = k \frac{k}{\omega\mu_0} E_0^2 \cos^2(\omega t - kz)$$

(3) 平均坡印廷矢量为

$$S_{av}(z, t) = \frac{1}{2} \text{Re}[E(z) \times H^*(z)]$$

$$= \frac{1}{2} \text{Re}\left[jE_0 e^{-jkz} \times \left(-i\frac{k}{\omega\mu_0} E_0 e^{jkz} \right) \right]$$

$$= k \frac{k}{2\omega\mu_0} E_0^2$$

式中,k 为光波传播方向的单位矢量.由于光的频率很高,如可见光为 10^{14} Hz 量级,所以 S 的大小 S 随时间变化得很快,而目前光探测器的响应速度远远跟不上光能量的瞬时变化,只能给出 S 的平均值.通常利用能流密度的时间平均值 $\langle S \rangle$ 表征电磁场能量的传播,并称为光强,以 I 表示.假设光探测器的响应时间为 T,则

$$I = \langle S \rangle = \lim_{T \to \infty} \frac{1}{T} \int_0^T S dt = \frac{n}{\mu_0 c} \langle E^2 \rangle = \frac{1}{2} \frac{n}{\mu_0 c} E_0^2 \tag{1-6}$$

式中,E_0 为 E 的振幅.

需要指出的是,在大多数应用场合,由于只考虑某一介质中的光强,只关心光强的相对值,往往省略比例系数,把光强写成

$$I=\langle E^2\rangle=E_0^2$$

如果考虑的是不同介质的光强,比例系数不能省略.

2. 波动方程的解——几种特殊形式的光波

由于描述光波场的波动方程是一个二阶偏微分方程,根据不同的边界条件,解的具体形式不同,可以是平面波、球面波、柱面波或高斯光束.

(1) 平面波

在直角坐标系中,拉普拉斯算符的表示式为

$$\nabla^2=\frac{\partial^2}{\partial x^2}+\frac{\partial^2}{\partial y^2}+\frac{\partial^2}{\partial z^2}$$

为简单起见,假设 E 不随 x、y 变化,则波动方程简化为

$$\frac{\partial^2 \boldsymbol{E}}{\partial z^2}-\frac{1}{v^2}\frac{\partial^2 \boldsymbol{E}}{\partial t^2}=0 \tag{1-7}$$

为了求解波动方程,将其改写为

$$\left(\frac{\partial}{\partial z}-\frac{1}{v}\frac{\partial}{\partial t}\right)\left(\frac{\partial}{\partial z}+\frac{1}{v}\frac{\partial}{\partial t}\right)\boldsymbol{E}=0$$

若令 $p=z-vt$, $q=z+vt$,则有

$$\frac{\partial}{\partial p}=\frac{1}{2}\left(\frac{\partial}{\partial z}-\frac{1}{v}\frac{\partial}{\partial t}\right),\quad \frac{\partial}{\partial q}=\frac{1}{2}\left(\frac{\partial}{\partial z}-\frac{1}{v}\frac{\partial}{\partial t}\right)$$

则波动方程变为

$$\frac{\partial^2 \boldsymbol{E}}{\partial p \partial q}=0$$

其解为

$$\boldsymbol{E}=\boldsymbol{E}_1(p)+\boldsymbol{E}_2(q)=\boldsymbol{E}_1(z-vt)+\boldsymbol{E}_2(z+vt) \tag{1-8}$$

式中,$\boldsymbol{E}_1(z-vt)$ 表示沿 z 方向、以速度 v 传播的波,$\boldsymbol{E}_2(z+vt)$ 表示沿 $-z$ 方向、以速度 v 传播的波.将某一时刻振动相位相同的点连接起来所组成的面称为波振面,由于式(1-8)的波振面是垂直于传播方向 z 的平面,所以 $\boldsymbol{E}_1(z-vt)$ 和 $\boldsymbol{E}_2(z+vt)$ 是平面光波.

(2) 球面波

若采用球坐标系,假设 E 与坐标 θ、φ 无关,则波动方程可表示为

$$\frac{1}{r^2}\frac{\partial}{\partial r}\left(r^2\frac{\partial \boldsymbol{E}}{\partial r}\right)-\frac{1}{v^2}\frac{\partial^2 \boldsymbol{E}}{\partial t^2}=0,\quad 即 \quad \frac{\partial^2 (r\boldsymbol{E})}{\partial r^2}-\frac{1}{v^2}\frac{\partial^2 (r\boldsymbol{E})}{\partial t^2}=0 \tag{1-9}$$

其解为

$$\boldsymbol{E}=\frac{\boldsymbol{E}_1(r-vt)}{r}+\frac{\boldsymbol{E}_2(r+vt)}{r} \tag{1-10}$$

显然,等相位面是同心球面.$\boldsymbol{E}_1(r-vt)$ 代表沿 r 正方向向外的发散球面波,$\boldsymbol{E}_2(r+vt)$ 代表沿 r 负方向的汇聚球面波.点源发出的光波为球面波.

(3) 柱面波

如果采用柱坐标系,E 与坐标量 z、φ 无关,波动方程可表示为

$$\frac{1}{r}\frac{\partial}{\partial r}\left(r\frac{\partial \boldsymbol{E}}{\partial r}\right)-\frac{1}{v^2}\frac{\partial^2 \boldsymbol{E}}{\partial t^2}=0 \tag{1-11}$$

该方程的解比较复杂,在此不详述.但可以证明,当 r 较大(远大于波长)时,单色柱面波可表示为

$$E = \frac{A}{\sqrt{r}} e^{-j(\omega t - kr)} \tag{1-12}$$

其等相位面为同轴柱面,振幅与 $\sqrt{r}$ 成反比. 线光源发出的光波为柱面波.

(4) 高斯光束

如果仍采用柱坐标系,若 E 仅与坐标量 φ 无关,波动方程可表示为

$$\left(\frac{\partial^2}{\partial r^2} + \frac{1}{r}\frac{\partial}{\partial r} + \frac{\partial^2}{\partial z^2} - \frac{1}{v^2}\frac{\partial^2}{\partial t^2} \right) E = 0 \tag{1-13}$$

其解的一般函数形式为 $E = E(r, z, t)$. 可以证明,下面表达式满足上述波动方程:

$$E_{00}(r, z, t) = \frac{E_0}{\omega(z)} e^{-\frac{r^2}{\omega^2(z)}} e^{j\left[k\left(z + \frac{r^2}{2R(z)}\right) - \tan^{-1}\frac{z}{f}\right]} e^{j\omega t} \tag{1-14}$$

是激光中常见的所谓基模高斯光束.

1.1.3 光波场的时域频率特性

这里以平面波为例讨论.

1. 单色光

单色光波即单一频率的简谐光波,其最简单、最普遍的表示形式为三角函数形式. 简谐平面波可表示为

$$E(r, t) = E_0 \cos(\omega t - k \cdot r) \tag{1-15}$$

特殊情形,沿 $+z$ 方向传播的简谐平面波为

$$E(z, t) = E_0 \cos\left[\omega\left(t - \frac{z}{v}\right)\right] = E_0 \cos\left[2\pi\left(\frac{t}{T} - \frac{z}{\lambda}\right)\right]$$

可见,单色平面波是一个时间上无限延续、空间上无限延伸的光波动,在时间和空间上均具有周期性,如图 1.3 所示,其时间周期性由周期(T)、频率(ν)、圆频率(ω)表征,空间周期性由波长(λ)、波矢(k)表征.

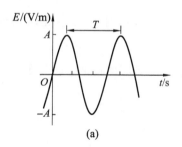

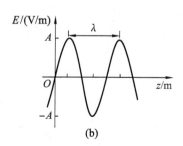

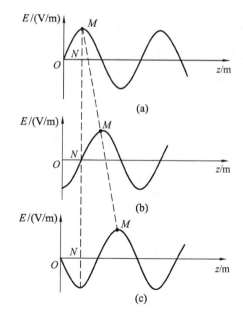

图 1.3 简谐光波的时间周期(T)和空间周期(λ)　　图 1.4 简谐波的传播 (a) $t=0$; (b) $t=\frac{T}{4}$; (c) $t=\frac{T}{2}$

为便于运算,经常把平面简谐波表示成复数形式.沿 $+z$ 方向传播的平面简谐波用复数表示为

$$\boldsymbol{E}(\boldsymbol{r},t)=\boldsymbol{E}_0 \mathrm{e}^{\mathrm{j}(\omega t-\boldsymbol{k}\cdot\boldsymbol{r})} \tag{1-16}$$

式中,$\boldsymbol{E}_0$ 为振幅.

图 1.4 表示简谐波不同时刻在空间的位置.

2. 复色光

实际上,严格的单色光波是不存在的,所能得到的各种光波均为复色波.所谓复色波,是指某种光波由若干单色光组合而成,或者说它包含多种频率成分,它在时间上是有限的.复色光波可表示成各个单色光波的叠加,即

$$\boldsymbol{E}(\boldsymbol{r},t)=\sum_{i=1}^{N}\boldsymbol{E}_{0i}\cos(\omega_i t-\boldsymbol{k}_i\cdot\boldsymbol{r}) \tag{1-17}$$

实际光源发出的复色光波可近似看成是持续时间有限的等幅振荡或衰减振荡.其光波场分别表示如下.

持续时间有限的等幅振荡:

$$\boldsymbol{E}(t)=\begin{cases}\boldsymbol{E}_0 \mathrm{e}^{\mathrm{j}2\pi\nu_0 t}, & -\dfrac{T}{2}\leqslant t\leqslant\dfrac{T}{2} \\ \boldsymbol{0}, & \text{其他}\end{cases}$$

衰减振荡:

$$\boldsymbol{E}(t)=\begin{cases}\boldsymbol{E}_0 \mathrm{e}^{-\beta t}\mathrm{e}^{\mathrm{j}2\pi\nu_0 t}, & t\geqslant 0 \\ \boldsymbol{0}, & t<0\end{cases}$$

式中,ν_0 为中心频率.

3. 准单色光

对于中心频率 μ 的振荡,若其振幅随时间的变化比振荡本身缓慢得多,则这种振荡的频谱集中在中心频率 μ 附近一个很窄的频段内,可认为是中心频率为 μ 的准单色光,如持续时间有限的等幅振荡;如果振荡持续的时间很长,以至于 $\dfrac{1}{T}\ll\mu$,可认为接近单色光;β 值很小的衰减振荡都可以看成是准单色光.

实际激光器发出的光波大多都可按准单色光来处理(图 1.5),且满足高斯分布:

$$f(x)=\dfrac{1}{\sigma\sqrt{2\pi}}\mathrm{e}^{-\dfrac{(x-\mu)^2}{2\sigma^2}}$$

当均值 μ 和标准方差 σ 取不同值时的高斯分布曲线如图 1.6 所示.

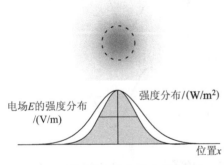

图 1.5 满足高斯分布的准单色激光

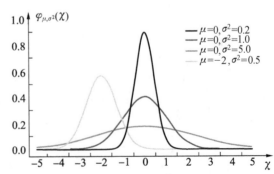

图 1.6 均值 μ 和标准方差 σ 取不同值时的高斯分布曲线

4. 相速度和群速度

(1) 相速度

折射率是光在真空中和介质中传播速度的比值 $\left(n=\dfrac{c}{v}\right)$,通常可以通过测定光线方向的改变,应用折射定律 $\left(n=\dfrac{\sin\theta_1}{\sin\theta_2}\right)$ 来求得。但原则上也可分别实测 c 和 v 来求它们的比值。用近代实验室方法,不难对任何介质中的光速进行精确的测量。例如,水的折射率为1.33,用这两种方法测得的结果是一致的。但对 CS_2,用改变折射光线方向的方法测得的折射率为1.64,而1885年迈克尔孙用实测光速,求得的比值则为1.75,其间差别很大,这不是由实验误差所造成的。瑞利找到了这种差别的起因,他对光速概念的复杂性进行了探讨,从而引入了相速和群速的概念。

为简单起见,以点光源为例,光传播的方向为 r 方向。根据波动理论,这种通常的光速测定法相当于测定由下列方程所决定的波速的数值:

$$E=A\cos\omega\left(t-\dfrac{r}{v}\right)$$

显然,这里 v 代表的是以一定的相位向前移动的单色平面波的速度,相位不变的条件为

$$t-\dfrac{r}{v}=\text{常量}$$

两边微分,得 $\mathrm{d}t-\dfrac{1}{v}\mathrm{d}r=0$ 或 $v=\dfrac{\mathrm{d}r}{\mathrm{d}t}$。 (1-18)

所以这个速度被称为相速度(phase velocity)(简称相速)。该速度的量值可用波长和频率来计算。

波的表达式总是 t 和 r 的函数,可以写成下列形式:

$$E=A\cos(\omega t-kr)$$

式中,$\omega=2\pi\nu$ 和 $k=\dfrac{2\pi}{\lambda}$ 均是不随时间 t 和 r 而改变的量。故相位不变的条件为

$$\omega t-kr=\text{常量}$$

两边微分,得

$$\omega\mathrm{d}t-k\mathrm{d}r=0 \text{ 或 } \dfrac{\mathrm{d}r}{\mathrm{d}t}=v=\dfrac{\omega}{k}=\nu\lambda \tag{1-19}$$

式(1-19)表示的相速度是严格的单色波所特有的一种速度。单色波以时间 t 和位置 r 的余弦函数表达,ω 为常量。这种严格的单色波的空间延续和时间延续都是无穷无尽的余弦(或正弦)波,但是这种波仅是理想的极限情况。

(2) 群速度

我们知道,单频率的正弦波是不能携带任何信息的,也就是说,任何实际的信号总是由许许多多的频率成分组成的,即占有一定的频带宽度。非色散媒质中,相速 $v_p=\dfrac{1}{\sqrt{\mu\varepsilon}}$ 只取决于媒质的介电常数和磁导率,而与频率无关。因此,相速代表电磁波传播的速度。而导电媒质是色散媒质,不同的频率有不同的相速,若用相速来衡量一个信号在色散媒质中的传播速度就会发生困难。为了解决这个问题,我们引入群速的概念。

设有两个振幅均为 A_m、频率分别为 $\omega+\Delta\omega$ 和 $\omega-\Delta\omega$ 的电磁波,沿 $+z$ 方向传播,在色

散媒质中,它们对应的相位常数是 $\beta+\Delta\beta$ 和 $\beta-\Delta\beta$,其表达式为

$$\psi_1 = A_m \cos[(\omega+\Delta\omega)t - (\beta+\Delta\beta)z]$$
$$\psi_2 = A_m \cos[(\omega-\Delta\omega)t - (\beta-\Delta\beta)z]$$

它们的合成波为

$$\psi = \psi_1 + \psi_2 = 2A_m \cos(\Delta\omega t - \Delta\beta z)\cos(\omega t - \beta z) \tag{1-20}$$

上式表明,合成波的振幅是受调制的,这个按余弦变化的调制波称为包络波,如图1.7所示.

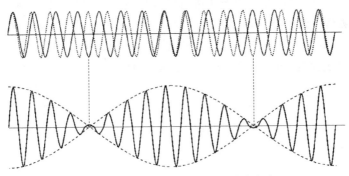

图1.7 两个不同频率的余弦波的合成

群速(group velocity)就是包络波上某一恒定相位点推进的速度,由 $\Delta\omega t - \Delta\beta z =$ 常数,得

$$v_g = \frac{dz}{dt} = \frac{\Delta\omega}{\Delta\beta} \xleftrightarrow{(\Delta\omega \ll \omega)} \frac{d\omega}{d\beta}$$

因此,群速与相速的关系为

$$v_g = \frac{d\omega}{d\beta} = \frac{d(v\beta)}{d\beta} = v + \beta\frac{dv}{d\beta} = v + \frac{\omega}{v}\frac{dv}{d\omega}v_g$$

即

$$v_g = \frac{v}{1 - \frac{\omega}{v}\frac{dv}{d\omega}} \tag{1-21}$$

显然,有以下三种可能:

① $\frac{dv}{d\omega} = 0$,即相速与频率无关时,群速等于相速,为无色散.

② $\frac{dv}{d\omega} < 0$,即频率越高、相速越小时,群速小于相速,为正常色散.

③ $\frac{dv}{d\omega} > 0$,即频率越高、相速越大时,群速大于相速,为反常色散.

实际上,群速就是电磁波能量传播的速度,其值小于或等于光速,至少目前还没有发现有超过光速的;而相速是电磁波的等相位面前进的速度,其值在某种条件下可以大于光速,比如当电磁波在金属波导中传播时,相速就大于光速,而群速小于光速,也就是出现了正常色散现象.电磁波在理想的无耗媒介中传播时不存在色散,而实际情况下,色散总是存在的,如光纤的色散、波导的色散以及大气色散等.

1.1.4 光的粒子性

根据量子理论,光是由光子组成的粒子流.光子具有一定的能量和动量,也具有质量.光

子的能量为 $\varepsilon = h\nu$，光子的动量为 $p = \dfrac{h\nu}{c} = \dfrac{h}{\lambda}$.

由于光子以光速运动，所以经典的牛顿力学将不再适用. 根据狭义相对论的质能关系式

$$\varepsilon = mc^2 \tag{1-22}$$

可得到爱因斯坦质能等效方程：

$$\varepsilon = h\nu = mc^2 \tag{1-23}$$

因此可以确定一个光子的质量为

$$m = \dfrac{h\nu}{c^2} \tag{1-24}$$

在狭义相对论中，质量和速度的关系为

$$m = \dfrac{m_0}{\sqrt{1 - \dfrac{v^2}{c^2}}} \tag{1-25}$$

其中 m_0 为静止质量. 对于光子，$v = c$，因此光子的静止质量为零.

光子的能量 ε、质量 m、动量 p 是表示粒子特性的物理量，而波长 λ、频率 ν 则是表示波动性的物理量，这就表示光子不仅具有波动性，同时也具有粒子性，即光子具有波粒二象性，并且它们处于矛盾的统一体.

例 1.4 分别计算波长 $\lambda = 600\text{nm}$ 的红光和波长 $\lambda = 0.1\text{nm}$ 的 X 光光子的能量、质量和动量.

解 对于红光，有

$$\varepsilon = h\nu = \dfrac{hc}{\lambda_1} = \dfrac{6.63 \times 10^{-34} \times 3.0 \times 10^8}{600 \times 10^{-9}}\text{J} = 3.31 \times 10^{-19}\text{J}$$

$$m = \dfrac{\varepsilon}{c^2} = \dfrac{h\nu}{c^2} = \dfrac{h}{c\lambda_1} = \dfrac{6.63 \times 10^{-34}}{3.0 \times 10^8 \times 600 \times 10^{-9}}\text{kg} = 3.68 \times 10^{-36}\text{kg}$$

$$p = \dfrac{h}{\lambda_1} = \dfrac{6.63 \times 10^{-34}}{600 \times 10^{-9}}\text{kg} \cdot \text{m} \cdot \text{s}^{-1} = 1.10 \times 10^{-27}\text{kg} \cdot \text{m} \cdot \text{s}^{-1}$$

对于 X 光，有

$$\varepsilon = h\nu = \dfrac{hc}{\lambda_1} = \dfrac{6.63 \times 10^{-34} \times 3.0 \times 10^8}{0.1 \times 10^{-9}}\text{J} = 1.99 \times 10^{-15}\text{J}$$

$$m = \dfrac{E}{c^2} = \dfrac{h}{c\lambda_1} = \dfrac{6.63 \times 10^{-34}}{3.0 \times 10^8 \times 0.1 \times 10^{-9}}\text{kg} = 2.21 \times 10^{-32}\text{kg}$$

$$p = \dfrac{h}{\lambda} = \dfrac{6.63 \times 10^{-34}}{0.1 \times 10^{-9}}\text{kg} \cdot \text{m} \cdot \text{s}^{-1} = 6.63 \times 10^{-24}\text{kg} \cdot \text{m} \cdot \text{s}^{-1}$$

1.2 半导体物理基础

半导体是指一种导电性可受控，电导率范围处于绝缘体至导体之间的材料. 无论从科技或是经济发展的角度来看，半导体的重要性都是非常巨大的. 今天大部分的电子产品，如计算机、移动电话或数字录音机当中的核心单元都和半导体有着极为密切的关联. 常见的半导体材料有硅(Si)、锗(Ge)、砷化镓(GaAs)等，而硅更是各种半导体材料中被商业应用最广泛的一种. 半导体可以由单一元素组成，如硅；也可以是两种或多种元素的化合物，常见的化

合物半导体有砷化镓(GaAs)或是磷化铝铟镓(AlGaInP)等.合金也是半导体材料的来源之一,如硅锗(SiGe)或砷化镓铝(AlGaAs)等.本章介绍一些与半导体光电器件有关的基本概念和理论.

1.2.1 半导体能带的概念

1. 原子能级和晶体能带

如图1.8所示,电子在原子周围形成一轨道,由低至高分别为K层、L层、M层、N层、O层、P层.每层电子数量为$2n^2$,K层n为1,L层n为2……如此递增.电子在这些分立的轨道上只能具有分立的能量,这些分立的能量值在能量坐标上称为能级.K层最接近原子核并且能级最低,越外层能级越高.如果几个原子集合成分子,离原子核较远的壳层常常要发生彼此之间的交叠.这时,价电子(最外层电子)已不再属于某个原子,而是若干个原子所共有,这一现象称为电子共有化.电子共有化使得本来处于同一能量状态下的电子之间发生能量微小的差异.它们的原子轨道发生类似于耦合振荡的分离.这会产生与原子数量成比例的分子轨道.当大量(数量级为10^{20}或更多)的原子集合成固体时,轨道数量急剧增多,轨道相互间能量的差别变得非常小.但是,无论多少原子聚集在一起,轨道的能量都不是连续的.晶体中的原子密集,组成晶体的大量原子在某一能级上的电子本来都具有相同的能量,现在由于处于共有化状态而具有各自不尽相同的能量.因为它们在晶体中不仅受本身原子势场的作用,还受到周围其他原子势场的作用.因此,晶体中所有原子原来的每一个相同能级就会分裂而形成了有一定宽度的能带.图1.8给出了晶体中N个原子的能带图.在理想的绝对零度下,硅、锗、金刚石等共价键结合的晶体中,从其最内层的电子直到最外边的价电子都正好填满相应的能带.能量最高是价电子填满的能带称为价带.价带以上的能带基本上是空的,其中最低的能带称为导带.价带与导带之间的区域称为禁带.

图1.8中,与价电子能级相对应的能带成为价带(valence band),价带以上能量最低的能带为导带(conduction band),导带底与价带顶之间的能量间隔(energy band gap)为禁带

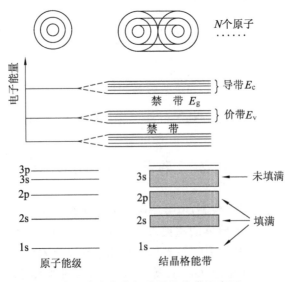

图1.8 电子共有化能级扩展为能带示意图

(forbidden band). 禁带区域不允许电子的存在. 处于价带中的电子,受原子束缚,不能参与导电;而处于导带中的电子,不受原子束缚,是自由电子,能参与导电. 价电子要跃迁到导带成为自由电子,至少要吸收禁带宽度的能量.

如图 1.9 所示,一般常见的金属材料其导带与价带之间的"能隙"(E_g)几乎为零,导带与价带有一定程度的重合,在室温下电子很容易获得能量而跳跃至导带而导电. 而绝缘材料则因为能隙很大,通常大于 3eV(绝缘材料 SiO_2 的 $E_g \approx 5.2eV$),电子很难跳跃至导带,所以无法导电. 一般半导体材料的能隙 E_g 约为 1～3eV(半导体 Si 的 $E_g \approx 1.1eV$),介于导体和绝缘体之间. 因此只要给予适当条件的能量激发,或改变其能隙间距,此材料就能导电.

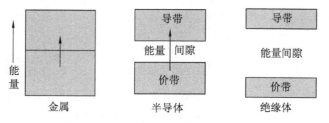

图 1.9　金属、半导体、绝缘体的能带图

半导体的导电性能介于绝缘体和金属之间,是制作光电器件的重要材料. 半导体可分为本征半导体(intrinsic semiconductor)和掺杂半导体(doped semiconductor). 结构完整、纯净的半导体称为本征半导体,又称 I 型半导体,如纯净的硅称为本征硅;半导体中可人为地掺入少量杂质而形成掺杂半导体,掺杂半导体包括 N 型半导体和 P 型半导体. 半导体之所以能广泛应用在今日的数字世界中,凭借的就是能在其晶格中掺入杂质改变电性能. 掺杂进入本征半导体的杂质浓度与极性都会对半导体的导电特性产生很大的影响. 半导体材料在元素周期表中的位置如图 1.10 所示.

ⅠB	ⅡB	ⅢA	ⅣA	ⅤA	ⅥA	ⅦA
		5 B 硼	6 C 碳	7 N 氮	8 O 氧	9 F 氟
		13 Al 铝	14 Si 硅	15 P 磷	16 S 硫	17 Cl 氯
29 Cu 铜	30 Zn 锌	31 Ga 镓	32 Ge 锗	33 As 砷	34 Se 硒	35 Br 溴
47 Ag 银	48 Cd 镉	49 In 铟	50 Sn 锡	51 Sb 锑	52 Te 碲	53 I 碘
79 Au 金	80 Hg 汞	81 Tl 铊	82 Pb 铅	83 Bi 铋	84 Po 钋	85 At 砹
111 Rg 轮*	112 Cn 鎶*	113 Uut *	114 Fl 鈇*	115 Uup *	116 Lv 鉝*	117 Uus *

图 1.10　半导体材料在元素周期表中的位置

2. 本征半导体的能带

以硅晶体为例,如图 1.11(a)所示. 硅原子有四个价电子分别与相邻的四个原子形成共价键. 由于共价键上的电子所受的束缚力较小,当温度高于绝对零度时,价带中的电子吸收能量越过禁带到达导带,从而形成自由电子,并在价带中留下等量的空穴. 自由电子和空穴可在外加电场作用下做定向运动,形成电流. 所以,在常温下,本征半导体出现电子-空穴对,

具有导电性.

这种能参与导电的自由电子和空穴统称载流子(carrier).单位体积内的载流子数称为载流子浓度.当温度高于绝对零度或受光照时,电子吸收能量摆脱共价键而形成电子-空穴对的过程称为本征激发.

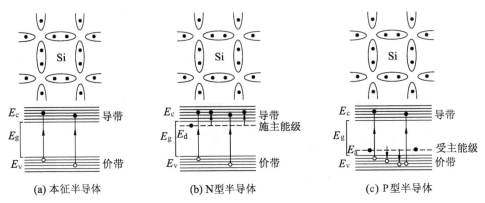

图 1.11 半导体原子结构和能带图

3. 杂质半导体的能带

材料中载流子的数量对半导体的导电特性极为重要.这可以通过在半导体中有选择地加入其他"杂质"(Ⅲ、Ⅴ族元素)来控制.

(1) N 型半导体

如果我们在纯硅(Si)中掺杂少许的砷(As)或磷(P),其最外层有五个电子,就会多出一个自由电子,这样就形成 N 型半导体.如图 1.11(b)所示,五价的磷用四个价电子与周围的硅原子组成共价键,尚多余一个电子.这个电子受到的束缚力比共价键上的电子小得多,很容易被磷原子释放,跃迁为自由电子,该磷原子就成为正离子.这个易释放电子的磷原子称为施主原子,或施主(donor),磷扮演施主的角色.由于施主原子的存在,它会产生附加的束缚电子的能量状态.这种能量状态称为施主能级,用 E_d 表示,位于禁带中靠近导带底的附近.

和本征半导体的价电子比起来,P 原子中的多余电子很容易从施主能级(而不是价带)跃迁到导带而形成自由电子.施主能级跃迁至导带所需的能量较低,比较容易在半导体材料的晶格中移动,产生电流.因此,虽然只掺入少量杂质,却可以明显地改变导带中的电子数目,从而显著地影响半导体的导电率.实际上,杂质半导体的导电性能完全由掺杂情况决定,只要掺杂百万分之一,就可使杂质半导体载流子浓度达到本征半导体的百万倍.

N 型半导体中,除了杂质提供的自由电子外,原晶体本身也会产生少量电子-空穴对,但由于施主能级的作用增加了许多额外自由电子,使电子数远大于空穴数,如图 1.11(b)所示.因此,N 型半导体以自由电子导电为主,自由电子为多数载流子(简称多子),而空穴为少数载流子(简称少子).

(2) P 型半导体

如果我们在纯硅(Si)中掺入少许的硼(B)(最外层有三个电子),就反而少了一个电子,而形成一个空穴(hole),这样就形成了 P 型半导体.如图 1.11(c)所示,硼原子的三个电子与周围硅原子要组成共价键,尚缺少一个电子.于是它很容易从硅晶体中获取一个电子而形成稳定结构,使硼原子变成负离子而在硅晶体中出现空穴. 这个容易获取电子的硼原子称为受主原子(accepter),硼扮演的即是受主的角色. 由于受主原子的存在,也会产生附加的受主获取电子的能量状态. 这种能量状态称为受主能级,用 E_a 表示,它位于禁带中靠价带顶附近,如图 1.11(c)所示. 受主能级表明,硼原子很容易从硅晶体中获取一个电子而形成稳定结构,即电子很容易从价带跃迁到受主能级(不是导带),或者说空穴从该能级跃迁到价带. 图 1.11(c)价带中空穴数目远大于导带中的电子数目. P 型半导体以空穴导电为主,P 代表带正电荷的空穴. 空穴为多数载流子(简称多子),而自由电子为少数载流子(简称少子).

一个半导体材料有可能先后掺杂施主与受主,而如何决定此介质半导体为 N 型或 P 型,必须视掺杂后的半导体中受主带来的空穴浓度较高还是施主带来的电子浓度较高,即何者为掺杂半导体的"多数载流子"(majority carrier). 和多数载流子相对的是少数载流子(minority carrier). 如果掺杂进入半导体的杂质浓度够高,半导体也可能会表现出如同金属导体般(类金属)的电性. 在掺杂了不同极性杂质的半导体接面处会有一个内建电场(built-in electric field),内建电场和许多半导体元件的操作原理息息相关.

当电子从导带掉回价带时,减少的能量可能会以光的形式释放出来. 这种过程是制造发光二极管(light-emitting diode,LED)以及半导体激光(semiconductor laser)器件的基础,在商业应用上都有举足轻重的地位. 而相反地,半导体也可以吸收光子,透过光电效应而激发出在价带的电子,产生电信号. 这即是光探测器(photodetector)的来源,它在光纤通信(fiber-optic communications)或太阳能电池(solar cell)的领域是最重要的元件.

1.2.2 半导体对光的吸收

1. 吸收定律

半导体材料吸收光子能量转换成电能是光电器件的工作基础. 光垂直入射到半导体表面时,进入到半导体内的辐射通量遵照吸收定律:

$$\Phi(x)=\Phi_0(1-R)e^{-\alpha x} \tag{1-26}$$

式中,Φ_0 为入射的辐射通量;$\Phi(x)$ 为距离入射表面 x 距离处的辐射通量;R 为反射率,是入射光波长的函数,通常波长越短反射越强;α 为吸收系数,与材料、入射光波长等因素有关.

利用电动力学中平面电磁波在物质中传播时衰减的规律,可以得到吸收系数与波长成反比的关系,入射光波长愈大,吸收越小. 即

$$\alpha=4\pi\frac{\beta}{\lambda} \tag{1-27}$$

式中,β 为消光系数,仅由材料决定.

2. 本征吸收和非本征吸收

(1) 本征吸收

根据入射光子能量的大小,半导体对光的吸收可分为本征吸收和非本征吸收. 如果半导体吸收了光子的能量使价带中的电子被激发到导带,在价带中留下空穴,从而产生等量的电子与空穴,这种吸收过程叫作本征吸收. 值得注意的是,本征吸收只决定于半导体材料本身的性质,与它所含杂质和缺陷无关. 也就是说,本征半导体和杂质半导体内部,都有可能发生本征吸收,只要入射光子能量足够大,使材料吸收能量后,价带中的电子激发到导带.

产生本征吸收的条件是,入射光子的能量至少要等于材料的禁带宽度,即

$$h\nu \geq E_g \tag{1-28}$$

式中,h 是普朗克常量,ν 为入射光的频率. 由于 $\nu = \dfrac{c}{\lambda}$,上式又可写成

$$h\dfrac{c}{\lambda} \geq E_g, \quad \lambda \leq \dfrac{hc}{E_g} \tag{1-29}$$

可见,本征吸收在长波方向存在一个界限 λ_0,称为截止波长(cutoff wavelength),又称长波限. 本征吸收的截止波长为

$$\lambda_0 = \dfrac{hc}{E_g} = \dfrac{1.24}{E_g} (\mu m) \tag{1-30}$$

其中 E_g 的单位为 eV. 根据半导体不同的禁带宽度可算出相应的本征吸收的截止波长(表 1.1).

表 1.1 常用半导体本征吸收的截止波长与禁带宽度的对应关系

材料	温度/K	E_g/eV	$\lambda/\mu m$	材料	温度/K	E_g/eV	$\lambda/\mu m$
Se	300	1.8	0.69	InSb	300	0.18	6.9
Ge	300	0.81	1.5	GaAs	300	1.35	0.92
Si	290	1.09	1.1	GaP	300	2.24	0.55
PbS	295	0.43	2.9				

(2)非本征吸收

半导体吸收光子后,如果光子能量不足以使价带中的电子激发到导带,就会产生非本征吸收. 非本征吸收包括杂质吸收、自由载流子吸收、激子吸收和晶格吸收等. 其中,自由载流子吸收、激子吸收和晶格吸收在很大程度上是将能量转换成热能,增加热激发载流子的浓度,与入射光波长关系不大;而杂质吸收能通过吸收一定波长或频率的光而直接产生载流子,故我们在此仅讨论杂质吸收. 掺杂有杂质的半导体在光照下,N 型半导体杂质能级上的电子(或 P 型半导体的空穴)吸收光子能量从杂质能级跃迁到导带(P 型半导体的空穴跃迁到价带),这种吸收称为杂质吸收. 杂质吸收的波长阈值大多分布在红外区或远红外区. N 型半导体施主释放束缚电子到导带或 P 型半导体受主释放束缚空穴到价带所需的能量称为电离能,分别用 ΔE_d 和 ΔE_a 来表示,其中 $\Delta E_d = E_c - E_d$,而 $\Delta E_a = E_a - E_v$. 杂质吸收的最低光子能量等于杂质的电离能 ΔE_d 和 ΔE_a,由此可得杂质吸收光子的截止波长为

$$\lambda_0' = \dfrac{hc}{\Delta E_d} = \dfrac{1.24}{\Delta E_d}(\mu m) \quad \text{或} \quad \lambda_0' = \dfrac{hc}{\Delta E_a} = \dfrac{1.24}{\Delta E_a}(\mu m) \tag{1-31}$$

由于杂质的电离能 ΔE_d、ΔE_a 一般比禁带宽度 E_g 小得多,因此杂质吸收的光谱在本征吸收的截止波长 λ_0 之外.

半导体对光的吸收主要是本征吸收. 本征吸收均发生在截止波长 λ_0 以内,而非本征吸收均发生在 λ_0 以外,甚至发生在红外区. 对于硅材料,本征吸收的吸收系数比非本征吸收的吸收系数要大几十倍到几万倍,一般照明下只考虑本征吸收. 在室温条件下,可认为硅对波长大于 $1.15 \mu m$ 的红外光是透明的.

1.2.3 非平衡状态下载流子的迁移率,平均寿命

1. 非平衡载流子的产生和复合

非平衡载流子(non-equilibrium carrier):半导体在热平衡态下载流子浓度是恒定的,但如果外界条件发生变化,例如,受光照、外电场的作用、温度变化等,载流子的浓度就要发生变化,这时,系统的状态为非平衡态.载流子浓度相对于热平衡态时有所增加,称为非平衡载流子,或过剩载流子.由光照产生的非平衡载流子又称为光生载流子(图1.12).

产生和复合(generation and recombination of electron-hole pair):对半导体材料,施加外部的作用

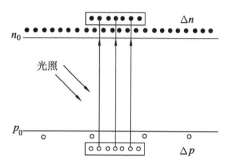

图1.12 光照产生非平衡载流子

把价带电子激发到导带上去,产生电子-空穴对,使非平衡载流子浓度增加,这个过程称为产生;原来激发到导带的电子回到价带,电子和空穴又成对地消失,使非平衡载流子浓度减小,这个过程称为复合.以N型半导体为例,在一定温度下,当没有光照时,一块半导体中电子和空穴浓度分别为 n_0 和 p_0,对于N型半导体,$n_0 \gg p_0$,当光照射该半导体时,只要光子的能量大于该半导体的禁带宽度,半导体内就会发生本征吸收,价电子获得光子能量,被激发到导带,产生电子-空穴对,使导带比平衡时多出一部分电子 Δn,价带比平衡时多出一部分空穴 Δp. Δn 和 Δp 就是非平衡载流子的浓度($\Delta n = \Delta p \ll n_0$).

在光照过程中,产生与复合同时存在,半导体在恒定持续光照下产生率保持在高水平,同时复合率也随非平衡载流子的增加而增加,直至二者相等,系统达到新的平衡.当光照射停止,光致产生率为零,但热致产生率仍然存在,系统稳定态遭到破坏,复合率大于产生率,使非平衡载流子浓度逐渐减少,复合率随之下降,直至复合率等于热致产生率时,非平衡载流子浓度将为零,系统恢复热平衡状态.

2. 非平衡载流子的寿命

理论和实验表明,光照停止后,半导体中的光生载流子并不是马上复合,而是随时间按指数规律减少.这说明光生载流子在导带和价带中有一定的生存时间,有的长些,有的短些.我们考虑光生载流子的平均生存时间,即光生载流子的寿命,用 τ_0 表示.

以N型半导体为例,在一定温度下,当没有光照时,一块半导体中电子和空穴浓度分别为 n_0 和 p_0,光照后其浓度分别为 n 和 p.复合时,电子与空穴相遇成对消失,因此复合率 R 与电子和空穴的浓度乘积成正比,即

$$R = rnp$$

其中 r 为复合系数.另外,光照停止后,只要绝对温度大于零,价带中的每一个电子都有一定的概率被激发到导带,从而形成电子-空穴对,这个概率称为载流子的热致产生率,用 G_0 表示.平衡时,热致产生率必须等于复合率,即

$$G_0 = R_0 = r n_0 p_0 \tag{1-32}$$

于是,光生电子-空穴对的直接复合率可用材料中少子的变化率表示为

$$-\frac{\mathrm{d}p(t)}{\mathrm{d}t} = -\frac{\mathrm{d}\Delta p(t)}{\mathrm{d}t} = R - G_0 = r[n_0 + \Delta n(t)] \cdot [p_0 + \Delta p(t)] - r n_0 p_0 \tag{1-33}$$

其中，$\Delta n(t)$、$\Delta p(t)$ 为瞬时非平衡载流子的浓度．因 $\Delta n(t) = \Delta p(t) \ll n_0$（弱注入），于是上式又可写成

$$-\frac{\mathrm{d}p(t)}{\mathrm{d}t} = -rn_0 \Delta p(t) \tag{1-34}$$

解上式微分方程，得

$$\Delta p(t) = \Delta p(0) \mathrm{e}^{-rn_0 t} \tag{1-35}$$

其中 $\Delta p(0)$ 为光照刚停时（$t=0$）的光生载流子浓度．

光生载流子的平均生存时间（载流子寿命）

$$\tau_0 = \bar{t} = \frac{\int_0^\infty t \mathrm{d}\Delta p(t)}{\int_0^\infty \mathrm{d}\Delta p(t)} = \frac{1}{rn_0} \tag{1-36}$$

即

$$\tau_0 = \frac{1}{rn_0} \tag{1-37}$$

上式表明，弱光照后，载流子寿命与热平衡时 N 型半导体中的多子电子的浓度成反比，并且在一定温度下是一个常数．它决定于材料的微观结构、掺杂、缺陷等因素．但值得注意的是，在强光照情形下，载流子的寿命不一定是常数，常随着光生载流子浓度的变化而变化．

于是可得到载流子复合率的一般表达式为

$$-\frac{\mathrm{d}\Delta p(t)}{\mathrm{d}t} = \frac{\Delta p(t)}{\tau_0} \tag{1-38}$$

载流子寿命是一个重要的参量，它表征复合的强弱．τ_0 小表示复合快，τ_0 大表示复合慢．在以后章节中还可以看到，τ_0 决定线性光电导探测器的响应时间特性．

3. 非平衡载流子的扩散和漂移

（1）扩散

载流子因浓度不均匀而发生的定向运动称为扩散（diffusion）．常用扩散系数 D 和扩散长度 L 等参量来描述扩散性质．当材料局部位置受到光照时，材料吸收光子产生光生载流子，在这局部位置的载流子浓度就比平均浓度高，此时载流子将从浓度高的点向浓度低的点运动，在晶体中重新达到均匀分布．由于扩散的作用，通过单位面积的电流称为扩散电流密度，它们正比于光生载流子的浓度梯度，即

$$\boldsymbol{J}_{\mathrm{nD}} = qD_{\mathrm{n}} \nabla n \tag{1-39}$$

$$\boldsymbol{J}_{\mathrm{pD}} = -qD_{\mathrm{p}} \nabla p \tag{1-40}$$

式中，q 为电子电荷量，$\boldsymbol{J}_{\mathrm{nD}}$、$\boldsymbol{J}_{\mathrm{pD}}$ 分别为 Δx 方向上的电子扩散电流密度矢量和空穴扩散电流密度矢量；D_{n}、D_{p} 分别是电子的扩散系数和空穴的扩散系数；∇n、∇p 分别为电子浓度梯度和空穴浓度梯度．由于载流子扩散取载流子浓度增加的相反方向，故空穴电流是负的，而由于电子的电荷是负值，扩散方向的负号与电荷的负号相乘，故电子电流是正的．

设有一块 N 型半导体，入射的均匀光场全部覆盖它的一个端面，因而光生载流子在材料中的扩散可作一维近似处理．考虑光生空穴沿 x 方向扩散．利用式（1-40）和边界条件 $x \to 0$，$\Delta p(x) = \Delta p(0)$ 以及 $x \to \infty$，$\Delta p(x) = 0$，则可以得到任意 x 位置处，光生空穴浓度为

$$\Delta p(x) = \Delta p(0) \exp\left(-\frac{x}{L_{\mathrm{p}}}\right) \tag{1-41}$$

其中，$L_p=\sqrt{D_p\tau_c}$ 为空穴扩散长度，τ_c 为载流子寿命. 由上式可知，少数载流子的剩余浓度随距离成指数规律下降.

(2) 漂移

载流子受到电场作用所发生的运动称为漂移(drift). 在电场中，电子漂移的方向与电场方向相反，空穴漂移的方向与电场方向相同. 载流子在弱电场中的漂移运动服从欧姆定律；而在强电场中的漂移运动有饱和或雪崩等现象，不服从欧姆定律. 这里只讨论服从欧姆定律的漂移运动. 欧姆定律的微分形式表示如下：

$$J_E = \sigma E \tag{1-42}$$

漂移电流密度矢量 J_E 等于电场强度矢量 E 与材料的电导率 σ 之积. 对于电子电流，根据定义，漂移电流密度 J_E 又可表示成

$$J_E = nq\boldsymbol{v} \tag{1-43}$$

式中，n 为电子的浓度，q 为电子电荷量，$\boldsymbol{v}$ 为电子漂移的平均速度，与电场强度呈线性关系，即

$$\boldsymbol{v} = \mu_n E \tag{1-44}$$

式中，μ_n 为电子迁移率. 联立式(1-42)至式(1-44)，可得

$$\sigma_n = nq\mu_n \tag{1-45}$$

同理，对于空穴电流，有

$$\sigma_p = pq\mu_p \tag{1-46}$$

式中，μ_p 为空穴迁移率. 在电场中，漂移所产生的电子电流密度矢量(空穴电流密度矢量)与电场和迁移率之间的关系为

$$J_{nE} = nq\mu_n E$$
$$J_{pE} = pq\mu_p E \tag{1-47}$$

电子在晶体中的运动与气体分子的热运动类似. 当没有外加电场时，电子做无规则运动，其平均定向速度为零. 一定温度下半导体中电子和空穴的热运动是不能引起载流子净位移的，从而也就没有电流. 但漂移可使载流子产生净位移，从而形成电流. 在电场中多子、少子均做漂移运动，因多子数目远比少子多，所以漂移流主要是多子的贡献；在扩散情况下，如

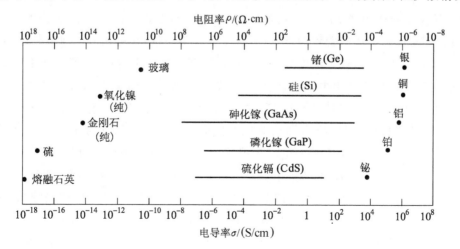

图 1.13　固体材料分类

光照产生非平衡载流子,此时非平衡少子的浓度梯度最大,所以对扩散流的贡献主要是少子.不同材料中电子运动"活跃程度"不同,产生不同的电阻.图 1.13 为不同材料产生的电阻率差异.

1.2.4 PN 结

一块半导体一侧掺杂成 P 型半导体,另一侧掺杂成 N 型半导体,中间二者相连的接触面称为 PN 结(p-n junction). PN 结是电子技术中许多元件,如半导体二极管、双极性晶体管的物质基础.

1. PN 结的形成

P 型半导体中多子是空穴,少子是电子;N 型半导体中多子是电子,少子是空穴.当 P 型、N 型半导体结合在一起形成 PN 结时,P 型、N 型半导体由于分别含有较高浓度的空穴和自由电子,存在浓度梯度,所以二者之间将产生扩散运动.即

- 自由电子由 N 型半导体向 P 型半导体的方向扩散,剩下带正电的施主离子;
- 空穴由 P 型半导体向 N 型半导体的方向扩散,剩下带负电的受主离子.

载流子经过扩散过程后,扩散的自由电子和空穴相互结合,从而在两种半导体中间位置形成一个空间电荷区(或称离子区、耗尽层、阻挡层),空间电荷区内载流子很少,产生高阻抗,并形成由 N 型半导体指向 P 型半导体的电场,称为"内电场".在内建电场的作用下,载流子将产生漂移运动,漂移运动的方向与扩散运动的方向相反.热平衡下,漂移运动与扩散运动将会达到动态平衡状态,这就是 PN 结的形成.

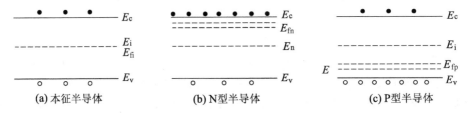

(a) 本征半导体　　　　(b) N 型半导体　　　　(c) P 型半导体

图 1.14　本征半导体、N 型半导体、P 型半导体费米能级

P 型、N 型半导体的费米能级受到各自掺杂的影响,在能带图中的高低位置不一致,如图 1.15 所示.本征半导体的费米能级 E_{fi} 大致位于禁带中线 E_i 处,而 N 型半导体的费米能级 E_{fn} 位于禁带中央以上;掺杂浓度越高,费米能级离禁带中央越远,越靠近导带底. P 型半导体的费米能级 E_{fp} 位于禁带中央位置以下,掺杂浓度越高,费米能级离禁带中央越远,越靠近价带顶.当 P 型、N 型半导体结合成 PN 结时,按费米能级的意义,电子将从费米能级高的 N 区流向费米能级低的 P 区,空穴则从 P 区流向 N 区,因而 E_{fn} 不断下移,而 E_{fp} 不断上移,直至 $E_{fn}=E_{fp}$.这时 PN 结中有统一的费米能级 E_f,PN 结处于平衡态,但处于 PN 结区外的 P 区和 N 区中的费米能级 E_{fn} 和 E_{fp} 相对于价带和导带的位置要保持不变,这就导致 PN 结能带发生弯曲,如图 1.15(b)所示.能带弯曲实际上是 PN 结区内建电场作用的结果.于是,一旦 PN 结形成后,电子从 N 区到 P 区要克服电场力做功,越过一个能量高坡,这个势能高坡即为 qU_D(U_D 是接触电势差),通常称为 PN 结势垒,其大小等于 P 区导带底能级与 N 区导带底能级之差,即 $eU_D=E_{cp}-E_{cn}$.

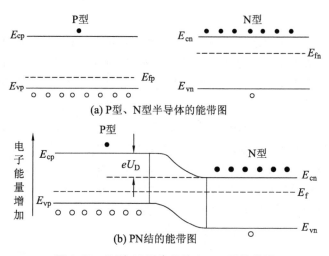

图 1.15　P 型、N 型半导体和 PN 结能带图

2. PN 结的性质

热平衡下，PN 结中的漂移运动和扩散运动处于动态平衡，结界面的区域存在一定宽度的耗尽区，净电流为零，如图 1.16 所示．但是当外加电压时，结内的平衡就被破坏，耗尽层宽度会发生变化．依照外加电压的大小和方向，可形成流过 PN 结的正向电流或反向电流．

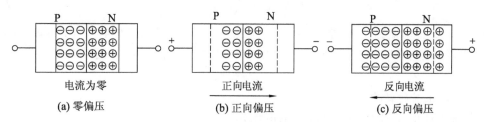

图 1.16　不同偏压时结区电荷分布

(1) 正向偏置

若 P 区接电源正极，N 区接电源负极，称为正向偏置．在正向偏压的作用下，P 区的多子空穴和 N 区的多子自由电子向结区运动．结区靠 P 区一侧的部分负电荷获得空穴，而靠 N 区一侧的部分正电荷获得电子，两者都还原为中性的原子，从而耗尽层宽度(结势垒)变小，并且随着正向偏压的增大耗尽层宽度越来越小．当正向偏压等于 PN 结的接触电势差 U_D 时，耗尽层宽度为零．这时如果正向偏压继续增大，P 区的空穴和 N 区的自由电子就会越过 PN 结，形成"正向电流"，方向由 P 区指向 N 区．发光二极管(LED)、半导体激光器[也称为激光二极管(laser diode，LD)]皆工作在正向偏压条件下．

(2) 反向偏置

若 N 区接电源正极，P 区接电源负极，这种状态称为 PN 结"反向偏置"，与正向偏置的分析相同，此时耗尽层宽度变大，且 P 区的少子只有电子漂移到 N 区，而 N 区的少子空穴漂移到 P 区，产生的极其微弱、不随外加电压改变的电流，称为"反向饱和电流"，方向由 N 区指向 P 区．由于反向饱和电流很小，PN 结处于截止状态，所以外加反向电压时，PN 结相当于断路．

(3) 反向击穿

当 PN 结加的反向电压逐渐增大时,反向饱和电流不变.如果反向电压过大,位于 PN 结中的载流子会拥有很大的动能,足以和中性粒子碰撞,使中性粒子分离出价电子而产生空穴-电子对.这样会导致 PN 结反向电流的急剧增大,发生 PN 结的击穿,因为被弹出的价电子有可能和其他中性粒子碰撞产生连锁反应,类似于雪崩,这样的反向击穿方式称为雪崩击穿(avalanche breakdown).掺杂浓度越低,所需电场越强.当掺杂浓度非常高时,在 PN 结两端加入弱电场就会使中性粒子中的价电子脱离原子的束缚,从而成为载流子,导致 PN 结的击穿.这样的击穿被称为齐纳击穿(Zener breakdown).掺杂浓度越高,所需要的电场越弱.一般小于 6V 的电压引起的是齐纳击穿,大于 6V 的电压引起的是雪崩击穿.

耗尽层的宽度 W 与外加电压 U 之间的关系为

$$W = \frac{2\varepsilon}{q} \frac{N_a + N_d}{N_a N_d} (U_D - U)^{\frac{1}{2}} \tag{1-48}$$

式中,U_D 为接触电势差,ε 为材料的介电常数,N_a 和 N_d 分别为 P 型半导体和 N 型半导体掺杂浓度.当外加电压 U 为正时,W 变窄;当 U 为负时,W 变宽.

PN 结两侧耗尽层可看成一个电容器,又称结电容.如果用平板电容器来类比,则单位面积的结电容为

$$C = \frac{\varepsilon}{W} = \left[\frac{q \varepsilon N_a N_d}{2(N_a + N_d)(U_D - U)} \right]^{\frac{1}{2}} \tag{1-49}$$

上式表明,外加正向偏置电压,结电容变大;外加反向偏置电压,结电容变小.而减小结电容对减小 PN 结的响应时间($\tau_e = R_L C_j$),对由 PN 结构成的探测器件的响应速度有重要的意义.

3. PN 结伏安特性曲线

在外加电压的作用下,流过 PN 结的电流为

$$I = I_{SO}(e^{\frac{qU}{kT}} - 1) = I_{SO}(e^{\frac{U}{U_T}} - 1) \tag{1-50}$$

式中,I 为流过 PN 结的电流;I_{SO} 为反向饱和电流;U 为外加电压;$U_T = \frac{kT}{q}$,其中 k 为玻尔兹曼常数,$k = 1.38 \times 10^{-23}$ J/K;电子电荷量 $q = 1.6 \times 10^{-19}$ C.在常温(300K)下,$U_T = 26$ mV.

PN 结的伏安特性曲线如图 1.17 所示:第一象限为正向导通的状态;第三象限为反向饱和电流的状态;反向电压 $|U| \geqslant |U_{BR}|$ 表示 PN 结被击穿的状态;$U \leqslant 0.4$V 表示 PN 结即将被导通的状态.PN 结的最大特性为单向导电性,当正向电压达到一定值时,PN 结将产生正向偏置,PN 结被导通;当反向电压在一定范围内时,PN 结产生微弱的反向饱和电流,当反向电压超过一定值时,PN 结被击穿.

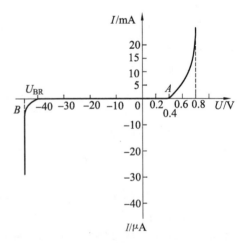

图 1.17 PN 结的伏安特性曲线

思考题

1. 麦克斯韦方程组描述了哪些电磁现象？试从麦克斯韦方程组推导出当媒质为无耗媒质时的波动方程.

2. 常见波动方程的解有几类？

3. 写出平面简谐波的复数形式.

4. 写出光子的能量和动量.

5. 什么叫半导体的载流子？

6. 画出半导体的能带结构示意图,并解释半导体的导电特性.

7. 简述 PN 结的导电特性.

第 2 章
光的度量与热辐射定律

光电系统通常需要对光进行测量,并进行定性或定量的数据处理,这就需要对辐射的规律加以研究和进行度量方面的定义. 本章介绍辐射度学(radiometry)和热辐射(thermal radiation)方面的知识.

2.1 辐射度学基本知识

辐射度学是一门研究电磁辐射能量的学科. 在辐射能的测量中,为了既符合物理学对电磁辐射量度的规定,又符合人的视觉特性,建立了两套参量和单位:一套参量与物理学中对电磁辐射量度的规定完全一致,称为辐射度量,适用于整个电磁波段;另一套参量是以人的视觉特性为基础而建立起来的,称为光度量,只适用于可见光波段. 在辐射度单位体系中,辐通量(又称为辐射功率)或者辐射能是基本量,是只与辐射客体有关的量,其基本单位是瓦特(W)或者焦耳(J). 在光度单位体系中,是一套反映视觉亮暗特性的光辐射计量单位,被选作基本量的不是光通量而是发光强度,其基本单位是坎德拉.

以上两套单位体系中的物理量在物理概念上是不同的,但所用的物理符号、名称、定义彼此是一一对应的. 为了区别起见,在对应的物理量符号标出下标"v"(visibility 的首字母)表示光度物理量. 例如,某辐射参量符号为 X,X_v 表示该参量为光度量. 我们重点介绍辐射度单位体系中的物理量,而光度单位体系中的物理量仅简单介绍给读者,以便参考.

2.1.1 辐射量

1. 辐射能(量)Q

辐射能是以辐射形式发射、传输或接受的电磁波(主要指紫外、可见光和红外辐射)的能量,其单位是焦耳(J).

2. 辐射通量 Φ

辐射通量为单位时间内流过某截面的所有波长的总电磁辐射能,又称为辐射功率,即

$$\Phi = \frac{dQ}{dt} \text{ J/s} \tag{2-1}$$

其单位为瓦特(W)或焦耳/秒(J/s).

测量辐射源在规定条件下的辐射通量和发光效率,如图 2.1 所示. 被测辐射源的辐射经积分球壁的多次反射,导致产生一个均匀的与光通量成比例的面出辐射度,一个位于球壁的探测器测量这个面出辐射度,一个漫射屏挡住辐射源,不使探测器直接照射到被测器件的

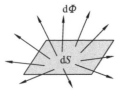

图 2.1 辐射出射度 M 的定义

辐射;被测辐射源、漫射屏、开孔的面积与球面积比较,应该相对较小,球内壁和漫射屏表面应有均匀的高反射率漫反射镀层(最小 0.8).球和探测器组合应校准,应考虑到峰值发射波长和光通量由于功率消耗产生的变化.

3. 辐射出射度 M

辐射出射度是用来反映面辐射源上各面元辐射能力的物理量,定义为辐射体单位面元向半球空间发出的辐射通量,如图 2.2 所示,即

$$M = \frac{\mathrm{d}\Phi}{\mathrm{d}S} \mathrm{W/m^2} \quad (2\text{-}2)$$

4. 辐射强度 I

辐射强度 I 用来描述点辐射源(或辐射源面元)的辐射功率在不同方向上的分布,定义为:在给定方向上的立体角内,辐射源发出的辐射通量与立体角元之比,即

$$I = \frac{\mathrm{d}\Phi}{\mathrm{d}\Omega} \quad (2\text{-}3)$$

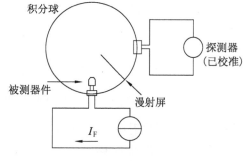

图 2.2 辐射源在规定条件下的辐射通量和效率的测试框图

单位为瓦特·球面度$^{-1}$(W·sr^{-1}).

式中,$\mathrm{d}\Omega = \sin\theta \mathrm{d}\theta \mathrm{d}\varphi$,表示单位立体角,单位为 sr(球面度).在光辐射测量中,常用的几何量就是立体角.立体角涉及的是空间问题,任意光源发射的光能量都是辐射在它周围的一定空间内.因此,在进行有关光辐射的讨论和计算时,也将是一个立体空间问题.一个任意形状锥面所包含的空间称为立体角,如图 2.3 所示,ΔA 是半径为 R 的球面的一部分,ΔA 的边缘各点对球心 O 连线所包

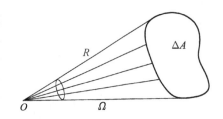

图 2.3 立体角的定义

围的那部分空间叫立体角.立体角的数值为部分球面面积 ΔA 与球半径 R 平方之比,即

$$\Omega = \frac{\Delta A}{R^2} \quad (2\text{-}4)$$

对于一个给定顶点 O 和一个方向随意的微小面积 $\mathrm{d}S$,它们对应的立体角为

$$\mathrm{d}\Omega = \frac{\mathrm{d}S \cdot \cos\theta}{R^2} \quad (2\text{-}5)$$

式中,θ 为 $\mathrm{d}S$ 与投影面积 $\mathrm{d}A$ 的夹角,R 为 O 到 $\mathrm{d}S$ 中心的距离.

辐射强度 I 定义为照射在离光源一定距离处的光探测器上的通量 Φ 与由探测器构成的立体角 Ω 的比值,立体角可由探测器的面积 S 除以测量距离 d 的平方计算得到.

$$I = \frac{\Phi}{\Omega} = \frac{\Phi}{\left(\dfrac{S}{d^2}\right)}$$

测试框图如图 2.4 所示.

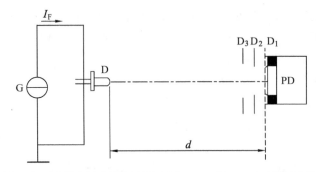

图2.4 辐射源(光源)平均强度(Averaged intensity)测试框图

其中,D 为被测辐射源;G 为电流源;PD 为包括面积 A 的光阑 D_1 的光度探测器;D_2、D_3 为消除杂散光光阑,探测时 D_2、D_3 不应对立体角测量产生影响;d 为被测辐射源与光阑 D_1 之间的距离.

反映光电器件的发光(或辐射)强度空间分布特性可用下式表示(图2.5):

$$I_V(或\ I_e) = f(\theta)$$

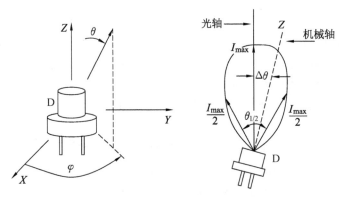

图2.5 辐射(或发光)强度空间分布特性

图中,半强度角 $\theta_{\frac{1}{2}}$(half-intensity angle)为在辐射(或发光)强度分布图形中,辐射(或发光)强度大于最大强度一半构成的角度;偏差角 θ(misalignment angle)为在辐射(或发光)强度分布图形中,最大辐射(或发光)强度方向(光轴)与机械轴 Z 之间的夹角.

例 2.1 求全球所对应的立体角以及半球所对应的立体角.

解 根据定义 $\Omega = \dfrac{\Delta A}{R^2}$,得全球所对应的立体角 $\Omega = \dfrac{4\pi R^2}{R^2} = 4\pi$.

全球所对应的立体角是整个空间,又称为 4π 空间.同理,半球所对应的立体角为 2π 空间.

例 2.2 用球坐标表示立体角.

解 微小面积

$$dS = r^2 \sin\theta \cdot d\theta \cdot d\phi$$

则 dS 对应的立体角为

$$d\Omega = \sin\theta \cdot d\theta \cdot d\phi$$

计算某一个立体角时,在一定范围内积分 $\Omega = \int d\Omega$ 即可.

由辐射强度的定义可知,如果一个置于各向同性均匀介质中的点辐射体向所有方向发

射的总辐射通量为 Φ_e，则该点辐射体在各个方向的辐射强度 I 是常量，有

$$I = \frac{\Phi}{4\pi} \quad (2-6)$$

5. 辐射亮度 L

辐射亮度 L 定义为在垂直其辐射方向上的单位表面积、单位立体角发出的辐射通量，如图 2.6 所示，即

$$L = \frac{\mathrm{d}I}{\mathrm{d}S\cos\theta} = \frac{\mathrm{d}^2\Phi}{\mathrm{d}\Omega\mathrm{d}S\cos\theta} \mathrm{W}/(\mathrm{sr}\cdot\mathrm{m}^2) \quad (2-7)$$

式中，θ 是给定方向和辐射源面元法线间的夹角，单位为瓦特/(球面度·米²).

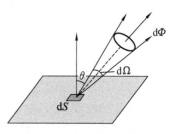

图 2.6 辐射亮度示意图

显然，一般辐射体的辐射亮度与空间方向有关。利用它可以用来描述显示屏不同方向辐射亮度不同的特性.

6. 辐射照度 E

在辐射接收面上的辐照照度 E 定义为照射在面元 $\mathrm{d}A$ 上的辐射通量 $\mathrm{d}\Phi$ 与该面元的面积 $\mathrm{d}A$ 之比，即

$$E = \frac{\mathrm{d}\Phi}{\mathrm{d}A} \mathrm{W}/\mathrm{m}^2 \quad (2-8)$$

7. 单色辐射度量

辐射源所发射的能量一般由很多波长的单色辐射所组成。为了研究光源在各种波长上的辐射能力差别，提出了单色辐射度量的概念。对于单色光辐射，同样采用上述物理量表示，只不过单色辐射度量均定义为单位波长间隔内对应的辐射度量，并且对所有辐射量 X 来说单色辐射度量与辐射度量之间均满足

$$X = \int_0^\infty X_\lambda \mathrm{d}\lambda \quad (2-9)$$

2.1.2 光度量

辐射通量 Φ 表示的是光源在单位时间内辐射的总能量的多少，而我们感兴趣的只是其中能够引起视觉的部分。早期，人们根据眼睛感觉的"明、暗"来判断可见光的"强、弱"。随着生产的发展和科学技术的进步，特别是天文观测和人工照明的需要，要求对光作定量的测量。1729 年，为比较天体亮度发明了目视光度计，这标志着光度学的诞生。1760 年 J. H. 朗伯创立了光度学的基本体系，成为光度学的重要奠基人。1860 年英国首都的煤气法案正式规定了发光强度单位烛光的定义及标准光源。1881 年国际电工技术委员会批准烛光为国际标准。1909 年美、法、英等国决定用一组碳丝白炽灯来定义发光强度单位，取名为"国际烛光"，符号为"ic"，然而，碳丝白炽灯不具有可复现性，不能作为原始标准。1937 年国际计量委员会决定用铂点黑体作为光度原始标准（即光度基准），并规定其亮度为 60 熙提（1 熙提＝1 烛光/厘米²）。由此导出的发光强度单位叫坎德拉，符号为"cd"，从 1948 年 1 月 1 日起实行。至此，全世界才有了统一的光度标准。相等的辐射通量，由于波长的不同，人眼对它的感觉并不相同。为了研究客观的辐射通量与它们在人眼所引起的主观感觉强度之间的关系，首先必须研究对不同波长的光的视觉灵敏度。人眼只能感知波长在 $0.38\sim0.78\mu\mathrm{m}$ 的可见光光辐射，而在此区域内，正常人眼对黄绿光最灵敏，对红光、紫光的灵敏度较低。在引起强度相等的视

觉的情况下,若所需的某一单色光的辐射通量越小,则说明人眼对该单色光的视觉灵敏度越高.图 2.7 是明和暗视觉的光视效率实验曲线,明视觉用 $V(\lambda)$ 表示,它的最大值在 $\lambda=555\text{nm}$ 处;暗视觉用 $V'(\lambda)$ 表示,它的最大值在 $\lambda=507\text{nm}$ 处.光度单位体系是反映视觉亮暗特性的光辐射计量单位,在光频区域光度学的物理量可以用与辐度学的基本物理量对应的 Q_v、Φ_v、I_v、M_v、L_v、E_v 来表示,其定义完全一一对应,其关系如表 2.1 所示.

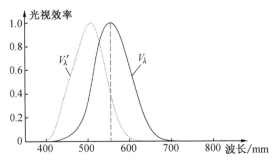

图 2.7 光谱光视效率曲线

表 2.1 常用辐度量和光度量之间的对应关系

辐射度物理量				对应的光度量			
物理量名称	符号	定义式	单位	物理量名称	符号	定义式	单位
辐射能	Q		J	光量	Q_v	$Q_v=\int\Phi_v\mathrm{d}t$	lm·s
辐射通量	Φ	$\Phi=\dfrac{\mathrm{d}Q}{\mathrm{d}t}$	W	光通量	Φ_v	$\Phi_v=\int I_v\mathrm{d}\Omega$	lm
辐射出射度	M	$M=\dfrac{\mathrm{d}\Phi}{\mathrm{d}S}$	W/m²	光出射度	M_v	$M_v=\dfrac{\mathrm{d}\Phi_v}{\mathrm{d}S}$	lm/m²
辐射强度	I	$I=\dfrac{\mathrm{d}\Phi}{\mathrm{d}\Omega}$	W/sr	发光强度	I_v	基本量	cd
辐射亮度	L	$L=\dfrac{\mathrm{d}I}{\mathrm{d}S\cos\theta}$	W/(sr·m²)	(光)亮度	L_v	$L_v=\dfrac{\mathrm{d}I_v}{\mathrm{d}S\cos\theta}$	cd/m²
辐射照度	E	$E=\dfrac{\mathrm{d}\Phi}{\mathrm{d}A}$	W/m²	(光)照度	E_v	$E_v=\dfrac{\mathrm{d}\Phi_v}{\mathrm{d}A}$	lx

光度量中的最基本单位是发光强度的单位——坎德拉(candela),记作 cd,它是国际单位制中 7 个基本单位之一.它的定义是"一个光源发出频率为 $540\times10^{12}\text{Hz}$ 的单色辐射,若在一给定方向上的辐射强度为 $\dfrac{1}{683}\text{W/sr}$,则该光源在该方向上的发光强度为 1cd".

光度量与辐射度量之间的关系可用光视效能和光视效率表示.光视效能描述某一波长的单色光辐射通量产生多少相应的单色光通量.即光视效能 K_λ 定义为同一波长下测得的光通量与辐射通量的比值,即

$$K_\lambda=\frac{\Phi_{v\lambda}}{\Phi_{e\lambda}} \tag{2-10}$$

其单位为流明/瓦特(lm/W).

通过观察者对标准光度视觉的实验测定,在辐射频率 $540\times10^{12}\text{Hz}$(波长 555nm)处,$K_\lambda$ 有最大值,其数值为 $K_m=683\text{lm/W}$.单色光视效率是 K_λ 用 K_m 归一化的结果,其定义为

$$V_\lambda=\frac{K_\lambda}{K_m}=\frac{1}{K_m}\frac{\Phi_{v\lambda}}{\Phi_\lambda} \tag{2-11}$$

例 2.3 对于 600nm 的波长来说,光视效率的相对值为 0.631,为了使它引起和 555nm

相等强度的视觉,所需辐射通量是 555nm 的多少倍?

解 $V_{600}=0.631, V_{555}=1$. 若要使 $\Phi_{v600}=\Phi_{v555}$,则 $\Phi_{600}=\dfrac{\Phi_{555}}{0.631}=1.6\Phi_{555}$.

2.1.3 辐射度学和光度学中的两个基本定律

1. 朗伯定律

大多数均匀发光体,不论其表面形状如何,在各个方向上的辐射亮度都近似一致. 例如,太阳虽然是一个圆球,但我们看到在太阳整个表面各方向的辐射亮度是一样的. 下面讨论当发光体在各个方向辐射亮度相同时,不同方向上的辐射强度变化规律.

假定发光微面 dS 与该微面法向上的辐射强度为 I_0. 若发光体在各方向上的辐射亮度一致,根据辐射亮度的定义,有

$$L=L_0=\frac{I_0}{dS}=\frac{I}{dS\cdot\cos\theta} \tag{2-12}$$

由上式可得辐射强度在空间方向上的分布满足

$$I=I_0\cos\theta \tag{2-13}$$

式中,I_0 是面元 dS 沿其法线方向的辐射强度. 符合上式规律的辐射体称为余弦辐射体或朗伯体. 例如,太阳、荧光屏、毛玻璃灯罩、坦克表面等都近似于这种辐射源.

余弦辐射体的辐射出射度为

$$M=\frac{d\Phi}{dS}=L_0\pi \tag{2-14}$$

即朗伯辐射体的辐射出射度等于它的辐射亮度与 π 的乘积.

2. 点光源照度与距离平方反比定律

假定点光源 A 照明一个微小平面 dS,dS 离光源的距离为 R,其表面法线方向与照明方向成夹角 θ,假定辐射强度为 I,则点光源在微小平面 dS 处的辐射通量为

$$d\Phi=Id\Omega \tag{2-15}$$

又由于 $d\Omega=\dfrac{dS\cos\theta}{R^2}$,代入上式,可得

$$d\Phi=Id\Omega=I\frac{dS\cos\theta}{R^2} \tag{2-16}$$

根据辐射照度公式,有

$$E=\frac{d\Phi}{dS}=\frac{I\cos\theta}{R^2} \tag{2-17}$$

上式表明,被照物体表面的辐射照度和光源在照明方向上的辐射强度以及被照表面的倾斜角的余弦成正比,而与距离平方成反比.

例 2.4 一直径为 4m 的圆桌中心上面 2m 高处挂一盏 100cd 的电灯,求圆桌中心与边缘的照度.

解 圆桌中心的照度为

$$E=\frac{Id\Omega}{dS}=\frac{IdS\cos\theta}{R^2}/dS=\frac{I\cos\theta}{R^2}=\frac{100}{2^2}\text{ lx}=25\text{ lx}$$

圆桌边缘的照度为

$$E=\frac{Id\Omega}{dS}=\frac{IdS\cos\theta}{R'^2}/dS=\frac{I\cos\theta}{R'^2}=\frac{100}{2^2+2^2}\times\frac{2}{\sqrt{2^2+2^2}}\text{ lx}=8.84\text{ lx}$$

2.2 热辐射定律

2.2.1 热辐射和各种形式的发光

任何 0°K 以上温度的物体都会发射各种波长的电磁波,这种由于物体中的分子、原子受到热激发而发射电磁波的现象称为热辐射.热辐射具有连续的辐射谱,波长自远红外区到紫外区,并且辐射能按波长的分布主要决定于物体的温度.除了热辐射以外,其他形式的发光都是由不同的能量转换方式得到的,主要有以下几种:

(1) 电致发光(electroluminescence)

依靠放电补充能量而导致的发光叫作电致发光.例如,霓虹灯、水银灯和钠灯等气体放电光源是物体中的原子或离子受到被电场加速的电子的轰击,使原子中的电子受到激发,当电子从激发态返回到正常状态时,将会发出辐射光.

(2) 光致发光(photoluminescence)

依靠入射光补充能量而导致的发光叫作光致发光.它是物体被光照或预先被照射而引起它自身的辐射.例如,汞蒸气产生的紫外线激发荧光体发光(荧光).

(3) 化学发光(chemiluminescence)

依靠化学反应补充能量而导致的发光叫作化学发光.例如,磷被空气中的氧气缓慢氧化时将会发光.在该情况下,辐射能量在化学反应过程中释放出来.

(4) 热致发光(thermoluminescence)

依靠对某一物体加热到一定温度而发光叫作热致发光.例如,食盐放入火焰中会发出钠黄光.它与热辐射不同:首先,热辐射在任何温度下进行,而热致发光要达到某一特定温度后才产生;其次,热辐射光谱是连续的,而热致发光的光谱主要是线光谱或带状光谱;再次,热辐射主要发生于固体、液体或相当稠密的气体中,而热致发光则主要发生在稀薄气体中.热辐射体温度越高,辐射峰值波长越短.

2.2.2 单色吸收比和单色反射比

任何物体向周围发射电磁波的同时,也吸收周围物体发射的辐射能.当辐射从外界入射到不透明的物体表面上时,一部分能量被物体吸收,另一部分能量从物体表面反射(如果物体是透明的,则还有一部分能量透射).

(1) 单色吸收比

被物体吸收的能量与入射的能量之比称为该物体的吸收比.在波长 λ 到 $\lambda+d\lambda$ 范围内的吸收比称为单色吸收比,用 $\alpha(\lambda,T)$ 表示.

(2) 单色反射比

反射的能量与入射的能量之比称为该物体的反射比.在波长 λ 到 $\lambda+d\lambda$ 范围内相应的反射比称为单色反射比,用 $\rho(\lambda,T)$ 表示.对于不透明的物体,单色吸收比和单色反射比之和等于1,即

$$\alpha(\lambda,T)+\rho(\lambda,T)=1 \tag{2-18}$$

一物体的吸收比和反射比,是随着物体的温度和入射辐射的波长而改变的. 若物体在任何温度下,对任何波长的辐射能的吸收比都等于1,即 $\alpha(\lambda,T)=1$,则称该物体为绝对黑体(简称黑体). 黑体是理想化物体,其实任何物体的吸收比 $\alpha(\lambda,T)<1$. 若对各种入射波长辐射的吸收比都小于1,且近似为一常数,则该物体称为灰体. 一般金属材料大都可近似看成灰体. 例如,白天从远处看建筑物的窗口时,窗口显得特别黑暗,这是由于从窗口射入的光,经墙壁多次反射而吸收,很少有光再从窗口射出的缘故. 又如,在金属冶炼技术中,常在冶炼炉上开一小孔,这一小孔也近似为黑体.

2.2.3 基尔霍夫辐射定律

实验表明:同一物体的单色辐出度和单色吸收比之间有着内在的联系. 将温度不同的物体 B1、B2、B3 放置在一个与外界隔离的封闭容器 C 内,若容器内部抽成真空,从而各物体之间只能通过热辐射来交换能量. 实验证明,经过一段时间后,所有的物体包括容器在内都会达到相同的温度,建立热平衡,此时各物体在单位时间内放出的能量恰好等于吸收的能量. 单色辐出度较大的物体,其单色吸收比也较大;单色辐出度较小的物体,其单色吸收比也较小. 即只靠辐射和吸收来交换能量的若干物体有可能达到热平衡,故可推断出物体的单色辐出度和单色吸收比之间必定有正比的关系. 基尔霍夫将这一关系以定律的形式表述如下:物体的单色辐出度和单色吸收比的比值与物体的性质无关,对所有的物体,这个比值是温度和波长的普适函数,其数学形式如下:

$$\frac{M_1(\lambda,T)}{\alpha_1(\lambda,T)}=\frac{M_2(\lambda,T)}{\alpha_2(\lambda,T)}=\cdots=M_b(\lambda,T) \tag{2-19}$$

式中, $M_b(\lambda,T)$ 为黑体的单色辐射出射度.

若定义物体的发射本领(发射率)为

$$\varepsilon(\lambda,T)=\frac{M(\lambda,T)}{M_b(\lambda,T)} \tag{2-20}$$

可以看出有下列关系成立:

$$\varepsilon(\lambda,T)=\alpha(\lambda,T) \tag{2-21}$$

即物体的吸收本领等于物体的发射本领. 有些情况下,测定物体的吸收本领要比测定物体的发射本领容易.

2.2.4 普朗克公式

黑体处于温度 T 时,在波长 λ 处的单色辐射出射度由普朗克公式给出:

$$M_b(\lambda,T)=\frac{2\pi hc^2}{\lambda^5(e^{hc/(\lambda k_B T)}-1)} \tag{2-22}$$

式中 $h=6.62606957\times10^{-34}$ J·s 为普朗克常量,c 为真空中的光速,k_B 为波尔兹曼常数.

图 2.8 为不同温度条件下黑体的单色辐射出射度(辐射亮度)随波长的变化曲线. 由图 2.8 可见:

① 每条曲线都有一个最大值,即对应任一温度,单色辐射出射度随波长连续变化,且只有一个峰值,对应不同温度的曲线不相交. 因而温度能唯一确定单色辐射出射度的光谱分布

和辐射出射度(即曲线下的面积).

② 单色辐射出射度和辐射出射度均随温度的升高而增大.

③ 单色辐射出射度的峰值随温度的升高向短波方向移动.

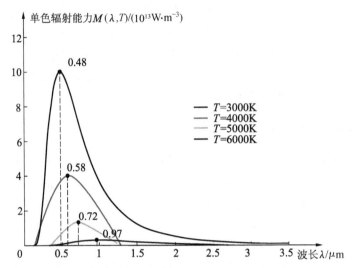

图 2.8 不同温度下黑体的单色辐射出射度(辐射亮度)随波长的变化曲线

若令 $C_1 = 2\pi hc^2$, $C_2 = \dfrac{hc}{k_B}$,则式(2-22)可改写为

$$M_b(\lambda, T) = \frac{C_1}{\lambda^5} \frac{1}{e^{\frac{C_2}{\lambda T}} - 1} \tag{2-23}$$

式中 $C_1 = (3.741832 \pm 0.000002) \times 10^{-16}$ W·m²,称为第一辐射常数;$C_2 = (1.438786 \pm 0.000012) \times 10^{-2}$ m·K,称为第二辐射常数.

例 2.5 计算常温下 $T = 300$K 的海水在 $8 \sim 14\mu m$ 的辐射出射度(将其视为黑体).

解 由式(2-23),可得

$$M_b(\lambda, T) = \int_{8\mu m}^{14\mu m} \frac{C_1}{\lambda^5} \frac{1}{e^{\frac{C_2}{\lambda T}} - 1} d\lambda = 1.7255 \times 10^{-2} \text{ W/cm}^2$$

2.2.5 维恩公式和瑞利-琼斯公式

1. 维恩公式

对于式(2-23),当 λT 很小时,$e^{\frac{C_2}{\lambda T}} - 1 \approx e^{\frac{C_2}{\lambda T}}$,可得到适合于短波长区的维恩公式:

$$M_b(\lambda, T) = C_1 \lambda^{-5} e^{-\frac{C_2}{\lambda T}} \tag{2-24}$$

在 $\lambda T < 2698\mu m \cdot K$ 的短波区域内,维恩公式与普朗克公式的误差小于 1%.

2. 瑞利-琼斯公式

对于式(2-23),当 λT 很大时,$e^{\frac{C_2}{\lambda T}} \approx 1 + \dfrac{C_2}{\lambda T}$,可得到适合于长波长区的瑞利-琼斯公式:

$$M_b(\lambda, T) = \frac{C_1}{C_2} T \lambda^{-4} \tag{2-25}$$

在 $\lambda T > 7.7 \times 10^5 \mu m \cdot K$ 的长波区域时,瑞利-琼斯公式与普朗克公式的误差小于 1%.

2.2.6 斯忒藩-玻尔兹曼定律和维恩位移定律

1. 斯忒藩-玻尔兹曼定律

将普朗克公式(2-22)对波长 $0\sim\infty$ 的范围积分,可得斯忒藩-玻尔兹曼定律:

$$M_b(T)=\sigma T^4 \tag{2-26}$$

其中 $\sigma=5.670\times10^{-8}\text{W}/(\text{m}^2\cdot\text{K}^4)$ 为斯忒藩-玻尔兹曼常量。斯忒藩-玻尔兹曼定律表明黑体的辐射出射度只与黑体的温度有关,而与黑体的其他性质无关。黑体的全光谱辐射出射度与温度的 4 次方成正比,温度是物体辐射量最大的要素。例如,在光电对抗技术中,实现红外隐身的第一要素就是如何降低武器平台的温度,以最大限度地减少向环境的红外辐射能,使远处敌方的光电探测器上得到的辐射照度尽量低。

2. 维恩位移定律

对普朗克公式求对于波长的极值,从而可以得到维恩位移定律:

$$\lambda_m T=2897.8\mu\text{m}\cdot\text{K} \tag{2-27}$$

λ_m 为单色辐射出射度最大值对应的波长。该定律表明:随着温度 T 的增高,λ_m 向短波方向移动。维恩位移定律将热辐射的颜色随温度变化的规律量化了。在温度不太高时,热辐射绝大部分是肉眼看不见的红外线,其中包含极小部分长波的可见光,即红光。进一步计算表明,当温度达到约 3800K 时,λ_m 达到可见光谱红端的 760nm。若温度在 5000~6000K 区间内,λ_m 位于可见光波段的中央,它引起人眼的感觉为白色。例如,太阳表面的温度约为 5900K,其 $\lambda_m\approx0.49\mu\text{m}$,即在可见波段 $0.49\mu\text{m}$ 附近太阳辐射的能量最多,这和人眼光谱光视效率最大值所对应的波长 $0.55\mu\text{m}$ 很近。在光电探测系统中,利用维恩位移定律计算出辐射源(目标)某一温度下的辐射波长,可以确定光电探测器的光谱敏感范围,以实现"光谱匹配"。

例 2.6 计算目标辐射在光电探测器上的辐射照度。设黑体的温度 $T=500\text{K}$,出光孔小孔直径 $d=1\text{cm}$,它与光电探测器的距离 $R=2.5\text{m}$,忽略辐射能量在大气传播中的衰减,试计算该黑体在光电探测器上的辐射照度 E。

解 根据斯忒藩-玻尔兹曼定律 $M_b(\lambda,T)=\sigma T^4$,可计算出黑体在 $T=500\text{K}$ 时的辐射出射度。设黑体小孔输出的辐射强度为 I,亮度为 L。黑体小孔可视为朗伯辐射体,根据亮度定义,有

$$I=L\times dS=L\times\pi\left(\frac{d}{2}\right)^2$$

对于朗伯辐射体,$L=\dfrac{M}{\pi}$;于是可得到黑体小孔输出的辐射强度

$$I=\frac{M}{\pi}\times\pi\left(\frac{d}{2}\right)^2=\sigma T^4\left(\frac{d}{2}\right)^2$$

根据距离平方反比定律,得到光电探测器上的辐射照度

$$E=\frac{I}{R^2}=\frac{\sigma T^4\left(\dfrac{d}{2}\right)^2}{R^2}=\frac{5.67\times10^{-12}\times500^4\times0.5^2}{2.5^2}\text{W}/\text{m}^2=1.42\times10^{-2}\text{W}/\text{m}^2$$

例 2.7 (1) 如果将恒星表面的辐射近似看作黑体辐射,就可以用测量 λ_m 的办法来估算恒星表面的温度。现测量到太阳的 λ_m 为 510nm,试求它的表面温度。

(2) 太阳常数(太阳在单位时间内垂直照射到地球表面单位面积上的能量)为 $1352\text{W}/\text{m}^2$,

日地间的距离为 1.5×10^8 km,太阳直径为 1.39×10^6 km,试用这些数据估算太阳的温度.

解 (1) 根据维恩位移定律 $\lambda_m T = 2897.9\mu$m·K,得
$$T = \frac{2.898\times10^{-3}}{510\times10^{-9}}\text{K} \approx 5700\text{K}$$

(2) 根据日光的球对称性,由地面照度可算出太阳的总辐射通量,再除以太阳的总面积 S,可得太阳的辐射出射度 M,最后由黑体辐射的斯忒藩-玻尔兹曼定律,估算太阳的温度 T.

设太阳的半径为 r,日地间的距离为 R,则
$$\Phi = 4\pi R^2 E$$
$$M = \frac{\Phi}{S} = \frac{4\pi R^2 E}{4\pi r^2} = E\left(\frac{R}{r}\right)^2$$

所以
$$T = \sqrt[4]{\frac{M}{\sigma}} = \sqrt[4]{\frac{E}{\sigma}\left(\frac{R}{r}\right)^2}$$

将 $E = 1352$ W/m^2, $R = 1.5\times10^{11}$ m, $r = 6.95\times10^8$ m, $\sigma = 5.67\times10^{-8}$ W/(m^2·K^4) 代入,求得 $T = 5773$ K.

思考题

1. 写出球坐标下的立体角微分表达式,计算半球的立体角.
2. 单色辐射出射度和辐射出射度的区别是什么?
3. 用公式和曲线分别表达普朗克定律,阐述其物理意义.
4. 怎样用辐射法测定物体温度?
5. 设在半径为 R_c 的圆盘中心法线上,距圆盘中心为 l_0 处有一个辐射强度为 I_e 的点光源 S.试计算该点光源发射到圆盘的辐射功率.
6. 如图所示,设小面源的面积为 ΔA_s,辐射亮度为 L_e,面源法线与 l_0 的夹角为 θ_s;被照面的面积为 ΔA_c,到面源 ΔA_s 的距离为 l_0.若 θ_c 为辐射在被照面 ΔA_c 的入射角,试计算小面源在 ΔA_c 上产生的辐射照度.

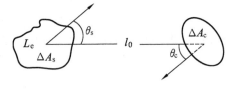

题 2.6 图

7. 假如有一个按朗伯余弦定律发射辐射的大扩展源(如红外装置面对的天空背景),其各处的辐射亮度 L 均相同,试计算该扩展源在面积为 A_d 的探测器表面上产生的辐射照度.
8. 霓虹灯发的光是热辐射吗?
9. 从黑体辐射曲线图可以看出,不同温度下的黑体辐射曲线的极大值处对应的波长 λ_m 随温度 T 的升高而减小.试由普朗克热辐射公式导出 $\lambda_m T =$ 常数.这一关系式称为维恩位移定律,其中常数为 2.898×10^{-3} m·K.
10. 常用的彩色胶卷一般分为日光型和灯光型.你知道这是按什么区分的吗?

第 3 章 光　源

光源在科学研究和工程技术中有着广泛的应用.在结构研究、材料成分分析、光电检测设备、光学加工、光电诊疗、光电对抗系统以及民用照明设计等方面,都离不开一定形式的光源.在光电系统中,光源往往起着关键的作用.为适应多种多样的实际需要,人们需要设计和制造具有各种不同光学性质和结构特点的光源.

光源的种类很多,大类可分为自然光源和人造光源两类.太阳就是最重要的自然光源.人造光源又分为很多种类,大体可分为相干光源、非相干光源和低相干光源三类,而激光器则是最重要的人造相干光源.

本章重点介绍一些典型光源的发光机理和基本特性,为在光电系统设计时选择合适的光源提供参考知识.图 3.1 给出了光源的大致分类,除太阳外都是人造光源.

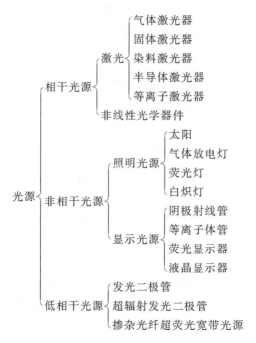

图 3.1　光源的分类

3.1 光源的基本特性参数

3.1.1 辐射效率和发光效率

目前大部分光源都是由电能转换产生光能的,所以我们将给定 $\lambda_1 \sim \lambda_2$ 波长范围内,某一光源发出的辐射通量与产生这些辐射通量所需的电功率之比,称为该光源在规定光谱范围内的辐射效率,即

$$\eta = \frac{\Phi}{P} = \frac{\int_{\lambda_1}^{\lambda_2} \Phi(\lambda) \mathrm{d}\lambda}{P} \tag{3-1}$$

式中,$\Phi(\lambda)$ 为光源的光谱辐射通量,P 为所需的电功率,η 为光源辐射效率.如果光电测量系统的光谱范围为 $\lambda_1 \sim \lambda_2$,那么应尽可能选用 η 较高的光源.

相应地,对于可见光范围,某一光源的发光效率 η_v 为

$$\eta_v = \frac{\Phi_v}{P} = K_m \frac{\int_{380}^{780} \Phi_v(\lambda) V(\lambda) \mathrm{d}\lambda}{P} \tag{3-2}$$

式中,$\Phi_v(\lambda)$ 为可见光光谱通量,$V(\lambda)$ 为明视觉光谱光视效率,K_m 为明视觉最大光谱光视效能.η_v 的单位为 lm/W.在照明领域或光度测量系统中,一般应选用 η_v 较高的光源.表 3.1 中所列的为一些常用光源的发光效率,其中普通钨丝等的发光效率很低,市场上正呈现逐步被各类节能灯取代的趋势.

表 3.1 常用光源的发光效率

光源种类	发光效率/(lm/W)	光源种类	发光效率/(lm/W)
普通钨丝灯	8～18	高压汞灯	30～40
卤钨灯	14～30	高压钠灯	90～100
普通荧光灯	35～60	球形氙灯	30～40
三基色荧光灯	55～90	金属卤化物灯	60～80

3.1.2 光谱功率分布

自然光源和人造光源大都是由多种单色光组成的复色光.不同光源在不同光谱上辐射出不同的光谱功率,常用光谱功率分布来描述.如果将光谱功率分布进行归一化处理(令其最大值为 1),可以得到光源的相对光谱功率分布.

光源的光谱功率分布通常可分成四种情况,如图 3.2 所示.图中(a)称为线状光谱,由若干条明显分隔的细线组成,如低压汞灯.图(b)称为带状光谱,它由一些分开的谱带组成,每一谱带中又包含许多细谱线,如高压汞灯、高压钠灯就属于这种分布.图(c)为连续光谱,所有热辐射光源的光谱都是连续光谱.图(d)是混合光谱,它由连续光谱与线、带谱混合而成,一般荧光灯的光谱就属于这种分布.

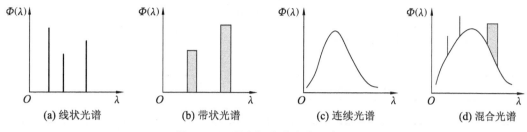

图 3.2 不同光源光谱分布示意图.

在选择光源的光谱功率分布时应视测量对象的不同要求而做出决定. 在目视光学系统中,一般采用可见区光谱辐射比较丰富的光源. 对于彩色摄影用光源,为了获得较好的色彩还原,应采用类似于太阳光色的光源,如卤钨灯、氙灯等. 在紫外分光光度计中,通常使用氘灯、紫外汞灯、氙灯等紫外辐射较强光源.

对于各向异性光源,其发光强度在空间各方向上是不同的. 在光学仪器中,为了提高光的利用率,一般选择发光强度高的方向作为照明方向. 为了进一步利用背面方向的光辐射,还可以在光源的背面安装反光罩,反光罩的焦点位于光源的发光中心上.

3.1.3 光源的色温

如前所述,黑体的温度是决定其光辐射特性的重要参数. 对非黑体辐射,它的某些特性常可用黑体辐射特性来近似地表示. 对于一般光源,经常用分布温度、色温或相关色温表示.

1. 分布温度

辐射源在某一波长范围内辐射的相对光谱功率分布,与黑体在某一温度下辐射的相对光谱功率分布一致,那么该黑体的温度就称为该辐射源的分布温度. 这种辐射体的光谱辐射亮度可表示为

$$L(\lambda, T_v) = \varepsilon \frac{C_1}{\pi \lambda^5} \cdot \frac{1}{e^{\frac{C_2}{\lambda T_v}} - 1} \tag{3-3}$$

式中,T_v 为分布温度;$\varepsilon(<1)$ 为发射率,它是一与波长无关的常数,这类辐射体又称灰体. 可见,分布温度是一个描述辐射光谱能量分布的物理量. 例如,分布温度为 300K 的海水,表示它的光谱能量分布与黑体在该温度下辐射的能量分布相同. 用分布温度描述其光谱能量分布时,一般仅限于辐射源与黑体的光谱能量分布相差不大于 5% 的情况,否则其分布温度并不具有实际意义. 例如,具有线状或带状光谱特征的光源,它们与黑体光谱能量分布相差甚大,就很难用分布温度来描述其光谱能量分布.

2. 色温(color temperature)

色温是表示光源光色的尺度,单位为 K(开尔文). 色温的概念在摄影、录像、出版等领域具有重要应用. 光源的色温是通过对比它的色彩和理论的热黑体辐射体来确定的. 热黑体辐射体与光源的色彩相匹配时的开尔文温度就是那个光源的色温. 例如,色温为 2856K 的光源,表示辐射光的颜色与黑体在该温度下的辐射颜色相同. 由于色温是按规定的两波长处的辐射比率来比较的,所以色温相同的热辐射光源的连续谱也可能不相似,若规定的波长不同,色温往往也不相同. 至于非热辐射光源,色温只能给出这个光源光色的大概情况,一般来说,色温高代表蓝、绿光成分多些,色温低则表示橙、红光的成分多些. 表 3.2 为常用光源的色温.

表 3.2 常用光源的色温

光源	色温/K	光源	色温/K
火柴光	1700K	卤钨灯	约 3200K
蜡烛光	1850K	镝灯	5500K
白炽灯(100～250W)	2600～1900K	白炽灯(500W)	2900K

3.1.4 光源的颜色

光源的颜色包含了两方面的含义,即色表和显色性.用眼睛直接观察光源时所看到的颜色称为光源的色表.例如,高压钠灯的色表呈黄色,荧光灯的色表呈白色.当用这种光源照射物体时,物体呈现的颜色(也就是物体反射光在人眼内产生的颜色感觉)与该物体在完全辐射体照射下所呈现的颜色的一致性,称为该光源的显色性.国际照明委员会(CIE)规定了 14 种特殊物体作为检验光源显色性的"试验色".在我国国家标准中,增加了我国女性面部肤色的色样,作为第 15 种"试验色".白炽灯、卤钨灯、镝灯等几种光源的显色性较好,适用于辨色要求较高的场合,如彩色电影、彩色电视的拍摄和放映以及染料、彩色印刷等行业.高压汞灯、高压钠灯等光源的显色性差一些,一般用于道路、隧道、码头等辨色要求较低的场合.

3.2 如何选择光源

在光电系统中,选择光源是非常重要的工作,首先要保证系统性能的实现,还要考虑价格成本、能源消耗、工作环境等要素,其中最核心的部分是性能参数,综合起来主要包括以下几个方面:

3.2.1 对光源光谱特性的要求

除去那些直接检测特定光源或辐射源特性(如太阳、飞行器喷气口、军事探测目标)的光电系统外,总是要求光源满足一定的光谱特性.光电系统的设计目标不同,对光源的光谱要求也不同,不同的检测任务对应的光谱范围不同:有的要求连续光谱,有的要求离散光谱或几个特定的光谱段;有的要求单色光源,有的要求多色光源;对光源的光谱范围如可见光区、紫外光区或红外光区等的要求常常也不尽相同.

选择光谱时主要需考虑系统的光谱传输特性和探测器的光谱响应,其中大部分系统由探测器决定.为增大光电检测系统的信号,通常考察光源和光电探测器之间的光谱匹配系数.光谱匹配系数 β 定义为

$$\beta = \frac{A_1}{A_2} = \frac{\int_0^\infty W_\lambda S_\lambda \mathrm{d}\lambda}{\int_0^\infty W_\lambda \mathrm{d}\lambda} \quad (3-4)$$

式中,W_λ 指在波长为 λ 时光源光辐射通量的相对值;S_λ 指在波长为 λ 时光电探测器灵敏度的相对值.A_1 和 A_2 的物理意义如图 3.3 所示,它们分别表示 $W_\lambda S_\lambda$ 和 W_λ 两曲线与横轴所围成的面积.由图可见,匹配系数 β 是光源与探测器配

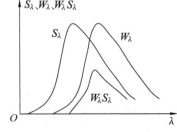

图 3.3 光谱匹配系数的意义

工作时所产生的光电信号与光源总通量的比值.实际选择时,应综合兼顾二者的特性,使匹配系数尽可能大些.

3.2.2 对光源发光强度以及稳定性的要求

光源发光强度是光电系统的能量保证.为确保光电系统的正常工作,通常对系统所采用的光源或辐射源的强度有一定的要求.若光源强度过低,系统获得信号可能过小,以至无法正常工作;若光源强度过高,又会导致系统工作的非线性,有时可能损坏系统、待测物或光电探测器等,同时也导致不必要的能源消耗而造成浪费.因此,在设计系统时,必须对探测器所需获得的最大、最小光通量进行正确的估计,并按估计来选择光源.

不同的光电系统对光源的稳定性有着不同的要求,通常可依据不同的检测量来确定.例如,脉冲量的检测,包括脉冲数、脉冲频率、脉冲持续时间等,这时对光源强度的稳定性要求可稍低些,只要确保不因光源波动产生伪脉冲以及漏脉冲即可.对调制光相位的检测,其对稳定性要求与上述要求类似.又如光量或辐射量中强度、亮度、照度或通量等的检测系统,对光源的稳定性就有较严格的要求.即使这样,按实际要求也有所不同,其关键是要满足使用中的精度要求.同时,应考虑光源的造价,若要求过高,则设备昂贵,但对检测精度并无太大提升.

稳定光源发光的方法很多.当要求较高时,可采用稳流电源供电,所用光源也应预先进行老化处理.当有更高要求时,可对发出光进行采样,然后反馈控制光源的输出.计量用标准光源通常采用高精度仪器控制下的稳流源供电.

用于光电系统中的光源除上述基本要求外,还可能有一些具体要求,如灯丝的结构和形状;发光面积形状和大小;灯泡玻壳的形状和均匀性;光源发光效率和空间分布等.这些方面均应按系统的要求予以满足.

上述光源的基本参数描述和选择光源的基本要求主要针对人造光源组成的光电系统.对于自然光源,如太阳、月亮、地球、星体、天空和地球上各种各样的物体及组成物质的基本粒子等,这些光源的辐射对于光电探测系统来说通常很不稳定,而且无法控制,人们通常根据实际需求用光电探测系统对自然光源的特性进行直接测量以获取光源的辐射信息,再根据获取的光源辐射信息进行科学研究,以达到服务人类的目的.例如,在对地观测光学遥感领域中,光电探测系统将获取的地面上各种辐射源的信息以数字形式或图像形式记录下来,进行土地分类、资源调查、环境变化、矿床探测等研究.又如,在天文观测和星际探测领域,人们可以通过对光电探测系统获取的太空各种物质的辐射、恒星辐射等信息的分析来研究天体演化、生命形成等问题.另外,在可见光和短波红外遥感中,光电探测系统是通过测量目标物体对自然光源的反射能量来获取被探测物的信息的,在设计这样的光电探测系统时,必须了解不同的自然光照在不同条件下的大致数量范围.表 3.3 列出了不同天空条件下地面景物的自然照度.

表 3.3 地面景物的自然照度

天空情况	照度/lx	天空情况	照度/lx	天空情况	照度/lx
阳光直射	$1\sim 1.3\times 10^5$	晨昏	10	无月晴空/无月阴空	$10^{-3}/10^{-4}$
阴天	10^3	满月	10^{-1}		

图 3.4 和图 3.5 分别给出了太阳与黑体的光谱比较以及大气吸收窗口曲线.

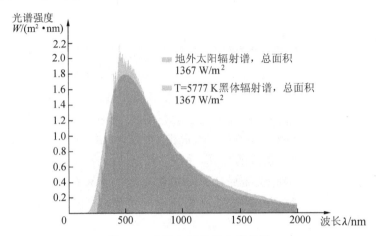

图 3.4　太阳与黑体的光谱比较

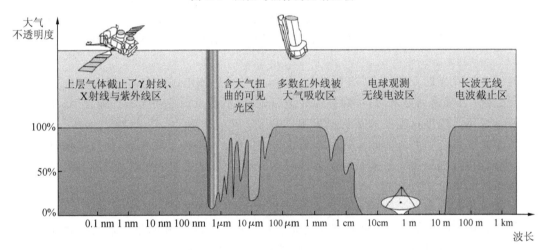

图 3.5　大气的吸收窗口曲线

3.3　光源的发光机制

下面讨论光源的发光机制,重点放在激光器的发光原理上.

3.3.1　玻尔假说

光源发光离不开物质,理解这一切可以从玻尔假说开始.

1913 年玻尔提出如下两点假说:

① 原子量子化的定态表述. 原子只能较长久地停留在一些稳定状态(简称定态),原子在这些定态中,不发射或吸收能量;原子定态的能量只能取某些分立的值 $E_1, E_2, \cdots$. 这些定态能量的值叫作能级. 原子的能量不

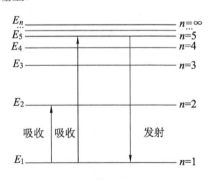

图 3.6　原子能级示意图

论通过什么方式发生改变,只能使原子从一定态跃迁到另一定态.图3.6中每一条横线的位置就代表原子的一个能级.

② 辐射的频率法则:原子从一个定态跃迁到另一个定态而发射或吸收电磁辐射时,辐射的频率是一定的.如果以 E_1 和 E_2 代表有关两个定态的能量,辐射的频率 ν 决定于下列关系:

$$h\nu = E_1 - E_2 \tag{3-5}$$

上式称为玻尔频率法则.

在室温或低温的情况下,绝大多数原子或粒子具有的能量是所允许的能量中的最小值,即图3.6中 E_1,原子处于这个能级的状态叫作基态,基态以上的能级 $E_2,E_3,E_4,\cdots$ 叫作激发态.从高能级向低能级的跃迁,为光的发射过程;而从低能级向高能级的跃迁,为光的吸收过程.两个相反的过程都满足同一频率条件,这就说明了发射光谱和吸收光谱中谱线一一对应的关系.

3.3.2 粒子数按玻耳兹曼分布律

在气体中,个别原子处于哪个能级上具有偶然性,它们还因相互碰撞以及与电磁辐射的相互作用而不断发生跃迁.但是在热平衡的条件下,各能级上原子数目的多少服从玻耳兹曼分布.设原子体系的热平衡温度为 T,在能级 E_n 上的原子数密度为 N_n,则

$$N_n = \alpha e^{-\frac{E_n}{kT}} \tag{3-6}$$

其中,k 为玻耳兹曼常数.它表明,随着能量 E_n 的增高,原子数密度 N_n 按指数递减,如图3.7所示.

若以 E_1 和 E_2 表示任意两个能级,且满足 $E_2 > E_1$,按玻耳兹曼分布律,两能级上原子数密度之比为

$$\frac{N_2}{N_1} = e^{-\frac{(E_2-E_1)}{kT}} < 1 \tag{3-7}$$

这表明,在热平衡态中,高能级上的原子数密度 N_2 总小于低能级上的原子数密度 N_1,两者之比由体系的温度所决定.例如,氢原子的第一激发态 $E_2 = -3.4\text{eV}$,基态 $E_1 = -13.6\text{eV}$,差 $E_2 - E_1 = 10.2\text{eV}$.

若该原子体系处于室温($T=300\text{K}$)时,$kT=0.026\text{eV}$,$\frac{N_2}{N_1} = e^{-400} \approx 10^{-170} \ll 1$,可见在常温的热平衡状态下,气体中几乎全部原子处于基态.

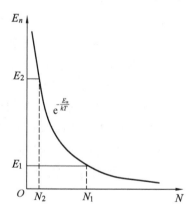

图3.7 能量与原子密度的关系

3.3.3 自发辐射、受激辐射和受激吸收

1. 自发辐射

如上所述,从高能级 E_2 向低能级 E_1 跃迁相当于光的发射过程,相反的跃迁是光的吸收过程,两过程都满足同一频率条件:

$$\nu = \frac{E_2 - E_1}{h} \tag{3-8}$$

进一步地探讨发现,光的发射过程实际包括自发辐射和受激辐射两种类型.处于高能级的原

子没有受到外来影响而自发地跃迁到低能级，从而发出一个光子来，这种过程称为自发辐射(spontaneous radiation)，如图 3.8 所示的是自发辐射的全过程.

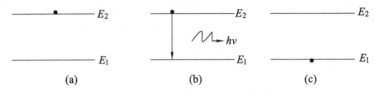

图 3.8　自发跃迁示意图

自发辐射的特征是这一过程与外界作用无关. 在自发辐射时，由于每一个原子的跃迁都是自发、独立地进行的，它们彼此毫无关联，因此发射出来的光子，无论是发射方向还是初相位和偏振状态都可以各不相同. 又因为跃迁可以在各个不同能级间发生，故光子还可以具有不同的频率. 所以这种辐射是非相干的，这是普通光源发光的机理. 例如，霓虹灯中当灯管中的低气压氖原子由于加上高电压而放电时，一部分氖原子被激发到各个激发态能级，当它们从激发态跃迁到基态时，便发出包含有多种频率的红色光.

因为自发辐射是自发进行的，故与外来辐射能量密度 $u(\nu)$ 无关. 它在单位时间内、在两能级 E_2 和 E_1 间所辐射的光子数仅和处于高能级 E_2 的原子数密度 N_2 成正比，所以在 dt 时间内自发辐射光子数密度 $(dN_{21})_{自发}$ 可写成

$$(dN_{21})_{自发}=A_{21}N_2 dt \tag{3-9}$$

A_{21} 叫作自发辐射爱因斯坦系数，它表征一个原子在单位时间内由能级 E_2 自发跃迁到能级 E_1 的概率，即两能级间自发辐射概率. 由于自发辐射的存在，使原子数密度 N_2 随时间而减少，这说明原子在能级 E_2 上总有短暂的停留时间. 原子在某一能级上所停留的时间叫作原子的能级寿命. 显然，对于某一能级而言，有些原子停留的时间较长，有些原子停留的时间较短，时间的长短差别很大，我们可以用平均停留时间 $\bar\tau$ 来表征在那个能级上的平均寿命，如自由空间中，大多数能级的原子寿命约为 10^{-8} s. 显然 A_{21} 的数值愈小，原子在 E_2 能级上平均停留时间越长，即平均寿命 $\bar\tau$ 越长. 所以系数 A_{21} 也可表示原子在能级 E_2 所停留时间的长短. 可以证明，原子在能级 E_2 上的平均寿命

$$\bar\tau=\frac{1}{A_{21}} \tag{3-10}$$

即停留在能级 E_2 上原子的平均寿命等于自发辐射概率的倒数. 平均寿命长，表示状态稳定，不容易发生跃迁，所以跃迁概率越小；反之亦然.

2. 受激辐射

另一发射过程是在满足频率条件

$$\nu=\frac{E_2-E_1}{h} \tag{3-11}$$

的外来光子的激励下，高能级的原子向低能级跃迁，并发出另一个同频率的光子来. 这种过程叫作受激辐射(stimulated radiation)，如图 3.9 所示的这一过程就是受激辐射.

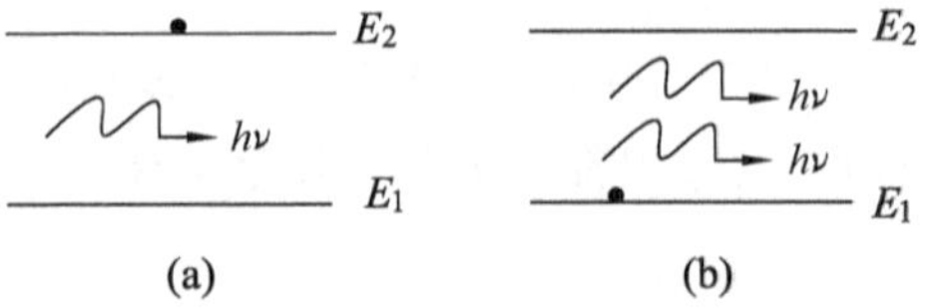

由于受激辐射出来的光子是在外来辐射的感

图 3.9　受激跃迁示意图

应下发生的,所以它与引起这种辐射的原来光子性质、状态完全相同,即具有相同的发射方向、频率、相位和偏振状态.因而,受激辐射发出的光是相干的,这是激光的发光机理.由于受激辐射是在外来辐射感应下发生的,所以在单位时间内能级 E_2、E_1 间受激辐射的原子数,除了和高能级的原子数密度 N_2 有关外,还应和能产生这种辐射感应的光子数密度有关,即和具有频率为 ν 的外来辐射能量密度 $u(\nu)$ 有关.所以在 dt 时间内两能级 E_2、E_1 间,受激辐射的原子数密度为

$$(dN_{21})_{\text{受激}} = B_{21} u(\nu) N_2 dt \tag{3-12}$$

式中,$B_{21}u(\nu)$ 是单位辐射能量密度的受激辐射概率,即一个原子在辐射场的作用下,在单位时间内发生的从能级 E_2 跃迁到 E_1 的辐射概率.B_{21} 叫作受激辐射爱因斯坦系数.

3. 受激吸收

如果一原子初始时处于基态 E_1,若没有任何外来光子接近它,则它将保持不变;如果有一能量为 $h\nu$ 的光子接近这一个原子,则它就有可能吸收这个光子,从而提高它的能量状态,是本来处于基态 E_1 的原子,在吸收 $h\nu$ 以后,就激发到激发态 E_2.图 3.10 表示了原子对光子的受激吸收(stimulated absorption,简称吸收)过程.在吸收过程中,不是任何能量的光子都能被一个原子所吸收,只有当光子的能量恰好等于原子的能级间隔 E_2-E_1 时,这样的光子才能被吸收.

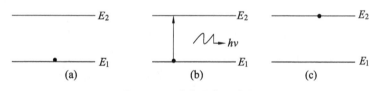

图 3.10 受激吸收示意图

单位时间内在两能级 E_2、E_1 间发生受激吸收的原子数密度,除了与低能级 E_1 的原子数密度 N_1 有关外,还应和外来辐射能量密度 $u(\nu)$ 有关.由此得出,在 dt 时间内两能级 E_2、E_1 间受激吸收原子数为

$$(dN_{12})_{\text{吸收}} = B_{12} u(\nu) N_1 dt \tag{3-13}$$

式中,$B_{12}u(\nu)$ 是单位辐射能量密度的受激吸收概率,即一个原子在单位时间内从能级 E_1 跃迁到能级 E_2 的概率.B_{12} 叫作受激吸收爱因斯坦系数.

在外来场的作用下,受激辐射过程和受激吸收过程是同时存在的,在通常情况下,它们的概率是相等的,即

$$B_{21} = B_{12} \tag{3-14}$$

3.4 激光器

激光技术起始于 20 世纪 60 年代,Laser 是 light amplification by stimulated emission of radiation 的缩写,即受激辐射光放大.由于激光具有亮度高、方向性好、单色性好、相干性好等优点,目前被广泛运用在国防、医疗、工业等领域.

3.4.1 激光形成的原理和基本性质

1. 粒子数反转

当一束频率为 ν 的光通过具有能级 E_2 和 $E_1(E_2-E_1=h\nu)$ 的介质时，受激吸收和受激辐射两个过程将同时发生、互相竞争。在光束经历一段路程后，若被吸收的光子数多于受激辐射的光子数，则宏观效果表现为光的吸收，即光强减弱；反之，若受激辐射的光子数多于被吸收的光子数，则宏观效果表现为光放大，即光强增加。

但是在一般的实验中，我们观察到的都是光的吸收，而不是光的放大。这是为什么呢？下面着重讨论产生这种情况的原因，并且进而得出要实现光放大（即受激辐射占优势）所必须满足的条件。因为每个原子的跃迁总伴随着辐射和吸收光子，所以，在 dt 时间内受激辐射所产生的光子数密度 dN_{21} 为

$$dN_{21}=B_{21}u(\nu)N_2 dt \tag{3-15}$$

而受激吸收的光子数密度 dN_{12} 为

$$dN_{12}=B_{12}u(\nu)N_1 dt \tag{3-16}$$

两者之差为

$$dN_{21}-dN_{12}=B_{21}u(\nu)N_2 dt-B_{12}u(\nu)N_1 dt$$

考虑到 $B_{12}=B_{21}$，得

$$dN_{21}-dN_{12}=B_{21}u(\nu)(N_2-N_1)dt \propto (N_2-N_1) \tag{3-17}$$

在热平衡时，原子数分布是满足玻耳兹曼分布的，低能级的原子数密度大于高能级的原子数密度，即 $N_1>N_2$，所以 $dN_{21}-dN_{12}<0$，即吸收的能量总是大于受激辐射的能量，也就是说，吸收过程总是胜过受激辐射过程的。因而通过介质后，光子数减少，光强减弱，这也就是光通过一般介质时光强减弱的原因。

要想得到光放大，必须是受激辐射占优势，即 $dN_{21}-dN_{12}>0$，这就要求高能级原子数密度 $N_2>N_1$，这样才能使光子数增加，在宏观上出现光放大。所以，介质中高能级原子数密度大于低能级原子数密度是实现光放大的必要条件。对于高能级原子数密度大于低能级原子数密度的分布，叫作原子数反转。由于参与激发的不仅是原子，也可以是离子或分子，所以这种反转通常叫作粒子（离子、原子和分子等的总称）数反转（population inversion）分布，这时的粒子处于一个非平衡状态之中。

当频率满足 $\nu=\dfrac{E_2-E_1}{h}$ 的光子（开始时可以是自发辐射产生）通过粒子数反转体系（$N_2>N_1$）时，可以感应产生出另一个光子，造成连锁反应，使性质、状态完全相同的大量光子辐射出来，这就是激光。所以，激光其实是光受激辐射放大的总称。

造成粒子数反转分布是产生激光所必须具备的条件，能造成粒子数反转分布的介质称为激活介质，也就是激光器的工作物质。并非所有物质都能实现粒子数反转，在能实现粒子数反转的物质中，也不是在该物质的任意两个能级间都能实现粒子数反转。要形成粒子数反转，必须对于物质的能级有一定的要求。正如前面已经指出的，原子从高能级 E_2 自发跃迁到一个较低的能级 E_1 时，其辐射概率 A_{21} 的倒数即为粒子处于能级 E_2 的寿命，也就是粒子平均在能级 E_2 上停留的时间长短。各种原子的各个能级的寿命与原子的结构有关，一般激发态能级的寿命数量级为 10^{-8} s。也有些激发态能级寿命特别长，这种寿命特别长的激发态叫

作亚稳态.亚稳态的能级平均寿命可以达到 10^{-3} s,甚至于 1s.亚稳态在实现粒子数反转时起着十分重要的作用.值得指出的是,只有两个能级的粒子体系是无法实现粒子数反转的.因为粒子吸收外来的光虽然可以从下能级激发到上能级,但是同样可能的是上能级的粒子数在外来光的感应下也会跃迁到下能级,所以充其量也只能使上、下能级的粒子数相等,不能实现粒子数反转.

2. 三能级和四能级系统

对于不同类型的激光器,实现反转分布的具体形式尽管不同,但均可以用如图 3.11 所概括的基本过程来说明,在图 3.11(a)中,E_1 为基态,E_2 和 E_3 为激发态,其中 E_2 为亚稳态,粒子在 E_2 上的寿命比粒子在 E_3 上的寿命要长很多.

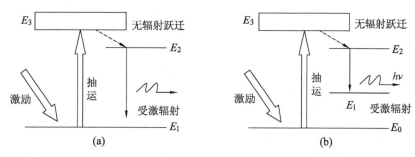

图 3.11 三能级系统和四能级系统

(1) 三能级系统

在外界能源(如采用光照)的激励下,基态 E_1 上的粒子被激发到激发态 E_3,这一激励过程叫作抽运或泵浦.抽运的结果使基态上的粒子数 N_1 减少,而被抽到激发态 E_3 上的粒子由于寿命短,通过碰撞很快地跃迁到亚稳态 E_2 上,这时的能量主要以热形式释放,叫作无辐射跃迁.由于 E_2 态寿命长,在这个态上就积累了大量粒子,其结果是,一方面基态上粒子数 N_1 不断减少,另一方面亚稳态粒子数 N_2 不断增加,以至于 N_2 大于 N_1,于是就在亚稳态 E_2 与基态 E_1 间形成了粒子数反转.这种体系可以对频率为 $\nu=\dfrac{E_2-E_1}{h}$ 的光实现光放大.

(2) 四能级系统

在三能级系统中实现粒子数反转比较困难,因为在热平衡状态下,所有粒子几乎都集中在基态,为了达到反转,必须把半数以上的基态粒子抽运到上能级,因此只有激发能源的功率很高,并且进行快速抽运,才有可能实现粒子数反转分布.如果反转分布的下能级不是基态而是激发态,它参与激光过程的能级如图 3.11(b)所示,E_0 是基态,E_1 是激发态,在抽运过程中,由于跃迁的结果,当亚稳态 E_2 的粒子数大于能级 E_1 的粒子数时,即实现了 E_2 和 E_1 两能级间的粒子数反转分布.因为下能级 E_1 不是基态,其上粒子数本来就很少,这样在 E_2 和 E_1 之间就比较容易实现反转.所以,就一般情况而言,使四能级系统实现粒子数反转,外界须输入的激发能量较三能级系统少.

综上所述,要想形成粒子数反转分布,一方面要求工作物质具有三能级以上的结构,而且反转的上能级为亚稳态,另一方面要有激励能源(泵浦),这样才有可能形成粒子数反转分布,并且整个输运过程是一非平衡过程,一旦抽运停止,反转分布就很快消失.

值得指出的是,所谓三能级或四能级系统,并不是工作物质的实际能级图,而只是对形成粒子数反转分布的物理过程做的抽象概括.实际能级图要复杂得多,而且一种工作物质内部往往有几对能级间的反转分布,相应地发出几种波长的激光.例如,He-Ne激光器就可以辐射632.8nm、1150nm和3390nm等多种波长的激光.

3. 光学谐振腔

激活介质中实现粒子数反转分布,就可以做成光放大器.但只有激活介质,其本身还不能成为一台激光器.这是由于在激活介质内部来自自发辐射的初始光信号是无规则的,宏观来看传播方向是各向异性的,在这些光信号的激励下获得放大的受激辐射,这一过程总体上仍是随机的.我们应该使在某一方向上的受激辐射,不断得到放大和加强,以便在这特定方向上超过自发辐射,而将其他方向和频率的光信号抑制住,最后获得方向性和单色性很好的激光.为了实现这一目的,通常在激活介质的两端放置互相平行的反射镜,如图3.12(a)所示.这对以反射镜为端面的腔体叫作光学谐振腔(optical cavity).光学谐振腔对激光的形成和光束的性质有很大的影响,它是激光器中一个非常重要的组成部分.

在理想情况下,谐振腔的两个端面之一的反射率应该是100%,而为了让激光输出,另一个是部分反射的,反射率的大小取决于工作物质增益的大小.一般地讲,两反射面可以是平面或球面,这里讨论平面谐振腔的情况.

如果将激光器与电子技术中的振荡器加以对比,可以看到它们是十分相似的,振荡器是由加上正反馈系统的放大器和输出系统组成的,而在激光器中,可实现粒子数反转的工作物质就是放大元件,而光学谐振腔就起着正反馈和输出的作用.

如图3.12(b)所示,当能实现粒子数反转的工作物质受到外界的激励后,就有许多粒子跃迁到激发态去.激发态的粒子是不稳定的,它们在激发态的寿命时间范围内会纷纷跃迁到基态,而发射出自发辐射光子.这些光子的传播方向是任意的,凡偏离轴向的光子很快就逸出谐振腔外,它们不可能成为稳定的光束保持下来;只有沿着轴向的光子,在谐振腔内收到两端反射镜的反射而不至于逸出腔外.这些光子就成为引起受激辐射的外界感应因素,以至于产生了轴向的受激辐射.受激辐射发射出来的光子和引起受激辐射的光子具有相同的发射方向、频率、相位和偏振状态.它们沿轴线方向不断地来回通过已实现粒子数反转的工作物质,因而不断地引起受激辐射,使轴向进行的光子不断振荡和放大.这是一种连锁反应式

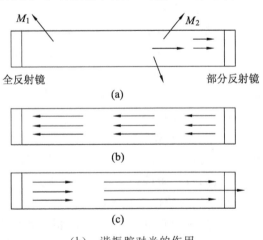

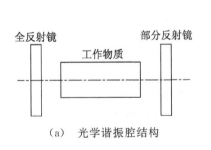

(a) 光学谐振腔结构　　　(b) 谐振腔对光的作用

图 3.12　光学谐振腔

的放大过程,使谐振腔内沿轴向的光不断增加,并在部分反射镜中输出.

综上所述,谐振腔对光束的方向具有选择性,使受激辐射集中于特定的地方,所以激光束具有很好的方向性.显然,即使对于平面谐振腔,其输出的光束也不是绝对的平行光束,它也有一定的发散角,这主要是由于端面的衍射而造成的.例如,He-He 激光器的发散角约为几分;而对于 GaAs 激光器,由于受激辐射被局限于只有几微米的 PN 结深范围内,故其输出光束在相应方向上的发散角约为 $5°\sim 10°$.

4. 增益和损耗——光振荡的条件

有了能实现粒子数反转的工作物质,又在两端反射镜形成谐振腔,还不一定能引起受激辐射的光振荡而产生激光.这是因为光在谐振腔内来回反射,虽然能引起光放大,但是在光学谐振腔内还存在着许多损耗的因素,诸如光在端面上的衍射、吸收和透射,工作物质的不均匀性所形成的衍射或散射等.所有这些,都导致谐振腔内光子数的减少.这些损耗中,只有通过部分反射镜而透射输出的,才是我们所需要的,其他损耗均应尽量避免.如果由于种种损耗的结果使工作物质的放大作用抵偿不了这些损耗,就不可能在光学谐振腔内形成雪崩式的光放大过程,也就不可能得到激光输出.所以,要使光强在谐振腔内来回反射过程中不断地得到加强,只有光波在谐振腔内往复一次的放大增益大于各种损耗引起的衰减,激光器才能建立起稳定的激光输出,这称为阈值条件(为实现稳定激光输出所必需的最小增益).

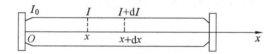

图 3.13 增益系数对光强影响模型

如图 3.13 所示,考虑增益系数对光强的影响,设 $x=0$ 处光强为 I_0,x 处光强为 I,$x+dx$ 处光强为 $I+dI$,则有 $dI=G\cdot Idx$.定义增益系数

$$G=\frac{dI}{Idx}$$

因此

$$I=I_0 e^{Gx}$$

若考虑激光在两端反射镜处的损耗模型(图 3.14),这里 r_1、r_2 为左、右两端反射镜的反射率;I_0 为激光从左反射镜出发时的光强;I_1 是经过工作物质后,被右反射镜反射出发时的光强;I_2 是再经过工作物质,并被左反射镜反射出发时的光强.

$$I_1=r_2 I_0 e^{GL}$$

$$I_2=r_1 I_1 e^{GL}=r_1 r_2 I_0 e^{2GL}$$

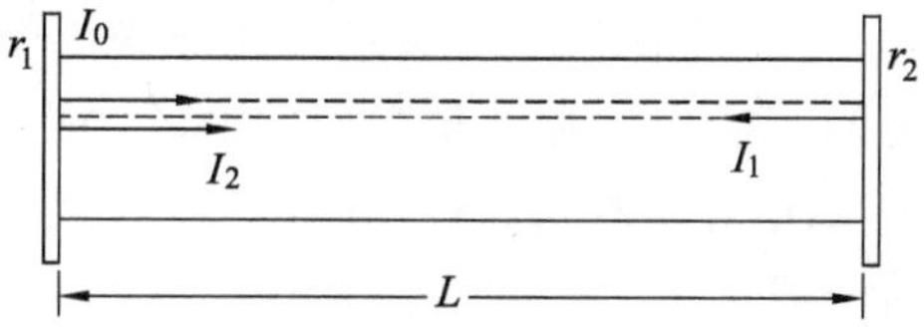

图 3.14 激光在两端反射镜处损耗模型

激光形成阶段:增益>损耗.须 $\dfrac{I_2}{I_0}>1$,即 $r_1 r_2 e^{2GL}>1$,于是有

$$G > \frac{1}{2L}\ln\frac{1}{r_1 r_2} = G_m$$

式中，G_m 称为阈值增益，即产生激光的最小增益.

激光稳定阶段：增益＝损耗. 须 $\frac{I_2}{I_0}=1$，于是

$$G = \frac{1}{2L}\ln\frac{1}{r_1 r_2} = G_m$$

再考虑腔内吸收、散射等损耗，则阈值条件

$$G_m = \alpha + \frac{1}{2L}\ln\frac{1}{r_1 r_2}$$

5. 激光的单色性(monochromaticity)

激活介质和谐振腔结合在一起，在满足一定条件时，在外界能源的激励下，可以发出激光. 激光有很好的方向性这一点源于谐振腔的作用，而激光的单色性则是由于激活介质和谐振腔两者各自从不同方面影响激光谱线宽度所致. 我们知道，激活介质在激光能级之间的辐射并不是严格的单色光，而是具有一定的谱线宽度的，称为荧光线宽，如图 3.15 所示. 在谱线宽度的范围内，哪些频率能在谐振腔内引起振荡呢？

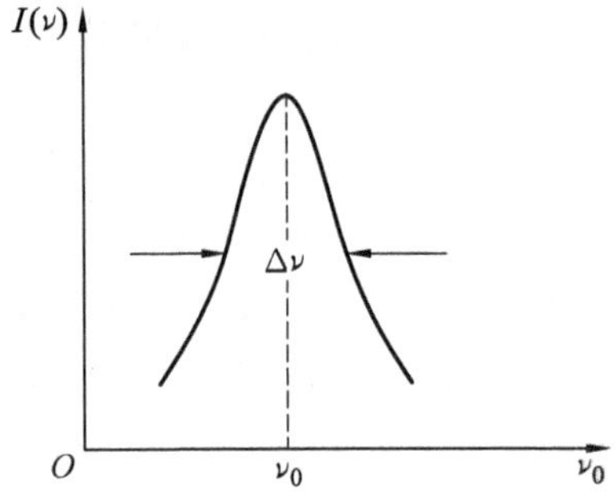

若某一单一频率的平面波沿谐振腔的轴线来回反射，经过镜面多次反射后的光束之间就会形成多光束干涉. 根据多光束干涉中相邻两光束的相位差可知，凡在腔内来回反射一次的相位差 $\Delta\varphi=2\pi m$(m 为整数)的光波都能获得相长干涉. 此时，光在腔内来回一次的光程 $2nl$ 应是波长 λ 的整数倍. 即满足驻波条件：

$$2nl = m\lambda \tag{3-18}$$

式中，n 为腔内介质的折射率，l 为腔长.

若用频率代替 λ，可以得到

$$\nu = m\frac{c}{2nl} \tag{3-19}$$

图 3.15 激光的谱线宽度

可以看出，当光波频率与腔长满足式(3-19)时，多光束干涉的结果得到光强最大值，这些频率称为共振频率. 在谐振腔内，只有符合共振条件的那些光波才能存在，其他波长的光波，因为不符合共振条件而干涉相消，不能在谐振腔内存在. 显然，对同一谐振腔而言，可同时存在几个共振频率，如图 3.16 表示两种频率的光波在谐振腔内同时产生共振的情况，一种波长较长，它的半波长的四倍等于腔长；另一种波长较短，它的半波长的八倍等于腔长.

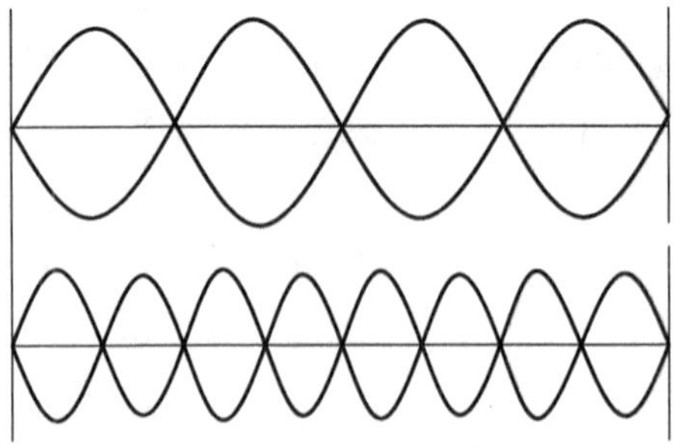

图 3.16 谐振腔内形成的驻波

通常，谐振腔的腔长 l 与光波波长之比为一个很大的数值，故满足共振条件的光波频率有许多个，即

$$2nl = m_1\lambda_1 = m_2\lambda_2 = \cdots \tag{3-20}$$

令 n、l 一定,微分式(3-20),得 $|\Delta\lambda| = \frac{\lambda\Delta m}{m}$.两个相邻共振波长之间的级差 $\Delta m=1$.将式(3-18)和式(3-19)中的 m 代入表达式 $|\Delta\lambda|=\frac{\lambda\Delta m}{m}$ 中,则它们的波长差 $(\Delta\lambda)'$ 和频率差 $(\Delta\nu)'$ 的绝对值分别为

$$|(\Delta\lambda)'| = \frac{\lambda^2}{2nl} \tag{3-21}$$

$$|(\Delta\nu)'| = \frac{c}{2nl} \tag{3-22}$$

例如,腔长为 1m,对 632.8nm 的 He-Ne 激光,按式(3-21),相邻两共振波长差和频率差的绝对值为

$$|(\Delta\lambda)'| = \frac{\lambda^2}{2nl} = 0.002\text{nm}$$

$$|(\Delta\nu)'| = 150\text{MHz}$$

由式(3-22)可见,谐振腔越长,相邻两个共振频率的间隔 $(\Delta\nu)'$ 就越小,腔内能满足共振条件的频率数目就越多,从谐振腔发射出去的光波中所包含的频率数目也就越多.

气体放电管发射的光波,由于诸如多普勒展宽等多种原因,而存在一个谱线宽度,也就是说,发射的光波不是单色的,而是有一定的频率范围.但是,如果把放电管置于光学谐振腔内,由于谐振腔的选频作用,在发射出来的光波中,频率数目就不是原来那样多了.只有落在激活物质的谱线宽度之内的共振频率才会得到干涉相长,形成激光输出.例如 He-Ne 放电管所发射的光波的谱线,形状如图 3.15 所示,它的中心频率为 4.7×10^{14} Hz,频率宽度 $\Delta\nu = 1.5\times10^9$ Hz,而谐振腔相邻两共振频率差 $(\Delta\nu)'$ 为 1.5×10^8 Hz,则对 He-Ne 激光器而言,从谐振腔发射出来的光波频率数目,可由 $\Delta\nu$ 和 $(\Delta\nu)'$ 这两个数值的比值来决定:

$$\frac{\Delta\nu}{\Delta\nu'} = \frac{1.5\times10^9}{1.5\times10^8} = 10 \tag{3-23}$$

故 He-Ne 放电管通过谐振腔后发射出来的光波只存在 10 个不同的频率.由此可见谐振腔对激光单色性的影响.

如图 3.17 所示,纵坐标为光强,横坐标为频率.曲线①代表放电管所发光波的频率轮廓;直线②的横坐标代表谐振腔的共振频率,也就是从谐振腔中出射的光波频率.这些频率也有一定的频率宽度,由于谐振腔内产生多光束干涉,在干涉相消时,光强为极小,相长时光强为极大.从极小到极大,是连续变化的,这一变化过程就是图 3.17 中曲线③所表示的,称为共振轮廓.

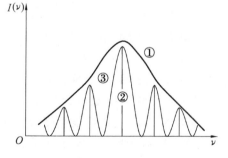

图 3.17　激光的共振曲线及其轮廓

综上所述,一般气体放电管发射出来的光波,其频率宽度比较大,经过谐振腔的选频作用,发射出来的光波的频率宽度就比较窄了,所以激光的单色性比较好.

6. 激光器的纵模

在激光器的输出光束中,若只存在一个共振频率,就叫作一个纵向模式,简称纵向单模.

在激光工程中,纵模指的是输出频率.若同时存在几个共振频率,则叫作纵向多模.如果希望从激光器出来的激光只有一个频率,则可以缩短谐振腔的长度,使得共振频率的间隔$(\Delta\nu)'$变宽,以至在原来的谱线宽度范围内,只可能存在一个共振频率.若仍以 He-Ne 激光器为例,当腔长缩短到 $l=0.1$m 时,共振频率间隔为

$$|(\Delta\nu)'|=\frac{c}{2nl}=\frac{3\times10^8}{2\times0.1}\text{MHz}=1500\text{MHz} \tag{3-24}$$

而谱线宽度仍为 $\Delta\nu=1500$MHz. 所以,腔内能够满足共振条件的共振频率数目只有一个,即只有单一的频率输出.显然,这里所指的单一频率,并不表示在频率坐标轴上只有一条几何线,这里仍旧有一定的频率分布,只是这一频率分布狭窄而已,目前激光的频率宽度为 $1\sim10^5$Hz.

3.4.2 激光器举例

目前已研制成功的激光器达数百种,输出波长范围从近紫外直到远红外,辐射功率从几毫瓦至上万瓦.一般按工作物质分类,激光器可分为气体激光器、固体激光器、染料激光器和半导体激光器.

1. He-Ne 激光器

He-Ne 激光器是最早研制成功的气体激光器.在可见光及红外波段可产生多条谱线.其中最强的是 632.8nm、1.15μm 和 3.39μm 三条谱线.由于其可输出连续可见光,而且具有结构简单、体积较小、价格低廉等优点,在准直、定位、全息照相、测量、精密计量、光盘录放等方面得到了广泛应用.

He-Ne 激光器中 He 是辅助物质,Ne 是激活物质,He 与 Ne 之比为 5∶1 至 10∶1.虽然混合气体中氦的含量数倍于氖,但激光跃迁只发生在氖原子的能级间,氦作为辅助气体用来提高泵浦效率.阴极发射的电子向阳极运动并被电场加速,快速电子与基态的 He 原子发生非弹性碰撞时,将 He 原子激发到激发态 2s 而自身减速.在电子的碰撞下,He 被激发(到 2^3s 和 2^1s 能级)的概率比 Ne 原子被激发的概率大;在 He 的 2^3s、2^1s 这两个能级都是亚稳态,很难回到基态.

由于 Ne 的 3s 和 2s 与 He 的 2^1s 和 2^3s 的能量几乎相等,当两种原子相碰时非常容易产生能量的"共振转移";在碰撞中 He 把能量传递给 Ne 而回到基态,而 Ne 则被激发到 3s 或 2s;正好 Ne 的 3s、2s 是亚稳态,下能级 2p、3p 的寿命比上能级 3s、2s 要短得多,这样就可以形成粒子数的反转.放电管做得比较细(毛细管),可使原子与管壁碰撞频繁.借助这种碰撞,1s 态的 Ne 原子可以将能量交给管壁发生"无辐射跃迁"而回到基态,以及时减少 1s 态的 Ne 原子数,有利于激光下能级 2p 态的抽空.Ne 原子可以产生多条激光谱线,图中标明了最强的三条:0.6328μm、1.15μm、3.39μm.它们都是从亚稳态到非亚稳态、非基态之间发生的,因此较易实现粒子数反转(图 3.18 为 He-Ne 气体的能级图).

氦氖激光器输出 1$\sim$10mW 的连续光,波长稳定度较好,可用于精密测量、全息术、准直测量等场合.激光器的结构有内腔式、半内腔式和外腔式三种,如图 3.19 所示.外腔式输出的激光偏振特性稳定,内腔式激光器使用方便.表 3.4 所示为 He-Ne 激光器波长对应的能级跃迁.

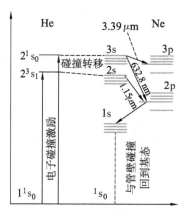
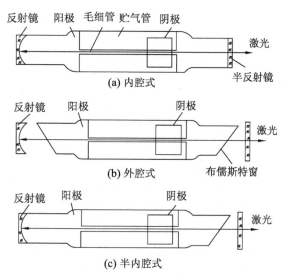

图 3.18 He-Ne 气体的能级图　　　　图 3.19 He-Ne 激光器的典型结构

表 3.4 He-Ne 激光器波长对应的能级跃迁

激光波长/μm	激光跃迁	激光波长/μm	激光跃迁
0.543	$3s_2$ 到 $2p_{10}$	1.15	$2s_2$ 到 $2p_4$
0.612	$3s_2$ 到 $2p_6$	1.62	$2s_2$ 到 $2p_1$
0.6328	$3s_2$ 到 $2p_4$	3.39	$3s_2$ 到 $3p_4$
0.640	$3s_2$ 到 $2p_2$		

2. CO_2 激光器

CO_2 激光器的工作物质主要是二氧化碳,掺入少量 N_2 和 He 等气体,是典型的分子气体激光器(图 3.20).激光输出谱线波长分布在 $9\sim11\mu m$ 的红外区域,典型的波长为 $9.6\mu m$ 和 $10.6\mu m$.

二氧化碳激光器的激励方式通常有低气压纵向连续激励和横向激励两种.低气压纵向激励激光器的结构与氦氖激光器类似,但要求放电管外侧通水冷却.它是气体激光器中连续输出功率最大和转换效率最高的一种器件,输出功率从数十瓦至数千瓦.横向激励的激光器可分为大气压横

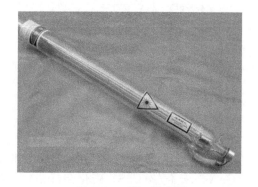

图 3.20 CO_2 激光器

向激励和横流横向连续激励两种.大气压横向激励激光器是脉冲放电工作式的,输出能量大,峰值功率可达千兆瓦的数量级,脉冲宽度约 $2\sim3\mu m$.横流横向连续激励激光器可以获得几万瓦的输出功率.二氧化碳激光器广泛应用于金属材料的切割、焊接、热处理、宝石加工、激光打孔和手术治疗等方面.

3. 氩离子激光器

氩离子激光器的工作物质是氩气,在低气压大电流下工作,因此激光管的结构及其材料

都与氦氖激光器不同.连续的氩离子激光在大电流的条件下运转,放电管需承受高温和离子的轰击,因此小功率放电管常用耐高温的熔石英做成,大功率放电管用高导热系数的石墨或 BeO 陶瓷做成.在放电管的轴向上加一均匀的磁场,使放电离子约束在放电管轴心附近.放电管外部通常用水冷却,以降低工作温度.氩离子激光器输出的谱线属于离子光谱线,主要输出波长有 452.9nm、476.5nm、496.5nm、488.0nm、514.5nm,其中 488.0nm 和 514.5nm 两条谱线为最强,约占总输出功率的 80%.常用于医疗手术、全息曝光等场合.

4. 红宝石激光器

红宝石激光器是发现最早、用途最广的固体激光器,激光器主要采用光泵浦.粉红色的红宝石是掺有 0.05% 铬离子(Cr^{3+})的氧化铝(Al_2O_3)单晶体,红宝石被磨成圆柱形的棒,棒的外表面经粗磨后,可吸收激励光.棒的两个端面研磨后再抛光,使两个端面相互平行,并垂直于棒的轴线,再镀以多层介质膜,构成两面发射镜.其中激光输出窗口为部分反射镜(反射比为 0.9),另一个为高反射比镜面.如图 3.21 所示,与红宝石棒平行的是作为激励源的脉冲氙灯,它们分别位于内表面镀铝的椭圆柱体谐振腔的两个焦点上.脉冲氙灯的瞬时强烈闪光,借助于聚光镜腔体会聚到红宝石棒上,这样红宝石激光器就输出波长为 694.3nm 的脉冲红光.该激光器的工作是单次脉冲式,脉冲宽度为几毫秒量级,输出能量可达 1~100J.

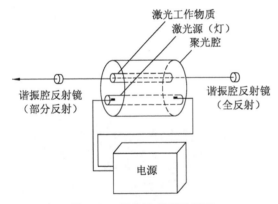

图 3.21 固体激光器示意图

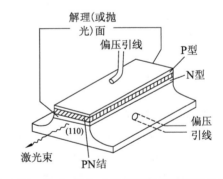

图 3.22 GaAs 注入式半导体激光器结构示意图

5. GaAs 半导体激光器

半导体激光器是用半导体材料作为工作物质的一类激光器.常用材料有砷化镓(GaAs)、硫化镉(CdS)、磷化铟(InP)、硫化锌(ZnS)等.激励方式有电注入、电子束激励和光泵浦三种形式,其中 PN 结注入式半导体激光器,也称为激光二极管(laser diode,LD),是目前技术最成熟、应用最广泛的器件(图 3.22).半导体光源是光纤系统中最常用的也是最重要的光源.其主要优点是调制频率高、体积小、重量轻、供电电源简单等.它与光纤的特点相容,因此,在光纤传感器和光纤通信中得到广泛应用.

半导体激光器的核心是 PN 结,PN 结附近是一个特殊的增益区.增益区的导带主要是电子,价带主要是空穴,结果获得粒子数反转分布,在电子和空穴扩散过程中,导带的电子可以跃迁到价带和空穴复合,产生光辐射.这种发光是正向偏置把电子注入结区的,又称为注入式电致发光.

粒子数反转分布是产生受激辐射的必要条件,但还不能产生激光.只有把激活物质置于光学谐振腔中,对光的频率和方向进行选择,才能获得连续的光放大和激光振荡输出.我们可以利用与 PN 结平面垂直的半导体材料晶体的天然解理面构造光学谐振腔.导带的电子可以跃迁到价带和空穴复合,产生自发辐射.自发辐射出来的光,是无方向性的,但其中总会有一部分光沿着谐振腔轴方向传播,往返于半导体之间.通过这种光子的诱导,可以使导带中的电子产生受激辐射(光放大).受激辐射出来的光子又进一步去诱导导带中的其他电子产生受激辐射.如此下去,在谐振腔中即形成光振荡,从谐振腔的端面发射出激光,只要外电源不断向 PN 结注入电子,导带对于价带的粒子数反转就会继续下去,受激辐射即可不停地发生,这就是注入式半导体激光器的基本原理.

半导体激光器由于谐振腔较短小,激光方向性较差,在结的垂直平面内,发散角比较大,可达 20°~30°;在结的水平面内约为 5°~10°左右,其实物如图 3.23 所示.但是半导体激光器具有体积小、重量轻、易调制、功耗低、波长覆盖面广、能量转换效率高等优点,目前被广泛运用于光通信、光存储、光电检测、自动控制等方面.半导体激光器连续波输出功率约为几毫瓦到数百毫瓦,脉冲波输出可达数瓦,阵列半导体激光器线性功率输出已达几十瓦.根据材料及结构的不同,目前半导体激光器的波长范围为 $0.33 \sim 44 \mu m$.

图 3.23 半导体激光器实物图

3.4.3 激光应用举例

脉冲激光测距利用了激光的方向性强、能量时空相对集中的优点.脉冲激光测距在有反射器的情况下(见图 3.24,在 2 处装有反射器),可以达到极远的测程.

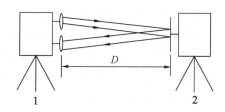

图 3.24 脉冲激光测距原理图

在 1 处产生的激光,经过待测的路程射向 2 处.在 2 处装有向 1 处反射的装置,1 处至 2 处间的距离 D 是待测的.如果在 1 处有一种装置,它能够测出脉冲激光从 1 处到达 2 处再返回 1 处所需的时间 t,则 $D = c \cdot \dfrac{t}{2}$,式中 c 为光的传播速度.

脉冲激光测距由脉冲激光发射系统、接收系统、控制电路、时钟脉冲振荡器以及计数显示电路等组成(图 3.25).由光电器件 5 得到的电脉冲,经放大器 7 以后,输出一定形状的负脉冲至控制电路 8.由参考信号产生的负脉冲 A[图 3.26(d)]经控制电路 8 去打开电子门12.这时振荡频率一定的时钟振荡器 11 产生的时钟脉冲,可以通过电子门 12 进入计数显示电路 13,计时开始.当反射回来经整形后的测距信号 B 到来时,关闭电子门 12,计时停止.计数和显示的脉冲数如图 3.26(g)所示.从计时开始到计时停止的时间正比于参考信号与测距信号之间的时间.

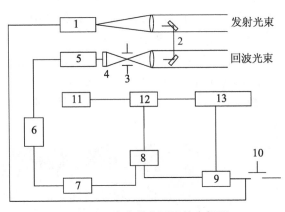

图 3.25 脉冲激光测距的方框图

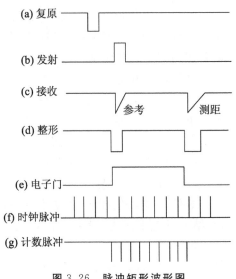

图 3.26 脉冲矩形波形图

3.5 常用非相干光源

人类最早发明的电光源是弧光灯和白炽灯.1807 年英国的戴维制成了碳极度弧光灯.1878 年,美国人利用弧光灯在街道和广场照明中取得了成功.1879 年,爱迪生使用新的发光体——竹丝,点燃了第一盏真正有广泛实用价值的电灯——可持续工作 1000 多小时,达到了耐用的目的.1908 年,他改用钨丝,白炽灯的使用才真正得到普及.在电气照明中最重要应用也最多的是白炽发光光源和气体放电发光电源.一般把白炽灯作为电气照明的第一代光源,把普通荧光灯作为第二代光源.除了普通荧光灯以外的其他气体放电灯就作为第三代光源,同时因为这些光源光强高,所以也称这些光源为高强度气体放电灯(HID 灯).把场致发光的光源称为第四代光源(图 3.27).

(a) 第一代光源　　(b) 第二代光源　　(c) 第三代光源　　(d) 第四代光源

图 3.27 光源

3.5.1 白炽灯与卤钨灯

白炽灯用钨丝作灯丝,是用得最普遍的光源.电流通过钨丝,使钨丝升温而发光,其发射的是连续光谱,拥有极佳的演色性;而荧光灯、LED 是离散光谱,演色性差,演色性差的光源不仅颜色不好看,而且对视力也有害.受灯丝工作温度的限制,白炽灯的色温约为2800K.辐射光谱透过玻璃灯泡的部分为0.4~3μm;可见光只占6%~12%.白炽灯的最大问题是灯丝的升华.因为钨丝上细微的电阻差别造成温度不一,在电阻较大的地方,温度升得较高,钨丝亦升华得较快,于是造成钨丝变细,电阻进一步增大,最终钨丝烧断.后来发现以惰性气体代替真空可以减慢钨丝的升华.今天多数的电灯泡内都注入氮、氩或氪气.现代的白炽灯寿命一般为1000小时左右.由于白炽灯只能将约二十分之一的电能转化为光能,它的效率很低.

卤素灯泡(halogen lamp),亦称钨卤灯泡,是白炽灯的一种,如图3.28所示.在灯泡内注入碘或溴等卤素气体.在高温下,蒸发的钨丝与卤素进行化学作用,蒸发的钨会重新凝固在钨丝上,形成平衡的循环,避免钨丝过早断裂.因此卤素灯泡的寿命比白炽灯长.此外,卤素灯泡能运用于比一般白炽灯更高的温度下,其色温达3200K以上,辐射光谱为0.25~3.5μm,发光效率可达30 lm/W,比白炽灯高2~3倍,更广泛地用于仪器的白光源.卤素灯泡按灯内所

(a) MR卤钨灯　　(b) 单端卤钨灯

图3.28　卤素灯泡

充卤族元素的不同可分为碘钨灯(灯内充碘)和溴钨灯(灯内充溴).按灯壳材料的不同可分为石英玻璃卤钨灯和硬质玻璃卤钨灯.碘钨灯的优点是体积小、效率高、功率大、寿命长、安装简单、使用方便;缺点是耐震性差.溴钨灯的特点是体积小、亮度高、彩色还原好,一般在要求强光的场合下使用,但寿命较短.

3.5.2　荧光灯

荧光灯(fluorescent lamp)家族包括直管型、通环型和紧凑型荧光灯.它的原理是利用汞蒸气在外加电压作用下产生弧光放电,发出少许可见光和大量紫外线,紫外线又激励涂覆于灯管内壁的荧光粉,使之发出大量的可见光.直管型荧光灯也就是普通的日光灯,按其管径可分为38mm(T12)、32mm(T10)、26mm(T8)、16mm(T5)和11mm(T3)几种.荧光灯管管径越

图3.29　直管型荧光灯和紧凑型荧光灯

细,光效越高,节电效果越好.按光色可分为三基色荧光灯管、冷白日光色荧光灯管、暖白日光色荧光灯管.相对比较节能的是三基色荧光灯管.

紧凑型荧光灯俗称节能灯,因为它体积小巧,光效高(是白炽灯的5倍),节能省电,被广泛应用于各种灯具之中.灯管使用9~16mm的细玻璃管弯曲或熔接制成(U形、H形、螺旋形等),有很高的单位表面负荷,比普通荧光灯管表面要热,也提高了灯的最低冷端温度.

3.5.3　气体放电光源

利用气体放电原理制成的光源称为气体放电光源.各种灯的基本结构相似:用玻璃或石英等材料做成管形的、球形的灯泡;泡壳内安装有电极,并充入发光用的气体(如氢、氖、氙、

氙、氪等)或金属蒸气(如汞、镉、铟、铊、镝等).

气体在电场作用下激励出电子和离子,成为半导体.离子向阴极、电子向阳极运动,从电场中得到能量,它们与气体原子或分子碰撞时会激励出新的电子和离子,也会使气体原子受激,内层电子跃迁到高能级.受激电子返回低能级时,辐射出光子来.这样的发光机制称为气体放电.

气体放电光源具有如下特点:
① 效率高,比同瓦数的白炽灯发光效率高 2～10 倍,节能.
② 结构紧凑,不是靠灯丝发光,电极牢固紧凑,耐振,抗冲击.
③ 寿命长,比一般白炽灯长 2～10 倍.
④ 辐射光谱可以选择,只要选择适当的发光材料即可.

由于具有上述特点,气体放电光源在光电测量和照明工程中得到了广泛的应用.下面介绍几种常用的气体放电光源.

1. 汞灯

汞灯(mercury lamp)按照管内充的汞蒸气气压的不同分为低压汞灯、高压汞灯、超高压汞灯.汞的气压越高,汞灯的发光效率也越高,发射的光也由线状光谱向带状光谱过渡,如图 3.30 所示.

(1) 低压汞灯

低压汞灯汞蒸气气压为 0.8Pa,主要辐射 253.7nm 的紫外线,其光谱分布如图 3.30(a)所示.它常用于光谱仪的波长基准、紫外杀菌和荧光分析等.

(2) 高压汞灯

高压汞灯汞蒸气气压为 1×10^5～10×10^5Pa.由于气体密度大,除了受激原子的辐射发光,还有电子与离子的复合发光、激发原子与正常原子的碰撞发光.因而,可见区的辐射明显加强,呈带状光谱,红外区出现弱的连续光谱.其光谱分布如图 3.30(b)所示.

高压汞灯常用于紫外辐照度标准、荧光分析、紫外探伤和大面积照明等.

(3) 超高压汞灯

汞蒸气气压为 1×10^7～2×10^7Pa,电子与离子复合发光、激发原子与正常原子碰撞,发光更加强烈.光谱线较宽,形成连续背景,可见区偏蓝,红外辐射增强.其光谱分布如图 3.29(c)所示.

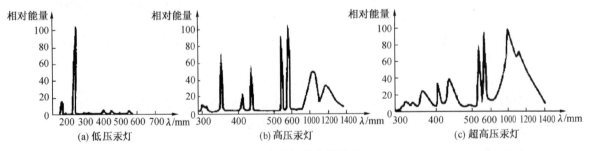

图 3.30 汞灯的光谱分布

球形超高压汞灯中,两电极的距离一般为毫米量级,放电电弧集中在电极之间,因此,球形超高压汞灯亮度高,是很好的点光源.它常用于光学仪器、荧光分析和光刻技术等.

2. 钠灯

(1) 低压钠灯

低压钠灯是一种气体放电灯,利用低压钠蒸气放电发光,在它的玻璃外壳内涂有红外线反射膜,是光衰较小和发光效率最高的电光源.

低压钠灯发明于 1930 年,有直管形和 U 形两种.后经不断改进,其光效已高达 200 lm/W,是荧光灯的 2 倍、卤钨灯的 10 倍,成为各种电光源中发光效率最高的人造光源.低压钠灯辐射单色黄光,显色性能差,适用于照度要求高但对显色性无要求的照明场所,如高速公路、高架铁路、公路隧道、桥梁、港口、堤岸、货场、建筑物标识及各类建筑安全防盗照明.黄色光透雾性强,该灯也适宜于多雾区域的照明.也可以用于仪器专用灯具上,作为旋光仪、折射仪、偏振仪等光学仪器的单色光源.

(2) 高压钠灯

高压钠灯(HPS)是所有高强度气体放电灯中光效最高的一种.其工作原理是:利用管内的钠汞气受热蒸发成为汞蒸气和钠蒸气,阴极发射的电子撞击放电物质使其获得能量产生电离或激发,然后由激发态回复到基态,如此无限循环,使多余的能量以光辐射的形式释放,便产生了可见光.

高压钠灯可以分成三大类:普通型、代替高压灯型及高显色性型.它们分别有内触发和外触发、T 形玻璃壳和椭球形壳之分.高压钠灯由于具有发光效率高、耗电少、寿命长、透雾能力强和不诱虫等优点,广泛应用于道路、高速公路、机场、码头、船坞、车站、广场、街道交汇处、工矿企业、公园、庭院照明及植物栽培等.

3. 金属卤化物灯

金属卤化物灯(M-H,简称金卤灯)是高强度气体放电灯中最复杂的,于 20 世纪 60 年代推出.其有两种:一种是石英金卤灯[图 3.31(a)],其电弧管泡壳是用石英做的;另一种是陶瓷金卤灯[图 3.31(b)],其电弧管泡壳是用半透明氧化铝陶瓷做的.

金卤灯是在交流电源下工作的,在汞和稀有金属的卤化物混合蒸气中产生电弧放电发光的放电灯,金属卤化物灯是在高压汞灯基础上添加各种金属卤化物制成的第三代光源.该灯具有发光效率高、显色性能好、寿命长等特点,是一种接近日光色的节能新光源,广泛应用于体育场馆、展览中心、大型商场、工业厂房、街道广场、车站、码头等场所的室内照明.

(a) 石英金属卤化物灯

(b) 陶瓷金属卤化物灯

图 3.31 金属卤化物灯

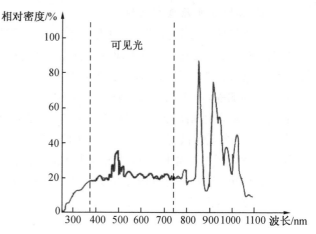

图 3.32 氙灯的光谱分布

4. 氙灯

氙灯的发光材料是惰性气体——氙。高压和超高压的惰性气体放电,原子被激发到很高的能级并大量电离。复合发光和电子减速发光大大加强,在可见光区形成很强的连续光谱(图 3.32)。光谱分布与日光最为接近,色温达 6000K,亮度高,被称为"小太阳",寿命可达 1000 小时。

氙气灯 HID 现常用于汽车的车灯照明。HID 英文全称是 high intensity discharge lamp,含有氙气的新型汽车照明前大灯,又称高强度放电灯或气体放电式汽车氙气照明大灯系统。氙气灯亮度大,发出的亮色调与太阳光比较接近,消耗功率低,可靠性高,不受车上电压波动的影响,大幅度提高了夜间行车的可视度。HID 灯被誉为 21 世纪革命性汽车照明产品,HID 氙气灯取代传统卤素灯将是汽车乃至照明领域发展的大势所趋。

5. 无极灯

无极灯是高频等离子体放电无极灯的简称,属于第四代照明产品,无灯丝,无电极,是无电极气体放电荧光灯的简称。电磁感应灯是综合应用光学、功率电子学、等离子体学、磁性材料学等领域最新科技成果研制开发出来的高新技术产品,是一种光效高、寿命长、显色性能高、代表照明技术未来发展方向的新型光源。

图 3.33 无极电磁感应灯

无极灯分高频无极灯和低频无极灯两种,其发光原理基本一样。

它的创新特点为:通过以高频感应的方式将能量耦合到灯管内,这些能量使灯管内的气体雪崩电离形成离子体,以紫外线形式辐射出来,灯管内壁的荧光粉受紫外线激发而发出可见光。

3.5.4 发光二极管

发光二极管(light emitting diode, LED)又被称为注入型电致发光器件,其结构与符号如图 3.34 所示。它是一种能把电能直接转换成光能的特殊半导体器件。发光二极管除了具有普通二极管的正反向特性外,还具有普通二极管所没有的发光能力。与半导体激光器(LD)类似,基本结构也是 PN 结,但无谐振腔的要求,发出的光不是激光,而是荧光,是非相干光。而 LD 的发光基于受激辐射,发出的是相干性很好的激光。

1. LED 发光原理与结构

与半导体激光器类似,LED 基本结构也是 PN 结,如图 3.34 所示。对于 PN 结正向注入电流,电子与空穴复合发光。LED 只能往一个方向导通(通电),叫作正向偏置(正向偏压),当给发光二极管的 PN 结加上正向电压时,外加电场将削弱内电场,使结区变窄,载流子的扩散运动加强,由于电子的迁移率总是远大于空穴的迁移率,因此电子由 N 区扩散到 P 区是载流子扩散运动的主体。当导带中的电子与价带中的空穴复合时,电子由高能态跃迁到低能态,电子将多余的能量以发射光子的形式释放出来,产生电致发光现象,而光线的波长、颜色跟其所采用的半导体材料种类与渗入的元素杂质有关。其具有效率高、寿命长、不易破损、反应速度快、可靠性高等传统光源不及的优点。发光二极管辐射光的峰值波长取决于材料的禁带宽度 E_g,即

$$\lambda = \frac{1.24}{E_g(\text{eV})} \mu m$$

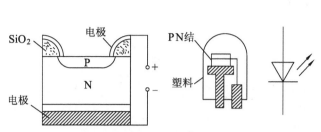

图 3.34　LED 的结构图与符号

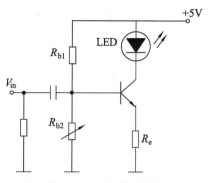

图 3.35　LED 驱动电路

发光二极管的材料主要是Ⅲ-Ⅴ族化合物半导体,如 GaP、GaAs、GaN 等,能制造出红、绿、黄、紫等多种颜色的发光二极管以及红外、紫外发光二极管. LED 典型驱动电路如图 3.35 所示.

几种发光二极管的特性如表 3.5 所示.

表 3.5　几种发光二极管的特性

材料	禁带宽度/eV	峰值波长/nm	颜色	外量子效率
GaP	2.24	565	绿	10^{-3}
GaP	2.24	700	红	3×10^{-2}
GaP	2.24	585	黄	10^{-3}
$GaAs_{1-x}P_x$	1.84～1.94	620～680	红	3×10^{-3}
GaN	3.5	440	蓝	10^{-4}～10^{-3}
$Ga_{1-x}Al_xAs$	1.8～1.92	640～700	红	4×10^{-3}
GaAs:Si	1.44	910～1020	红外	0.1

2. 伏安特性和时间响应

发光二极管的伏安特性是指通过它的电流和加到它两端电压的关系. 发光二极管的伏安特性与普通半导体二极管相同,如图 3.36 所示,可分为四个区:正向死区、正向工作区、反向死区、反向击穿区.

从特性曲线可看出,正向电压较小时不发光,此区域为正向死区,对于 GaAs,其开启电压约为 1V,对于 GaAsP 约为 1.5V,对于 GaP(红) 约为 1.8V,对于 GaP(绿) 约为 2V. ab 段为工作区,即大量发光区,其正向电压一般为 3～5V,工作电流一般为 5～50mA.

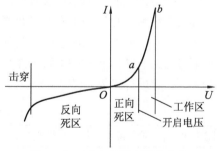

图 3.36　LED 的伏安特性曲线

响应时间是指注入电流后发光二极管启亮(上升)或熄灭(下降)的时间. 它是表示反应速度的一个重要参数,尤其在脉冲驱动或电调制时显得尤为重要. 实验证明,发光二极管的上升时间随电流的增加而近似呈指数衰减. 它的响应时间一般是很短的,GaP 发光二极管的响应时间约为 100ns.

作为光源,一般 LED 寿命定义为亮度下降到初始亮度一半的时间,即

$$B_t = B_0 \cdot e^{-\frac{jt}{\tau}}$$

式中,B_0 为初始亮度;B_t 为经过时间 t 后的亮度;j 为电流密度;τ 为老化时间常数,约为

$10^6 \text{h} \cdot \text{A/cm}^2$. 普通发光二极管寿命可以达到 10^6 小时.

3. 发光亮度

LED 发光亮度基本与正向电流密度呈线性关系(图 3.37). 受环境温度影响, 环境温度升高, 发光复合概率下降, 发光亮度下降. 此外, LED 发光亮度受结温影响, 电流加大时, 结温升高, 发光亮度会出现饱和现象.

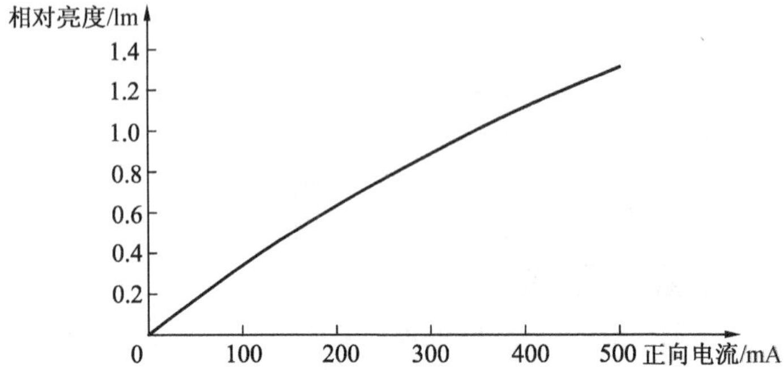

图 3.37 LED 发光亮度与电流的关系

4. 白光 LED

LED 本身是单色光源, 而自然界的白光(阳光)的光谱是阔频带的, 所以 LED 本身不可能做到. 白光 LED 是通过发出三源色的单色光(红、绿、蓝)或以荧光剂把 LED 发出的单色光转化, 使整体光谱为含有三源色的光谱, 刺激人眼感光细胞, 使人有看见白光的感觉. 表 3.6 介绍了常用白色 LED 的种类和发光原理.

一种方法是将不同颜色的 LED 混合在一起产生白光. 就像电视用三源色的单色光(蓝、绿、红)荧光粉来产生各种颜色, 当然也包括白色, 恰当的 LED 组合也可以产生白光. 标准组合是红、绿、蓝色二极管的组合, 而最佳组合仅仅用蓝色和橘色两种 LED 即可.

第二种方法是用 LED 去激励其他可以发出白光的材料. 一种由氮化镓组成的装置可以发出蓝色光, 在这种装置的内部涂上一层磷光剂, 磷光剂在受到蓝色光照射后会产生白光, 从而实现了一个白光发射器. 蓝光光子具有更高的能量, 足以触发磷光剂发射白光.

波士顿大学光子研究中心的研究人员最近提出了一种白光二极管, 它综合了前面提到的两种方法. 他们的"光子再循环"装置由两个 LED 组成, 它们在同一芯片上, 由铝铟镓磷(AlInGaP)半导体复合物制成的 LED 叠在发蓝色光的氮化镓 LED 之上. 蓝光撞击 AlInGaP 层, 一些蓝色光子释放能量并产生橘黄色的光子, 其他光子则通过 AlInGaP 合金层. 选择适当的材料和厚度就可以使通过的光子混合而产生白光. 对于多芯片的设计, 发光颜色可以通过对不同的二极管所加能量的不同任意进行调谐. 但是在"光子再循环"装置中, 颜色永远取决于所选的材料.

表 3.6 白色 LED 的种类和原理

芯片数	激发源	发光材料	发光原理
1	蓝色 LED	InGaN/YAG	InGaN 的蓝色与 YAG 的黄光混合成白光
	蓝色 LED	InGaN/荧光粉	InGaN 的蓝光激发的红、绿、蓝三原色荧光粉发白光
	蓝色 LED	ZnSe	由薄膜层发出的蓝光和在基板上激发出的黄光混色成白光
	紫外 LED	InGaN/荧光粉	InGaN 的紫外激发的红、绿、蓝三原色荧光粉发白光
2	蓝色 LED 黄绿 LED	InGaN、GaP	将具有补色关系的两种芯片封装在一起, 构成白色 LED
3	蓝色 LED 绿色 LED 红色 LED	InGaN、AlInGaP	将发三原色的三种小片封装在一起, 构成白色 LED
多个	多种光色的 LED	InGaN、GaP、AlInGaP	将遍布可见光区的多种光芯片封装在一起, 构成白色 LED

思考题

1. 光源有哪些分类？
2. 钨丝灯泡的发光原理是什么？
3. 气体放电光源有什么优点？
4. 简述 LED 的工作原理，LED 照明需要克服哪些问题？
5. 简述 He-Ne 激光器的工作原理．
6. 简述 LD 的工作原理图及其与 LED 的异同．
7. 某一激光器腔长 $L=300\text{mm}$，工作物质折射率 $n=1$，求：

（1）满足相位条件的最低谐振频率；

（2）若此激光器自发辐射峰值波长为 632.8nm，且辐射光谱带宽为 $1.5×10^9\text{Hz}$，那么该激光器有多少个纵模频率（假设损耗很小）？

第 4 章 光电探测器概述

光电探测器在光电系统中往往起着决定性的作用,有系统的"眼睛"之称.光电探测器的种类很多,根据其物理机理不同可分为光子探测器和热探测器两类;根据接收信号的方式不同可分为单元型和成像型;根据工作温度可分为制冷式和非制冷式等.本章介绍探测器的总体概念和一般特性.

4.1 光电探测器的物理效应

光电探测器是指在光辐射作用下,将光辐射能变为电信号的一类器件.一般将光电探测器分为两大类:一类是利用光电效应(photoelectric effect)制成的器件,称为光子探测器,如光电倍增管、光电导探测器和光伏探测器等,这类器件在吸收光子后,直接引起内部电子状态的改变,将非传导电子变为传导电子输出电信号(图 4.1).其特点是对光波频率表现出选择性,响应速度一般比较快.另一类是利用光热效应(photothermal effect)制成的器件,称为热探测器,如热电偶、测辐射热敏电阻、热释电探测器等,这类器件吸收光辐射后,并不直接引起内部电子状态的改变,而是把吸收的光能变为热能(晶格的振动),从而引起探测元件温度上升,温度上升的结果引起探测元件的电学性质或其他物理性质发生变化,最后将这些性质的变化再转换为输出电信号.这类探测器一般光波频率没有选择性,响应速度相对较慢.表 4.1 为按光电效应与光热效应分类的光电探测器.

表 4.1 光电效应和光热效应分类

		效应		相应的探测器
光电效应	外光电效应	(1) 光阴极发射光电子		光电管
		(2) 光电子倍增		光电倍增管
		(3) 通道电子倍增		像增强管
	内光电效应	(1) 光电导效应		光敏电阻
		(2) 光生伏特效应	PN 结、PIN 结零偏	光电池
			PN 结、PIN 结反偏	光电二极管、雪崩光电二极管
光热效应		(1) 正负电阻温度系数		热敏电阻测辐射计
		(2) 温差电效应		热电偶、热电堆
		(3) 热释电		热释电探测器

4.2 光电探测器的噪声

任何一个探测器,在探测信号时总伴随一定噪声.携带信息的信号在传输的各个环节中不可避免地受到各种干扰,而使信号发生某种程度的畸变,在它的输出端总是存在着一些毫无规律、事先无法预知的电压起伏.通常把这些非有用信号的各种干扰统称为噪声.典型的噪声及其分布规律如图 4.1 所示.噪声是限制检测系统性能的重要因素.光电探测器在光照下可输出电流或电压信号.从示波器上可以观察到,其电流或电压信号在平均值处有随机起伏,即含有噪声.一般用均方噪声电流 $\overline{i_n^2}$ 或均方噪声电压 $\overline{u_n^2}$ 表示噪声值的大小.当光电探测器中存在多个噪声源时,只要这些噪声是独立的、互补相关的,其噪声功率就可以进行相加,即

$$\overline{i_n^2} = \overline{i_{n1}^2} + \overline{i_{n2}^2} + \cdots + \overline{i_{nk}^2} \tag{4-1}$$

噪声来自光电系统元器件中电子的热运动、电路中的随机扰动或者半导体器件中载流子的不规则运动.因此,噪声是一种随机信号,在任何时刻都不能预知其精确大小.用数学语言描述,噪声是一种连续型随机变量,即它在某一时刻可能出现各种可能数值.噪声电压在 t 时刻的大小,只能用概率分布密度 $p(u_n)$ 表示,它表示噪声电压在 t 时刻取值为 u_n 的概率.

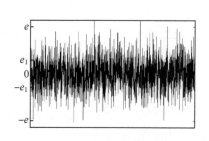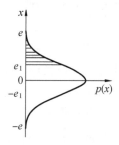

图 4.1 典型的噪声及其分布规律

通常把噪声这个随机的时间变量进行傅立叶变化,分析其频谱信息,得到噪声功率谱密度函数 $S(f)$ 随频率 f 的变化关系.常见的有两种典型的情况:一种是功率谱大小与频率无关的噪声,通常称为白噪声;另一种是功率谱与 $\frac{1}{f}$ 成正比的噪声,称为 $\frac{1}{f}$ 噪声.

4.2.1 几种典型噪声

1. 白噪声(white noise)

白噪声是光电系统中最经常遇到的一种噪声,如电阻的热噪声、半导体器件中通过 PN 结的电流散弹噪声均具有白噪声性质.白噪声具有平坦的功率谱,可表示为

$$S_n(\omega) = \frac{N_0}{2} \tag{4-2}$$

显然,N_0 为白噪声的单边功率谱密度,其功率谱 $S_n(\omega)$ 与 f 无关,即谱是白谱.其自相关函数为

$$R_n(\tau) = \frac{1}{2\pi}\int_{-\infty}^{\infty} S_n(\omega) e^{j\omega\tau} d\omega = \frac{N_0}{4\pi}\int_{-\infty}^{\infty} e^{j\omega\tau} d\omega = \frac{N_0}{2}\delta(\tau) \tag{4-3}$$

$R_n(\tau) = \dfrac{N_0}{2}\delta(\tau) = 0 (\tau \neq 0)$(图 4.2). 实际上,严格的白噪声是不存在的,因为白噪声意味着具有无限大的噪声功率 $\left(\overline{u_n}^2 = \dfrac{1}{2\pi}\int_{-\infty}^{\infty} S_n(\omega)\mathrm{d}\omega = \dfrac{1}{2\pi}\int_{-\infty}^{\infty} \dfrac{N_0}{2}\mathrm{d}\omega = \infty\right)$.

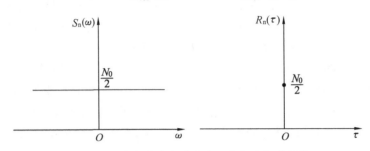

图 4.2　白噪声的功率谱密度函数及自相关函数

限带白噪声是指白噪声经滤波器输出的噪声,因此其噪声功率谱密度占据一定带宽.

图 4.3 为低频限带白噪声,其宽度为 B. 由维纳-辛钦定理,求得限带白噪声的自相关函数为

$$R_n(\tau) = \dfrac{1}{2\pi}\int_{-\infty}^{\infty} S_n(\omega)\mathrm{e}^{\mathrm{j}\omega\tau}\mathrm{d}\omega = \dfrac{N_0}{4\pi}\int_{-2\pi B}^{2\pi B}\mathrm{e}^{\mathrm{j}\omega\tau}\mathrm{d}\omega$$
$$= N_0 B \dfrac{\sin(2\pi B\tau)}{2\pi B\tau} = R(0)\dfrac{\sin(2\pi B\tau)}{2\pi B\tau} \quad (4-4)$$

式中 $R(0) = N_0 B$ 为限带白噪声功率.

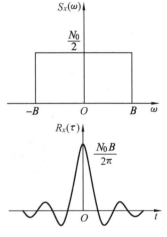

图 4.3　低频限带白噪声的功率谱密度函数及自相关函数

2. 色噪声(color noise)

在光电系统中,还会遇到另一类噪声,其 $S_n(\omega)$ 不是常数,称为色噪声. 像电子器件中经常存在的 $\dfrac{1}{f}$ 噪声,其功率谱密度 $S_n(\omega)$ 正比于 $\dfrac{1}{f}$,即谱密度随频率上升而减小,这种噪声有很强的低频成分,称为低频噪声或红噪声(图 4.4). 晶体管在 f 很大时的噪声,其功率谱密度 $S_n(\omega)$ 正比于 f^2,谱密度随频率上升而增加,这种噪声有很强的高频成分,称为高频噪声或蓝噪声(图 4.5).

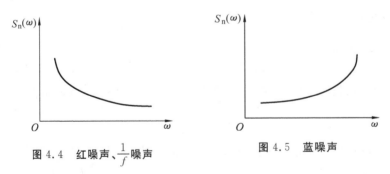

图 4.4　红噪声、$\dfrac{1}{f}$ 噪声　　　　图 4.5　蓝噪声

例 4.1　随机噪声 $x(t)$ 的自相关函数为 $R_n(\tau) = \sigma^2 \mathrm{e}^{-\beta|\tau|}$,求功率谱密度函数和功率.

解　由维纳-辛钦定理(Wiener-Khinchin),可得

$$S_n(\omega) = \int_{-\infty}^{\infty} \sigma^2 \exp(-\beta|\tau|) e^{-j\omega\tau} d\tau = \frac{2\sigma^2\beta}{\omega^2+\beta^2}$$

$$P = E[x^2(t)] = \frac{1}{2\pi}\int_{-\infty}^{\infty} \frac{2\sigma^2\beta}{\omega^2+\beta^2} d\omega = \frac{\sigma^2\beta}{\pi}\left[\frac{1}{\beta}\arctan\frac{\omega}{\beta}\right]_{-\infty}^{\infty} = \sigma^2$$

$x(t)$的自相关函数与功率谱密度如图 4.6 所示.

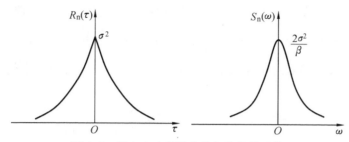

图 4.6　例 4.1 功率谱密度与自相关函数

4.2.2　光电探测器的噪声类别

依据噪声产生的物理原因,光探测器的噪声大致分为热噪声、散粒噪声、产生-复合噪声和低频噪声.

1. 热噪声(Johnson noise)

光电探测器有一个等效电阻 R,由于电阻中自由电子的随机热运动,引起电阻两端电压或电流的起伏,称为热噪声.有效热噪声均方电压 $\bar{u}_n^2$ 和均方电流 $\bar{i}_n^2$ 分别为

$$\bar{u}_{nr}^2 = 4k_B T \Delta f R \tag{4-5}$$

$$\bar{i}_{nr}^2 = \frac{4k_B T \Delta f}{R} \tag{4-6}$$

其中,k_B 为玻尔兹曼常数,T 为热力学温度(K),R 为器件电阻,Δf 为测量的频带宽度.

热噪声存在于任何导体与半导体中,它属于白噪声.降低温度和压缩频带宽度,可减少噪声功率.例如,对于一个 $R=1\text{k}\Omega$ 的电阻,在室温下,工作带宽为 1Hz 时,热噪声均方根电压约为 4nV;当工作带宽增加到 500kHz 时,对应的热噪声均方根电压值增加到 89nV.由此可见,检测电路通频带对白噪声输出电压有很强的抑制作用.在微弱信号检测中,如何减小热噪声的影响是光电技术中的一个重要问题.

2. 散粒噪声(shot noise)

散粒噪声是由于光电探测器在光辐射作用或热激发下,光电子或载流子随机产生所造成的,又称量子噪声.这是许多光电探测器,特别是光电倍增管和光电二极管中的主要噪声.散粒噪声有白噪声的频谱特性.

$$\bar{i}_{ns}^2 = 2eI\Delta f \tag{4-7}$$

其中,e 为电子电荷量,I 为器件输出平均电流,Δf 为测量的频带宽度.

3. 产生-复合噪声(generation-recombination noise)

半导体中由于载流子产生、复合的随机性,载流子浓度的起伏所产生的噪声称为产生-复合噪声.除了考虑载流子由于吸收光子受到激发产生的载流子数的随机起伏外,还要

考虑到载流子在运动过程中复合的随机性,产生和复合两者的随机性对噪声都有贡献.

$$\overline{i_{ngr}^2} = 4eI\Delta f \tag{4-8}$$

产生-复合噪声是光电导探测器的主要噪声源.

4. $\frac{1}{f}$噪声

这种噪声主要出现在大约 1kHz 以下的低频频域,而且与光辐射的调制频率 f 成反比,故称为低频噪声或 $\frac{1}{f}$ 噪声. 几乎所有的探测器中都存在这种噪声. 实验发现,探测器表面的工艺状态(缺陷或不均匀)对这种噪声的影响很大. 低频噪声电流的均方值可用经验公式表示为

$$\overline{i_{nf}^2} = K \frac{I^\alpha \Delta f}{f^\beta} \tag{4-9}$$

其中,I 为器件输出平均电流,Δf 为测量的频带宽度,f 为器件工作频率,α 接近于 2,β 取 $0.8 \sim 1.5$,K 为比例常数. $\frac{1}{f}$ 噪声主要出现在 1kHz 以下的低频频域,当工作频率大于 1kHz 时,它与探测器中的其他噪声相比可忽略不计. 在实际使用中,常用较高的调制频率可避免或大大减少电流噪声的影响.

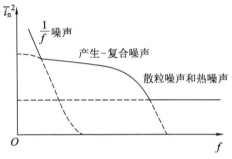

图 4.7 噪声的频率分布图

4.3 光电探测器的性能参数

1. 积分灵敏度 R(响应度)

积分灵敏度(或称响应度)是探测器光电转换特性的量度,定义为探测器输出信号电压 U(或电流 I)与入射的辐射通量 Φ 之比,即

$$R_I = \frac{I}{\Phi} \quad (\text{A/W}) \tag{4-10}$$

$$R_U = \frac{U}{\Phi} \quad (\text{V/W}) \tag{4-11}$$

因为式中的辐射通量 Φ 一般是指分布在某一光谱范围内的总辐射功率,所以 R_U 和 R_I 又常分别被称为积分电压灵敏度和积分电流灵敏度.

2. 光谱灵敏度 $R_I(\lambda)$ 或 $R_U(\lambda)$

由于光电探测器的光谱选择性,探测器输出的光电流或光电压将是入射光波长的函数,记为 $I(\lambda)$[或 $U(\lambda)$],因此,探测器的灵敏度随波长而变化. 光谱灵敏度定义为:探测器在波长为 λ 的单色光照射下,输出电流(或电压)与入射的单色光辐射通量 $\Phi(\lambda)$ 之比,即

$$R_I(\lambda) = \frac{I(\lambda)}{\Phi(\lambda)} \quad \text{或} \quad R_U(\lambda) = \frac{U(\lambda)}{\Phi(\lambda)} \tag{4-12}$$

不同波长总光通量 $\Phi = \int \Phi(\lambda) d\lambda$,总光电压 $U = \int U(\lambda) d\lambda$,总光电流 $I = \int I(\lambda) d\lambda$.

光谱灵敏度通常以灵敏度随波长变化的规律曲线来表示. 有时只取灵敏度的相对比值,

且把最大的灵敏度取为1,这种曲线称为归一化光谱灵敏度曲线 $S_I(\lambda)$,见图4.8.

3. 量子效率 η

量子效率是指探测器吸收的光子数和激发的电子数之比. 如果 Φ 是入射到探测器上的辐射功率,I_p 是入射光产生的光电流,则 $N=\dfrac{\Phi}{h\nu}$ 表示单位时间内入射光子平均数,$\dfrac{I_p}{q}$ 表示单位时间内产生的光电子平均数,则量子效率 η 为

$$\eta=\dfrac{\dfrac{I_p}{q}}{\dfrac{\Phi}{h\nu}}=\dfrac{hc}{q\lambda}R_I(\lambda) \tag{4-13}$$

由此可见量子效率是入射光波长的函数. 若 $\eta(\lambda)=1$(理论上),则入射一个光子就会发射一个电子或产生一对电子-空穴对;实际上 $\eta(\lambda)<1$. 一般 $\eta(\lambda)$ 反映的是入射光辐射与最初的光敏元的相互作用.

如果光照时每产生一个光电子,在探测器的外电路中都输出一个电子,则由式(4-13)可得,在具有一定辐射功率 Φ 的入射光照射下,探测器输出的光电流为

$$I_p=\dfrac{q\eta}{h\nu}\Phi \tag{4-14}$$

对于有增益的光电探测器(如光电倍增管等),其外电路单位时间内输出的电子数远大于单位时间内产生的光电子数,两者的比值称为探测器的内增益,也称光电增益,用增益或放大倍数 G 表示. 对于光电倍增管,增益 G 可达 10^6. 考虑光电增益后,探测器输出的光电流为

$$I_p=\dfrac{q\eta}{h\nu}G\Phi \tag{4-15}$$

根据式(4-13)和式(4-15),对于光子探测器来说,光谱灵敏度可写为

$$R_I(\lambda)=\dfrac{I(\lambda)}{\Phi(\lambda)}=G\dfrac{q\eta}{h\nu}=G\dfrac{q\eta}{hc}\lambda \tag{4-16}$$

图4.8给出了归一化光谱灵敏度 $S_I(\lambda)$ 随波长 λ 的变化关系. 图中曲线1是按照式(4-16)计算出的理想曲线,即当量子效率和光电增益为常数时,光谱灵敏度与入射光波长成正比,其长波响应受探测器材料的截止波长 λ_0 的限制,而短波理论上可小到零波长. 曲线2是实际光子探测器的光谱特性曲线. 它与理想曲线相比,存在一定的差异. 这是因为实际上光子探测器的量子效率和光电增益一般都不是常数,而是光波长的函数. 光电材料对各波长光辐射的吸收系数不同,在较大波长处,吸收系

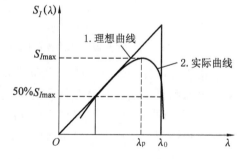

图4.8 归一化光谱灵敏度 $S_I(\lambda)$ 随波长 λ 的变化关系曲线

数小,于是量子效率低,光谱灵敏度达不到理想曲线1的最大值(曲线1的"尖峰");随着波长减小,吸收系数大,量子效率将达到峰值,光谱灵敏度达到曲线2的最大值;当波长进一步减小时,吸收系数进一步增加,靠近材料表面附近光生载流子比较密集,致使复合增加、内增益减小,从而短波方向的光谱响应显著下降,甚至无响应.

由此可见,光子探测器的光谱特性呈现明显的"波长选择性".为了描述这种特性,一般将灵敏度从最大值(峰值)下降到50%(或10%)所对应的波长范围定义为探测器的光谱响应宽度;将灵敏度最大值对应的波长称为峰值波长,用 λ_p 表示.与光子探测器不同,热探测器从紫外到红外都有几乎相同的响应,其光谱特性具有近似"平坦性"而不是"波长选择性".

4. 响应时间和频率响应

响应时间是描述光电探测器对入射辐射响应快慢的一个参数.当入射光辐射到光电探测器后,光电探测器的输出上升到稳定值或下降到照射前的值所需的时间称为响应时间,通常用时间常数 τ 的大小来表示.

当用一个矩形辐射脉冲照射光电探测器时,把探测器的输出从10%上升到90%峰值处所需的时间称为探测器的上升时间(rise time) τ_r,而把从90%下降到10%处所需的时间称为下降时间(fall time) τ_f,如图4.9所示.探测器响应时间由材料、结构和外电路决定.通常 $\tau_r = \tau_f = \tau$.探测器响应时间决定了探测器的响应频率 $f_{HC} = \dfrac{1}{2\pi\tau}$.

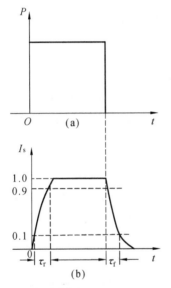

图4.9 探测器对脉冲光的响应时间

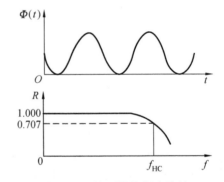

图4.10 探测器的频率特性

由于光电探测器信号的产生和消失存在着一个滞后过程,所以入射光辐射的调制频率对光电探测器的响应将会有较大的影响.如果入射光是强度调制的,在其他条件不变下,光电流 I_p 将随调制频率 f 的升高而下降,这时的灵敏度称为频率响应 R,如图4.10所示.频率响应是描述光电探测器的灵敏度随入射光调制频率变化的特性,即

$$R = \frac{R_0}{\sqrt{1+(2\pi f\tau)^2}} \tag{4-17}$$

式中,R_0 为调制频率为零时的灵敏度;τ 为探测器的响应时间或时间常数,由材料、结构和外电路决定;一般规定,R 下降到 $\dfrac{R_0}{\sqrt{2}}$ 时的频率 f_{HC} 为探测器的响应频率或截止响应频率.根据式(4-17),有

$$f_{HC} = \frac{1}{2\pi\tau} \tag{4-18}$$

f_{HC} 称为探测器的上限截止频率或 3dB 带宽.上式表明,响应时间决定了探测器频率响应的带宽.

一般对于脉冲光信号用响应时间来描述,而对于正弦调制光信号用频率响应来描述.但两者都可用响应时间来反映.一般光子探测器的响应时间为纳秒到毫秒量级,热探测器为毫秒到秒量级.

5. 信噪比和噪声等效功率

从响应度的定义看,好像只要有光辐射存在,不管它的功率如何小,都可探测出来.但事实并非如此.当入射功率很低时,输出只是些杂乱无章的变化信号,无法肯定是否有辐射入射在探测器上.这并不是探测器不好引起的,而是由它所固有的"噪声"引起的.如果对这些随时间而起伏的电压(电流)按时间取平均值,则平均值一定为零.但这些值的均方根不等于零,这个均方根电压(电流)称为探测器的噪声电压(电流).

(1) 信噪比 SNR

信噪比是判定噪声大小的参数,其定义为输出的信号功率和噪声功率之比:

$$SNR = \frac{I_s}{\sqrt{\overline{i_n^2}}} \text{(电流信噪比)}$$

$$SNR = \frac{U_s}{\sqrt{\overline{u_n^2}}} \text{(电压信噪比)}$$

(4-19)

对单个光电探测器,信噪比的大小与入射信号辐射功率及接收面积有关.如果入射光辐射强,接收面积大,SNR 就大,但性能不一定就好.因此用信噪比评价器件有一定的局限性.

(2) 噪声等效功率 NEP

当探测器上的输入为零时,输出端仍有一个极小的输出信号.这个输出信号来源于探测器本身,这就是探测器的噪声,它的大小与探测器材料、结构、周围环境温度等因素有关.由于噪声的存在,探测器的最小可探测功率受到了限制.为此引入等效噪声功率 NEP 来表征探测器的最小可探测功率.我们定义噪声等效功率 NEP 是信号功率与噪声功率之比为 1 时,即探测器输出的信号电流(电压)等于探测器本身的噪声电流(电压)均方根值时,入射到探测器上的辐射功率.可由下式计算噪声等效功率:

$$NEP = \frac{\Phi}{\frac{U_s}{\sqrt{\overline{u_n^2}}}} \text{(W)} \quad \text{或} \quad NEP = \frac{\Phi}{\frac{I_s}{\sqrt{\overline{i_n^2}}}} \text{(W)}$$

设 R_I、R_U 为光伏探测器的电流灵敏度、电压灵敏度,则等效噪声功率又可写成

$$NEP = \frac{\sqrt{\overline{u_n^2}}}{R_U} \text{(W)} \quad \text{或} \quad NEP = \frac{\sqrt{\overline{i_n^2}}}{R_I} \text{(W)}$$

等效噪声功率是表征探测器对微弱信号的探测能力的参数,NEP 越小,探测器的探测能力越强.

6. 归一化探测率 D^*

探测器的探测能力由 NEP 决定,NEP 越小越好.这不符合人们参量的数值越大越好的习惯,于是定义 NEP 的倒数为探测器的探测率 D:

$$D = \frac{1}{NEP} = \frac{R_U}{\sqrt{\overline{u_n^2}}} = \frac{R_I}{\sqrt{\overline{i_n^2}}} (\text{W}^{-1})$$

(4-20)

显然，D 越大，探测器性能越好. 探测率 D 所提供的信息与 NEP 一样，也是一项特性参数. 但是仅依据探测率还不能比较不同的光电探测器的优劣，这是因为如果两只由相同材料制成的光电探测器，尽管内部结构完全相同，但光敏面积 A_d 不同，测量频带宽不同，其探测率 D 值也不相同. 为了能方便地对不同来源的光电探测器做比较，需要把探测率 D 标准化（归一化）到测量带宽为 1Hz，光电探测器光敏面积为 1cm^2，这样就能方便地比较不同测量带宽、不同光敏面积的光电探测器的探测率.

实验测量和理论分析表明，对于许多类型的光电探测器，其等效噪声功率 NEP 与探测器接受光的面积 A_d（光敏面）的平方根成正比，与测量带宽 Δf 平方根成正比. 为了便于比较各种不同探测器的性能，引入归一化探测率 D^*（specific detectivity）：

$$D^* = \frac{\sqrt{A_d \Delta f}}{NEP} = \frac{R_I}{\sqrt{\overline{i_n^2}}} \sqrt{A_d \Delta f} \quad (\text{cm} \cdot \text{Hz}^{\frac{1}{2}}/\text{W}) \tag{4-21}$$

D^* 和 NEP 一样是入射光波长、调制频率及测量带宽的函数. 为了明确起见，给出 $D^*(\lambda, T)$ 值，须注明它们的测量条件，如温度 T、响应波长 λ、光辐射调制频率 f 及测量带宽 Δf，即 $D^*(T, f, \Delta f)$. f 通常取 90Hz、400Hz、800Hz、900Hz. 例如，用 500K 黑体作为测量 D^* 值的辐射源，$D^*(500\text{K}, 900, 50) = 1.8 \times 10^9 \text{cm} \cdot \text{Hz}^{\frac{1}{2}}/\text{W}$，表示 D^* 是在 500K 黑体作为光源、调制频率为 900Hz、测量带宽为 50Hz 的条件下测得的.

思考题

1. 简述光电探测器的分类.
2. 光电探测器的主要参数是什么？
3. 什么是探测器的响应时间和截止频率？它们之间有关系吗？
4. 简述以下探测器性能参数的定义：电流灵敏度和电压灵敏度、噪声等效功率 NEP、归一化探测率 D^*.

附录 A 噪声的统计特性

一、噪声的概率分布

噪声来自光电系统元器件中电子的热运动、电路中的随机扰动或半导体器件中载流子的不规则运动. 因此，噪声是一种随机信号，在任何时刻都不能预知其精确大小. 用数学语言描述，噪声是一种连续型随机变量，即它在某一时刻可能出现各种可能数值. 噪声电压在 t 时刻的大小，只能用概率分布密度 $p(u_n)$ 表示，它表示噪声电压在 t 时刻取值为 u_n 的概率.

噪声属于一种随机过程，根据随机过程理论，最具有代表性的统计特征量为以下几个.

（1）数学期望 $E[u_n]$

$$E[u_n] = \int_{-\infty}^{\infty} u_n p(u_n) \text{d}u_n \tag{A-1}$$

（2）N 阶矩

$$E[u_n^N] = \int_{-\infty}^{\infty} u_n^N p(u_n) \text{d}u_n \tag{A-2}$$

$N=1$ 时,式(A-2)回到 u_n 的统计平均值 $E[u_n]$. 在实际问题中,随机变量偏离平均值的涨落的大小,是说明这一变量统计性质的重要物理量,可用方差来表示涨落的大小.

(3)方差 $D[u_n]$

$$D[u_n] = \int_{-\infty}^{\infty} (u_n - E[u_n])^2 p(u_n) du_n \tag{A-3}$$

通过简单运算,方差又可写成

$$D[u_n] = E[u_n^2] - E^2[u_n] \tag{A-4}$$

其中 $E[u_n^2]$ 称为噪声的二阶中心矩. 光电系统处于稳定状态时,噪声的方差和均值一般不随时间变化,这时噪声电压称为广义平稳随机过程. 若噪声的概率分布密度不随时间变化,则称为狭义平稳随机过程或严格平稳随机过程. 显然一个严格平稳随机过程一定为广义平稳随机过程,反之则不然.

光电系统中遇到的噪声还具有各态历经性质,即其统计平均可以用时间平均来计算,即

$$E[u_n] = \bar{u}_n = \lim_{T \to \infty} \frac{1}{2T} \int_{-T}^{T} u_n(t) dt \tag{A-5}$$

$$E[u_n^2] = \overline{u_n^2} = \lim_{T \to \infty} \frac{1}{2T} \int_{-T}^{T} u_n^2(t) dt \tag{A-6}$$

如果一个随机过程是具有各态历经的随机过程,将会给噪声计算及测量带来很大的方便. 在光电系统中,常将光电系统噪声看成是各态历经过程,自然它也是一种广义平稳随机过程.

光电系统中热噪声电压的概率分布密度 $p(u_n)$ 一般符合高斯正态分布,高斯分布的一个重要特点是,它由随机变量的一阶矩和二阶矩完全确定,即

$$p(u_n) = \frac{1}{\sqrt{2\pi\sigma_n^2}} \exp\left[-\frac{(u_n - a)^2}{2\sigma_n^2}\right] \tag{A-7}$$

$$E[u_n] = a, \quad D[u_n] = E[u_n^2] - E^2[u_n] = \sigma_n^2$$

a 为热噪声的平均值,通常 $a=0$;σ_n^2 为热噪声的交流功率,σ_n^2 越大,噪声越强. 式(A-7)说明热噪声在任何瞬间可能取很大的数值,但取值越大,概率越小.

二、噪声的功率谱密度

众所周知,许多在时域上的问题从频域上讨论可能更为方便. 通过傅立叶变换,时域上的噪声特性可以变换到频域上,从而进一步分析噪声的频谱特性.

设 $S_n(f)$ 为噪声功率谱分布,通常又称其为噪声功率谱密度,定义为

$$S_n(f) = \lim_{\Delta f \to 0} \frac{P_n(f, \Delta f)}{\Delta f} = \lim_{\Delta f \to 0} \frac{\overline{u_n^2}(f, \Delta f)}{\Delta f} \tag{A-8}$$

$S_n(f)$ 单位为 A^2/Hz 或 V^2/Hz,$\overline{u_n^2}(f, \Delta f)$ 为在频域 $(f, f+\Delta f)$ 之间噪声频谱分量的平均功率. 显然,噪声功率 P_n 可由噪声功率谱密度 $S_n(f)$ 在频域上积分得到:

$$P_n = \int_{-\infty}^{\infty} S_n(f) df = \frac{1}{2\pi} \int_{-\infty}^{\infty} S_n(\omega) d\omega \tag{A-9}$$

$f_1 \sim f_2$ 频带内的噪声功率(均方值)为

$$\overline{u_n^2} = P_n = \int_{f_1}^{f_2} S_n(f) df \tag{A-10}$$

频带越宽,噪声功率 P_n 越大. 减少通频带可以降低 P_n. 噪声功率谱密度 $S_n(f)$ 所覆盖的面积数值上等于噪声功率 P_n.

三、噪声的相关函数

噪声虽然是一种随机过程,即各时刻取值是随机的,但两个不同时刻的噪声值仍存在一定的关系.研究噪声(或指一般随机过程)在不同时刻取值之间的相关性,也是噪声的一个主要统计特征.

1. 噪声的自相关函数

自相关函数是指一个随机过程在不同时刻 t_1、t_2 取值的相关性,定义为

$$R_n(t_1,t_2) = E[n(t_1)n(t_2)] \tag{A-11}$$

对于具有各态历经的平稳随机过程,统计又可用时间平均表示,而且由于统计特征量与时间起点无关,故可令 $t_1=t, t_2=t-\tau$,则 $R_n(t_1,t_2)=R_n(t,t-\tau)$,简记为 $R_n(\tau)$. 于是,平稳随机过程的噪声自相关函数为

$$R_n(\tau) = E[n(t)n(t-\tau)] = \lim_{T\to\infty} \frac{1}{2T} \int_{-T}^{T} n(t)n(t-\tau) dt \tag{A-12}$$

噪声的自相关函数具有下列重要特征:

① $R_n(\tau)$ 仅与时间差 τ 有关,而与计算时间 t 的起点无关.

② $R_n(\tau)$ 随 τ 的增加逐渐衰减,表示在时间上相关性逐渐减少.

③ $R_n(\tau)$ 是偶函数,即 $R_n(\tau)=R_n(-\tau)$,因此自相关函数又可写为

$$R_n(\tau) = E[n(t)n(t+\tau)] = \lim_{T\to\infty} \frac{1}{2T} \int_{-T}^{T} n(t)n(t+\tau) dt$$

④ $\tau=0$ 时,$R_n(\tau)$ 具有最大值,且

$$R_n(0) = \lim_{T\to\infty} \frac{1}{2T} \int_{-T}^{T} n(t)n(t) dt = E[n^2] \tag{A-13}$$

特别地,当 $E[n]=0$ 时,$R_n(0)=D[n]=\sigma_n^2$.

平稳随机理论中,自相关函数 $R_n(\tau)$ 及其功率谱密度 $S_n(f)$ 之间具有重要的关系(为简单起见,下式中下标 n 省略),这就是著名的维纳-辛钦定理(Wiener-Khinchin),即两者满足傅立叶变换关系:

$$R(\tau) = \frac{1}{2\pi} \int_{-\infty}^{\infty} S(\omega) e^{j\omega\tau} d\omega \tag{A-14}$$

$$S(\omega) = \int_{-\infty}^{\infty} R(\tau) e^{-j\omega\tau} d\tau \tag{A-15}$$

2. 噪声的互相关函数

与自相关函数类似,当光电系统存在多个噪声源时,必须考虑噪声源之间的互相关性,可用互相关函数来描述其互相关性.

对于两个不同的随机过程 $x(t)$ 和 $y(t)$,其互相关函数定义为

$$R_{xy}(t_1,t_2) = E[x(t_1)y(t_2)]$$

对于具有各态历经的平稳随机过程,统计又可用时间平均表示,而且由于统计特征量与时间起点无关,故可令 $t_1=t, t_2=t-\tau$,则 $R_{xy}(t_1,t_2)=R_{xy}(\tau)$. 其互相关函数可表示为

$$R_{xy}(\tau) = \lim_{T\to\infty} \frac{1}{2T} \int_{-T}^{T} x(t)y(t-\tau) dt \tag{A-16}$$

同理,有

$$R_{yx}(\tau) = \lim_{T\to\infty} \frac{1}{2T} \int_{-T}^{T} x(t-\tau)y(t) dt \tag{A-17}$$

互相关函数具有下列重要特性：
① $R_{xy}(\tau)$ 仅与时间差 τ 有关，而与计算时间 t 的起点无关.
② $R_{xy}(\tau)=R_{yx}(-\tau)$.
③ $|R_{xy}(\tau)| \leqslant \sqrt{R_x(0)R_y(0)}$，当两个随机过程互不相关时，一定有 $R_{xy}(\tau)=R_{yx}(-\tau)=0$.

例如，被检测信号与系统的观察噪声之间不存在相关性，因此采用互相关方法有利于抑制观察噪声. 从数学原理来看，同样可以定义两个随机过程的互功率谱密度 $S_{xy}(\omega)$ 或 $S_{yx}(\omega)$，从而建立与互相关函数之间的傅立叶变换，即

$$\begin{cases} R_{xy}(\tau) = \dfrac{1}{2\pi}\displaystyle\int_{-\infty}^{\infty} S_{xy}(\omega) e^{j\omega\tau} d\omega \\ S_{xy}(\omega) = \dfrac{1}{2\pi}\displaystyle\int_{-\infty}^{\infty} R_{xy}(\tau) e^{-j\omega\tau} d\tau \end{cases} \tag{A-18}$$

或

$$\begin{cases} R_{yx}(\tau) = \dfrac{1}{2\pi}\displaystyle\int_{-\infty}^{\infty} S_{yx}(\omega) e^{j\omega\tau} d\omega \\ S_{yx}(\omega) = \dfrac{1}{2\pi}\displaystyle\int_{-\infty}^{\infty} R_{yx}(\tau) e^{-j\omega\tau} d\tau \end{cases} \tag{A-19}$$

互相关函数特性(3)对于从噪声中检测微弱信号极为有用. 当输入信号为两路，$x(t)=S(t)+n(t)$ 为被检测信号及混入的观察噪声；$y(t)$ 为参考信号，要求与被检测信号 $S(t)$ 相关. 例如，$S(t)$ 为正弦信号时，则要求 $y(t)$ 为同频的正弦信号. 经互相关器输出的信号即为互相关函数：

$$\begin{aligned} R_{xy}(\tau) &= \lim_{T\to\infty} \frac{1}{2T}\int_{-T}^{T}[S(t)+n(t)]y(t-\tau)dt \\ &= R_{Sy}(\tau)+R_{ny}(\tau) \end{aligned}$$

由于观察噪声 $n(t)$ 与信号 $S(t)$ 以及 $y(t)$ 都不相关，因此 $R_{ny}(\tau)=0$，从而互相关器输出为

$$R_{xy}(\tau)=R_{Sy}(\tau)$$

可见，只要测量互相关器的输出值，就可以检测到混在噪声中的信号.

第 5 章

光子探测器

5.1 光电倍增管

光电发射器件是基于外光电效应的器件,它包括真空光电二极管(photodiode)、光电倍增管(photomultiplier tube)、变像管(image converter tube)、像增强器(image intensifier)和真空电子束摄像管(electron beam camera tube)等器件. 本节重点介绍光电倍增管的结构、原理和特性.

5.1.1 光电子发射效应

光照射在某些材料(如金属或半导体)表面上时,如果光子能量($h\nu$)足够大,就能够使表面发射出电子,这一现象叫作光电子发射效应,又叫作外光电效应. 在光电器件中,光电管、光电倍增管等光电阴极的工作原理都是建立在光电子发射效应基础上的.

能产生光电发射效应的物体,称为光电发射体,在光电管中又称为光阴极. 光电发射效应的能量关系由著名的爱因斯坦方程描述,即

$$E_k = h\nu - W \tag{5-1}$$

式中,E_k 表示光电子离开发射体表面的动能,$h\nu$ 为入射光子能量,W 为光电发射体的逸出功函数. 该式的物理意义是:如果发射体内的电子所吸收的光子能量 $h\nu$ 大于发射体的逸出功函数 W,那么电子就能从发射体表面逸出,并且具有相应的动能. 由此可见,光电发射效应产生的波长条件是 $\lambda \leqslant \lambda_c$,其中

$$\lambda_c = \frac{1.24}{W(\text{eV})} (\mu m) \tag{5-2}$$

λ_c 称为截止波长(cutoff wavelength). 利用光电子发射效应制成的探测器称为光电子发射器件,光电倍增管就是典型的光电子发射器件.

5.1.2 光电发射阴极

光电阴极是完成光电转换的重要部件,它是吸收光子能量发射光电子的部件. 其性能好坏直接影响整个光电发射器件的性能.

一个良好的光电发射材料应具备下述条件:
① 光吸收系数大.
② 光电子在体内传输过程中能量损失小.
③ 表面势垒低,即溢出功低,使表面溢出概率大.

金属由于其反射系数大、吸收系数小、体内自由电子多而引起碰撞损失能量大、逸出功大等原因而不满足上述三个条件. 大多数金属的光谱响应都在紫外或远紫外区,只能适应对紫外灵敏的光电探测器. 半导体光电发射材料的光吸收系数比金属大得多,体内自由电子少,散射能量损失小,量子效率比金属大得多,且光谱响应可延伸至可见光和近红外波段. 因此,半导体材料广泛用作光电阴极.

实用的光电阴极可以按照材料的电子亲和势分为常规光电阴极和负电子亲和势阴极两大类. 真空能级与导带底能级之差称为电子亲和势 E_A(图 5.1),电子亲和势越小,材料发射光电子的能力越强. 常规光电阴极属于正电子亲和势,其电子亲和势 $E_A>0$,即表面的真空能级位于导带之上. 但如果给半导体的表面做特殊处理,使表面区域能带弯曲,真空能级低于导带之下,从而使有效的电子

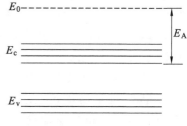

图 5.1 亲和势示意图

亲和势为负,即电子亲和势 $E_A<0$,经过这种特殊处理的阴极被称作负电子亲和势阴极(negative electron affinity,简称 NEA),其发射光电子的能力更强.

1. 常规光电阴极

常用的光电子发射器中的阴极几乎都是常规光电阴极,主要有:

(1) 银-氧-铯(Ag-O-Cs)材料

银-氧-铯(Ag-O-Cs)材料具有良好的可见光和红外光响应,是最早的光电阴极材料. 光谱响应可从 0.3～1.2m. 与其他材料的光电阴极相比,银-氧-铯阴极在可见光区域的灵敏度较低,但在近红外区的长波段灵敏度高,因此主要应用于近红外探测.

(2) 单碱锑化物

金属与碱金属,如锂、钠、钾、铷、铯中的一种化合,都能形成具有稳定光电发射特性的发射体. 其中以 CsSb 阴极最为常用,在紫外和可见光区的灵敏度最高. 由于 CsSb 光电阴极的电阻相对于多碱锑化物光电阴极的电阻较低,适合于测量较强的入射光,这时阴极可以通过较大的电流.

(3) 多碱锑化物

这是指锑 Sb 和几种碱金属形成的化合物,包括双碱锑材料 Sb-Na-K、Sb-Na-Cs 和三碱锑材料 Sb-Na-K-Cs,三碱锑材料 Sb-Na-K-Cs 是其中最实用的光电阴极材料,具有高灵敏度和宽光谱响应,红外端延伸 930nm,适用于宽带光谱测量仪.

(4) 紫外光电阴极

在某些应用中,为了消除背景辐射的影响,要求光电阴极只对所探测的紫外辐射信号灵敏,而对可见光无响应,这种阴极通常称为"日盲"型光电阴极. 目前比较实用的两种"日盲"型光电阴极有碲化铯(CsTe),其长波限为 $0.32\mu m$;碘化铯(CsI),其长波限为 $0.2\mu m$.

2. 负电子亲和势阴极(negative electron affinity,简称 NEA)

1963 年 Simon 提出了负电子亲和势(NEA)理论. 1965 年 J. J. Sheer 和 J. V. Laar 用铯激活砷化镓得到零电子亲和势光电阴极,并首先研制出 GaAs-Cs 负电子亲和势光电阴极.

用电子亲和势为负值的材料制作的光电阴极,由光子激发出的电子只要能扩散到表面就能逸出,因此灵敏度极高. NEA 的最大优点是量子效率比常规发射体高得多. 这可以从其光电发射过程进行分析. 价带中的电子吸收光子能量后跃迁到导带底,成为"热电子"(受激

电子能量超过导带底的电子). 在向表面运动的过程中, 由于碰撞散射而发生能量损失, 故很快落入导带底而变成"冷电子"(能量恰好等于导带底的电子). 热电子的平均寿命非常短, 为 $10^{-14} \sim 10^{-12}$ s. 如果在这么短的时间内热电子能够运动到真空界面, 自然能够逸出. 但是"热电子"的逸出深度只有几十纳米, 绝大部分"热电子"来不及到达真空界面就已经落到导带底变成"冷电子"了. 而冷电子的平均寿命较长, 为 $10^{-9} \sim 10^{-8}$ s, 而且其逸出深度可达 1000nm. 因为体内"冷电子"能量仍高于真空能级, 所以它们运动到真空界面时, 可以很容易地逸出. 因此 NEA 材料的量子效率比常规发射体高得多.

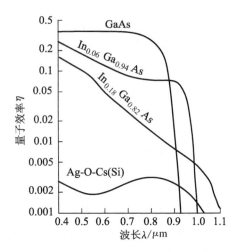

图 5.2 几种阴极材料的量子效率

NEA 光电阴极是现代最优秀的阴极, 与常规光电阴极相比, 它至少有以下五个方面的优点:

(a) 在常规光电阴极的光谱响应区中有高得多的量子效率.
(b) 阈值波长延伸到红外区.
(c) 由于"冷电子"发射, 能量分散小, 在成像器件中分辨率极高, 且惰性小.
(d) 暗电流极小.
(e) 延伸的光谱区内灵敏度均匀.

5.1.3 光电倍增管的工作原理

光电倍增管(photomultiplier tube, PMT)是一种内部有电子倍增结构的真空光电管, 其内增益极高, 是目前灵敏度最高的一种光电探测器. 它的外形如图 5-3(a) 所示.

光电倍增管由光窗、光电阴极、电子光学系统(也称为电子透镜)、电子倍增系统和阳极组成, 如图 5-3(b) 所示. 当光照射光电倍增管的阴极 K 时, 阴极向真空中激发出光电子(一次激发), 这些光电子沿聚焦极电场进入倍增系统, 由倍增电极激发的电子(二次激发)被下一倍增极的电场加速, 飞向该极并撞击在该极上再次激发出更多的电子, 电子经 n 级倍增极倍增, 形成放大的阳

(a) 外形图

(b) 结构示意图

图 5.3 光电倍增管

极电流, 放大后的电子被阳极收集作为信号输出. 因为采用了二次发射倍增系统, 对于紫外、可见和近红外区辐射能量的探测具有极高的灵敏度和极低的噪声.

光电倍增管的结构主要由如下部分组成:

1. 光窗

光窗是入射光的通道,同时也是对光吸收较多的部分.因为玻璃对光的吸收与波长有关,波长越短吸收得越多,所以,倍增管光谱特性的短波阈值决定于光窗材料.常用的光窗材料一般有钠钙玻璃、硼硅玻璃、紫外玻璃、熔融石英玻璃和氟镁玻璃等.

2. 光电阴极

光电阴极的作用是光电转换,它可接收入射光,也可向外发射光电子.制作光电阴极的材料多是化合物.光电阴极材料决定了光电倍增管光谱特性的截止波长,同时对整管灵敏度也起决定性作用.

3. 电子光学系统

电子光学系统通过电场加速和控制电子运动路线,起到如下两方面的作用:一是通过对电极结构的适当设计,使当前一级发射出来的电子尽可能没有散失地落到下一个倍增极上,使下一级的收集率接近1;二是使前一级各部分发射出来的电子落到后一级上时,所经历的时间尽可能相同,使渡越时间分散最小.

4. 电子倍增系统

倍增系统由许多倍增极组成,每个倍增极的接收面都由二次电子倍增材料构成,具有使一次电子倍增的能力.因此,倍增系统是决定整管灵敏度最关键的部分,而以下几点是倍增系统的关键因素:

(1) 二次电子发射系数

具有足够动能的电子轰击某些材料时,材料表面将发射出新的电子,这种现象被称为二次电子发射.轰击材料的入射电子被称为一次电子,从材料表面发射出的电子被称为二次电子.不同材料的二次电子发射能力是不一样的.描述二次电子发射能力的参量是二次电子发射系数 δ,其定义为

$$\delta = \frac{n_2}{n_1} = \frac{i_2}{i_1} \tag{5-3}$$

式中,n_1 为入射的电子数,即一次电子数;n_2 为出射的电子数,即二次电子数;i_1 和 i_2 分别为一次电子流和二次电子流.

δ 是一次电子能量 E_p 的函数,δ 与 E_p 的关系曲线如图 5.4 所示.开始时,δ 随 E_p 的增大而增大,直至最大值 δ_m.随后,若继续增大 E_p,δ 的值反而下降,其原因是:当一次电子能量过大时,电子穿透材料的有效深度增加,尽管激发的二次电子数有所增加,但许多深层的二次电子逸出过程中,由于碰撞散射而损失能量,结果不能逸出,反而使 δ 减小.图 5.4 所示的规律具有普遍意义,不论是金属,还是半导体或介质,δ 与 E_p 的一般关系曲线的形状都相似,只是材料不同,E_{pm} 和 δ_m 值不同.各种不同材料的 E_{pm}

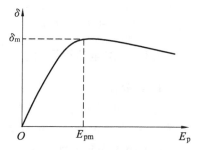

图 5.4 二次电子发射系数 δ 与一次电子能量 E_p 的关系

为 100～1800eV,金属的 δ_m 一般为 0.5～1.8,半导体和介质 δ_m 可达 5～6,专门用来作倍增极的半导体材料的 δ_m 可达十几,近年来出现的负电子亲和势材料的 δ_m 可达 500 以上.

(2) 倍增极材料特性

实用的倍增极材料应有这样的性质:在低电压下有大的 δ 值,以便整管工作电压不至于

过高；热发射要小，以便整管的暗电流和噪声小；二次电子发射要稳定，以便温度较高或一次电流较大时，长时间工作 δ 无明显变化，而且倍增极容易制作.

常用的倍增材料有：① 复杂的半导体型[如锑铯(CsSb)、锑铯钾(K_2CsSb)等碱金属化合物，它们既是良好的光电阴极材料，也是常用的二次电子发射材料]；② 氧化物型[如氧化镁(MgO)、氧化铍(BeO)和氧化钡(BaO)]；③ 合金型(如铝镁、铜镁、镍镁、铜铍等合金)；④ 负电子亲和势型[如用 Cs 激活的磷化镓(GaP：Cs)和 Cs 激活的硅(Si：CsO)等负电子亲和势型二次电子发射材料].

(3) 倍增极结构

光电倍增管中的倍增极一般由几级到十五级组成，根据电子轨迹的形式可分为聚焦型和非聚焦型两类. 凡是电子从前一倍增极飞向后一倍增极时，在两个倍增极之间可能发生电子束交叉的结构称为聚焦型. 非聚焦型倍增极形成的电场只能使电子加速，而电子轨迹都是平行的. 聚焦型又分为直瓦片式和圆瓦片式两种，非聚焦型分为百叶窗式和盒栅式两种. 表 5.1 列出了每一种光电倍增管的结构特点.

表 5.1　光电倍增管结构分类和特点

倍增极结构形式		特　点
聚焦型	直瓦片式	极间电子渡越时间分散小，但绝缘支架可能积累电荷而影响电子光学系统的稳定性
	圆瓦片式	结构紧凑，体积小，但灵敏度、均匀性差些
非聚焦型	百叶窗式	工作面积大，与大面积光电阴极配合可制成探测弱光的倍增管，但极间电压高时，有的电子可能越级穿过，收集率较低，渡越时间分散较大
	盒栅式	收集率较高(可达 95%)，结构紧凑，但极间电子渡越时间分散较大

5. 阳极

阳极的作用是收集最末一级倍增极发射出来的二次电子，通过引线向外电路输出电流. 对于阳极结构，要求具有较高的电子收集率，能承受较大的电流密度，并且在阳极附近的空间不致产生空间电荷效应.

5.1.4　光电倍增管的主要特性参数

1. 灵敏度

灵敏度是衡量光电倍增管探测光信号能力的一个重要参数，一般是指积分灵敏度，即白光灵敏度，其单位为 A/lm. 光电倍增管的灵敏度包括阴极光照灵敏度、阳极光照灵敏度.

(1) 阴极光照灵敏度 S_K

阴极光照灵敏度是指一定光照情况下，每单位通量入射光产生的阴极光电子电流，即

$$S_K = \frac{I_K}{\Phi}(\mu A/lm) \tag{5-4}$$

式中，I_K 为阴极电流，Φ 为入射到阴极上的光通量. 入射到阴极 K 的光照度为 E，光电阴极的面积为 S，则光电倍增管接收到的光通量为 $\Phi = E \cdot S$，由式(5-4)可以计算出阴极灵敏度.

入射到光电阴极的光通量不能太大，否则由于光电阴极层的电阻损耗会引起测量误差；

光通量也不能太小,否则由于欧姆漏电流影响光电流的测量精度.测试阴极光照灵敏度时,以阴极为一极,其他倍增极和阳极都连到一起为另一极,相对于阴极加 $100\sim300\mathrm{V}$ 直流电压.照射到光电阴极上的光通量为 $10^{-5}\sim10^{-2}\mathrm{lm}$.光通量的上限不要使光电阴极的功耗过大,下限不要使光电流过小,以免漏电流影响测量光电流的准确性.

(2) 阳极光照灵敏度 S_A

阳极光照灵敏度是指每单位阴极上的入射光通量(实际为 $10^{-10}\sim10^{-5}\mathrm{lm}$)产生的阳极输出电流,即

$$S_A = \frac{I_A}{\Phi} (\mathrm{A/lm}) \tag{5-5}$$

式中,I_A 为阳极电流,Φ 为入射到阴极上的光通量.S_A 是一个经过倍增后的整管参数,在测量时为保证光电倍增管处于正常的线性工作状态,光通量要取得比测阴极光照灵敏度小,一般在 $10^{-10}\sim10^{-5}\mathrm{lm}$ 的数量级.表 5.2 给出了光电倍增管的灵敏度表达式.

表 5.2 光电倍增管的灵敏度

灵敏度		公 式	说 明
阴极光照灵敏度	阴极光谱灵敏度	$S_K(\lambda) = \dfrac{I_{K\lambda}}{\Phi(\lambda)}$	式中,S 为灵敏度,λ 为波长,I 为电流,Φ 为光通量,$\Phi(\lambda)$ 为光谱光通量,下标 K 表示阴极,下标 A 表示阳极
	阴极积分灵敏度	$S_K = \dfrac{I_K}{\Phi}$	
阳极光照灵敏度	阳极光谱灵敏度	$S_A(\lambda) = \dfrac{I_{A\lambda}}{\Phi(\lambda)}$	
	阳极积分灵敏度	$S_A = \dfrac{I_A}{\Phi}$	

积分灵敏度与测试光源的色温有关,一般多用色温为 2856K 的白炽钨丝灯.色温不同时,即使测试光源的波长范围相同,各单色光在光谱分布中的组成不同,所得的积分灵敏度也不同.

2. 电流增益

阳极电流与阴极电流之比称为电流增益 G,即

$$G = \frac{I_A}{I_K} = \frac{S_A \Phi}{S_K \Phi} = \frac{S_A}{S_K} \tag{5-6}$$

如果光电倍增管有 n 级倍增极,那么光电阴极发射的电流经过各级倍增极倍增后,从阳极输出的电流为

$$I_A = I_K \cdot \varepsilon_0 (\varepsilon_1 \delta_1)(\varepsilon_2 \delta_2) \cdots (\varepsilon_n \delta_n) \tag{5-7}$$

式中,ε_0 为电子光学系统的收集率;$\varepsilon_1, \varepsilon_2, \cdots, \varepsilon_n$ 和 $\delta_1, \delta_2, \cdots, \delta_n$ 分别为第 $1, 2, \cdots, n$ 级倍增管的电子收集率和二次电子发射系数.同时,假定阳极电子收集率为 1,如果各倍增极的 ε 和 δ 均相等,那么光电倍增管的电流增益

$$G = \frac{I_A}{I_K} = \varepsilon_0 (\varepsilon \delta)^n \tag{5-8}$$

若 $\varepsilon_0 = \varepsilon_1 = \varepsilon_2 = \cdots = \varepsilon_n = 1$,得到 $G = \delta^n$.

光电倍增管倍增极的二次电子发射系数 δ 与一次电子能量(一次电子的加速电压 U_d)有关. 当电压在几十到几百伏范围时,可用下式表示：

$$\delta = C \cdot U_d^k \tag{5-9}$$

式中,C 为常数;k 值与倍增极的材料和结构有关,一般为 $0.7 \sim 0.8$.

再假定倍增管均匀分压,级间电压 U_d 相等,那么放大倍数与光电倍增管所加电压 U 的关系为

$$G = \varepsilon_0 \left[\varepsilon \cdot C \cdot \left(\frac{U}{n+1} \right)^k \right]^n = A \cdot U_d^{kn} \tag{5-10}$$

从式(5-10)可知,电流增益 G 和阳极输出电流随所加电压的 kn 次方指数变化. 因此,在使用光电倍增管时,为了使输出电流稳定,级间电压 U_d 应保持稳定. 可做如下计算：

$$\frac{dG}{G} = kn \frac{dU_d}{U_d} \tag{5-11}$$

一般情况下,$n=9 \sim 12$,因此电源电压的稳定度要优于测量精度一个数量级. 例如,测量精度为 1%,所加电源电压的稳定度应为 0.1%.

3. 光电特性

阳极光电流与入射于光电阴极的光通量之间的函数关系,称为倍增管的光电特性. 对于一只比较好的管子,二者可在很宽的光通量范围内保持良好的线性关系. 当光通量很大时,特性曲线开始偏离线性,这是由最后几级倍增极的疲劳使放大系数大大降低,以及阳极和最后几级倍增极的空间电荷影响所致. 如果取特性偏离于直线 3% 作为先行区的界限,则满足线性关系的光通量范围可达 $10^{-10} \sim 10^{-4}$ lm. 光电特性的线性范围对于模拟量测量很重要,线性范围越宽,越能保证光电流与光照在大范围内保持线性关系.

4. 光谱特性

光电倍增管的阴极将入射光的能量转换为光电子. 其转换效率(阴极灵敏度)随入射光的波长而变. 这种光阴极灵敏度与入射光波长之间的关系叫作光谱响应特性. 光谱响应特性的长波端取决于光阴极材料,短波端则取决于入射窗材料.

5. 伏安特性

光电倍增管的伏安特性也有阴极和阳极之分,一般都用曲线表示. 阴极伏安特性是指阴极电流与阴极电压(见测试阴极灵敏度时对阴极电压的说明)之间的关系;阳极伏安特性是指阳极电流与阳极电压(阳极和最末一级倍增极之间的电压)之间的关系. 因此,通常把光电倍增管的输出特性等效为恒流源,并考虑到阳极电路的电容效应,得到它的电流微变等效电路,如图 5.5 所示. 在设计电路时,用得比较多的是阳极伏安特性曲线. 运用它可以进行负载电阻设计及输出电流和输出电压的计算等.

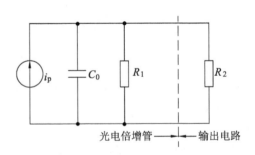

i_p—阳极电流；C_0—等效电容；R_1—直流负载；R_2—下一级放大器的输入电阻

图 5.5 光电倍增管交流微变等效电路

(1) 阴极伏安特性

当入射光照度 E 一定时,阴极发射电流 I_K 与阴极和第一倍增极之间的电压(简称阴极

电压)U_K的关系称为阴极伏安特性.图 5.6 为不同照度下测得的伏安特性曲线.从图中可见,当阴极电压大于一定值后,阴极电流开始趋向饱和,与入射光照度 E 呈线性变化.

(2) 阳极伏安特性

当光通量 Φ 一定时,光电倍增管阳极电流 I_A 和阳极电压 U_A 之间的关系称为阳极伏安特性.图 5.7 为不同照度下测得的伏安特性曲线,大光通量所对应的曲线拐点 M 以右,即当阳极电压大于一定值后(例如,大于 50V),阳极电流趋向饱和,与入射到阴极面上的光通量呈线性变化,而与阳极电压的变化无关.

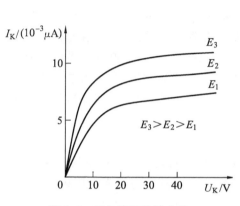

图 5.6 阴极伏安特性曲线

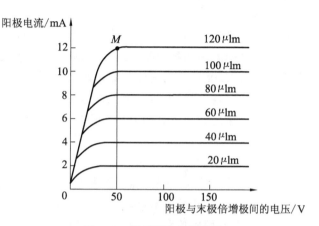

图 5.7 阳极伏安特性曲线

6. 时间特性和频率特性

光电倍增管的渡越时间,定义为光电子从光电阴极发射经过倍增极达到阳极的时间.由于光电子在倍增过程中的统计性质以及电子的初速效应和轨道效应,从阴极同时发出的电子到达阳极的时间是不同的,即存在渡越时间分散.因此,输出信号相对于输入信号会出现展宽和延迟现象,这就是光电倍增管的时间特性.

7. 暗电流

当光电倍增管无光照时,在加上工作电压后在阳极电路里仍然会出现输出电流,我们称之为暗电流.暗电流与阳极电压有关,通常是在与指定阳极光照灵敏度相应的阳极电压下测定的.暗电流限制了可测的直流光通量的最小值,同时它也是产生噪声的重要原因,所以,暗电流是鉴别光电倍增管质量的重要参量之一.一般暗电流为 $10^{-9} \sim 10^{-8}$ A,相当于入射光通量为 $10^{-13} \sim 10^{-10}$ lm.

倍增管中产生暗电流的因素较多.例如,倍增管的阴极和阴极附近的热电子发射;阳极或其他电极的漏电;极间电压过高而引起的场致发射;光反馈;窗口玻璃中可能含有少量的钾、镭、钍等放射性元素蜕变产生的 β 粒子;宇宙射线中的 μ 介子穿过光窗时产生的契伦柯夫光子等都可能引起暗电流.

减少暗电流的方法主要是选好光电倍增管的极间电压.有了合适的极间电压,可避开光反馈、场致发射及宇宙射线等造成的不稳定状态的影响.其余还可按下述方法来减少:

① 在阳极回路中加上与暗电流相反的直流成分来补偿.
② 在倍增输出电路中加上一选频或锁相放大器滤掉暗电流.
③ 利用冷却法减小热电子发射等.

8. 疲劳特性

光电倍增管的灵敏度随工作时间的延长而降低.若在弱光下工作,且阳极电流不超过额定值,工作完后将管子保存在暗室中一段时间,其灵敏度能恢复到初始值.若管子长期连续工作或受强光照射,则灵敏度不可能再恢复,这种现象被称为疲劳.

因此,管子不使用时,应存放在黑暗的环境中.使用时忌强光照射,一般要求阳极电流不超过额定值 $100\mu A$,相当于阴极入射光通量为 10^{-5} lm,如光电阴极面积为 $5cm^2$,相当于照度为 2×10^{-2} lx(相当于上弦月夜空对地面的照度).

9. 噪声

光电倍增管电路输出的噪声包括器件本身的散粒噪声、闪烁噪声以及热噪声等.闪烁噪声可用提高辐射的调制频率和减小通频带的方法来降低或消除;热噪声来自倍增管输出的负载电阻,可以通过适当设计负载电阻大小,使之小到忽略不计.因此,倍增管的噪声主要是散粒噪声.它包括阴极电流产生的散粒噪声和各级倍增极产生的散粒噪声.在倍增管的阴极与第一倍增极之间加较高的电压,可以减小各级倍增极散粒噪声的影响,提高倍增管的输出信噪比.

10. 实际使用中的注意点

① 光电倍增管供电电压高、采用玻璃外壳、抗震性差,应注意防振和高压下的安全.

② 使用时不可用强光照射,否则光电特性的线性会变差,而且容易使光电阴极疲劳,缩短寿命.一般光照应控制在 2×10^{-2} lx 以内.

③ 工作电流不宜过大,否则会使倍增极二次电子发射系数下降,增益降低,光电线性变差,寿命缩短,严重时会烧毁阴极面.一般阳极电流要小于 $100\mu A$.

④ 高压电源的稳定性必须达到测量精度的 10 倍以上.电压的纹波系数一般应小于 0.001%.

⑤ 流过电阻链分压器的电流,一般应为阳极最大电流的 20 倍以上;精密线性(非线性小于 1%)测量中,电流应为阳极最大电流的 100 倍以上.但不应过分加大电流,以免发热.

⑥ 用运算放大器作光电倍增管输出信号的电流-电压变换,可获得良好的线性和频率响应特性.

5.2 光电导探测器

利用光电导效应制作的光探测器称为光电导探测器,简称 PC(photoconductive detector),通常又称光敏电阻.其实物如图 5.8 所示.与一般的电阻器不同,它是有源器件,工作时要加适当的偏流或偏压.常使用的材料有硫化镉(CdS)、硫化铅(PbS)、锑化铟(InSb)、碲镉汞(HgCdTe)、碲锡铅(PbSnTe).光敏电阻没有极性,是一个纯电阻器件,使用时既可加直流电压,也可加交流电压.无光照时,光敏电阻值(暗电阻)很大,电路中电流(暗电流)很小.当光敏电阻受到一定波长范围的光照时,它的阻值(亮电阻)急剧减

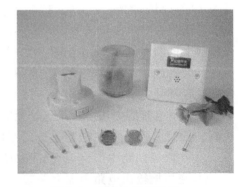

图 5.8 光敏电阻实物图

小，电路中电流迅速增大．一般暗电阻越大越好，亮电阻越小越好，此时光敏电阻的灵敏度高．实际光敏电阻的暗电阻值一般在兆欧量级，亮电阻值在几千欧以下．

5.2.1 光电导效应

当光照射半导体材料时，由于对光子的吸收，有些电子和空穴从原来不导电的束缚状态转变到能导电的自由态，材料中的载流子浓度增加，从而使材料的电导率增大，这种效应叫作光电导效应．半导体材料有本征型和非本征型，所以光电导效应也有本征型和非本征型两种．当光子能量大于材料禁带宽度时，把价带中的电子激发到导带，在价带中留下自由空穴，从而引起材料电导率的变化，称为本征光电导效应；若光子激发杂质半导体，产生光生自由电子或空穴，从而引起材料电导率的变化，则称为非本征光电导效应．例如，光子激发N型半导体，使电子从施主能级跃迁到导带而参与导电；或激发P型半导体，使价带中的电子很容易从光子吸收能量而跃入受主能带，使价带产生空穴参与导电．

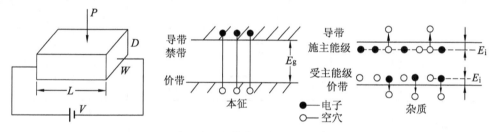

图 5.9 光敏电阻的工作原理

光敏电阻的工作原理如图 5.9 所示．光辐射照射半导体，在长波方向也存在一个截止波长 λ_c．本征吸收的截止波长为

$$\lambda_c = \frac{1.24}{E_g(\text{eV})}(\mu\text{m}) \tag{5-12}$$

杂质半导体的截止波长为

$$\lambda_c' = \frac{hc}{\Delta E_d} = \frac{1.24}{\Delta E_d}(\mu\text{m}) \quad \text{或} \quad \lambda_c' = \frac{hc}{\Delta E_a} = \frac{1.24}{\Delta E_a}(\mu\text{m}) \tag{5-13}$$

式中，E_g 为禁带宽度，$\Delta E_d = E_c - E_d$，而 $\Delta E_a = E_a - E_v$．由于杂质的电离能，ΔE_d、ΔE_a 一般比禁带宽度 E_g 小得多，杂质吸收的光谱在本征吸收的截止波长 λ_c 之外．例如，本征硅(Si)能带间隙为 1.12eV，$\lambda_c = 1.1\mu\text{m}$；锗掺锂(Ge:Li)，$\Delta E_d = 0.0095\text{eV}$，$\lambda_c' = 133\mu\text{m}$；硅掺砷(Si:As)，$\Delta E_a = 0.0537\text{eV}$，$\lambda_c' = 23\mu\text{m}$．表 5.3 列出了一些硅和锗掺杂非本征半导体材料的电离能及长波限 λ_c'．

表 5.3 常用本征半导体的禁带宽度和长波限

半导体	T/K	E_g/eV	$\lambda_c/\mu\text{m}$	半导体	T/K	E_g/eV	$\lambda_c/\mu\text{m}$
CdS	295	2.4	0.52	Ge	295	0.67	1.8
CdSe	295	1.74	0.68	PbS	295	0.37	2.9
CdTe	295	1.5	0.83	InAs	295	0.35	3.2
GaP	295	2.24	0.56	InSb	77	0.23	5.4
GaAs	295	1.35	0.92	$Pb_{0.2}Sn_{0.3}Te$	77	0.1	12
Si	295	1.12	1.1	$Hg_{0.8}Cd_{0.2}Te$	77	0.1	12

表 5.4 介绍了几种常用的本征型光敏电阻特性.

表 5.4 几种常用的本征型光敏电阻特性

特性材料		典型工作温度/K	光谱响应范围/μm	峰值波长/μm	峰值比探测率 D^*/ $(cm \cdot Hz^{1/2} \cdot W^{-1})$	响应时间/μs	应用范围
硫化镉 (CdS)		295	0.4~0.7	0.52			自动控制灯光、自动调光调焦和自动照相机
硫化铅 (PbS)		295 195	0.5~3 0.5~4	2	1.5×10^{11}~10^{12}	100	红外测温、红外跟踪、红外制导、红外预警、红外天文观察
锑化铟 (InSb)		295 77	1~7.5 1~5.5	6 5	$(1$~$8.5)\times10^8$ 3.5×10^{10}	<1 10	对应 3~5μm 大气窗口
碲镉汞 ($Hg_{1-x}Cd_xTe$)	$x=0.2$	77	8~14	10.6	~10^{10}		激光雷达、激光测距、光电制导和光通信
	$x=0.28$	295	3~5		~10^{10}	0.4	
	$x=0.39$	295	1~3		3×10^{11}		

(1) 硫化镉(CdS)

CdS 光敏电阻是最常见的光敏电阻,其光谱响应特性最接近人眼的光谱视见函数,它在可见光波段范围内的灵敏度最高,因此被广泛用于灯光控制、照相机测光等.CdS 光敏电阻常采用蒸发、烧结或黏结的方法制备,在制备过程中把 CdS 和 CdSe 按一定的比例制配成 Cd(S,Se)光敏电阻材料;或者在 CdS 中掺入微量杂质铜(Cu)和氯(Cl),使它既具有本征光电导器件的响应,又具有杂质光电导器件的响应特性,可使 CdS 光敏电阻的光谱响应向红外谱区延长,峰值响应波长也变长.

CdS 光敏电阻峰值波长约为 0.52μm,CdSe 光敏电阻为 0.72μm,通过调整 S 和 Se 的比例,可使 Cd(S,Se)光敏电阻在 0.52~0.72μm 范围内调节峰值波长.CdS 和 CdSe 光敏电阻造价低,是可见光辐射探测器,光电导增益比较高(10^3~10^4),响应时间比较长(大约 50ms).

(2) 硫化铅(PbS)

PbS 光敏电阻是近红外波段最灵敏的光电导器件.波长响应范围为 1~3.4μm,由于 PbS 的峰值波长为 2μm 左右,对于该波长区域附近的红外辐射的探测灵敏度很高,因此常用于火灾预警探测,响应时间约 200μs.PbS 光敏电阻的光谱响应及峰值比探测率等特性与温度有关,随着工作温度的降低其峰值响应波长和长波限将向长波方向延伸,且比探测率增加.例如,室温下 PbS 光敏电阻的光谱响应范围为 1~3μm,峰值波长为 2.4μm,峰值比探测率 D^* 约为 1×10^{11}cm $\cdot$ Hz$^{\frac{1}{2}} \cdot$ W^{-1}.当温度降低到 195K 时,光谱响应范围为 1~4μm,峰值波长移至为 2.8μm,峰值比探测率 D^* 增高到 1×10^{11}cm $\cdot$ Hz$^{\frac{1}{2}} \cdot$ W^{-1}.

(3) 锑化铟(InSb)

InSb 室温下长波限可达 7.5μm,峰值波长在 6μm 附近,比探测率 D^* 约为 1×10^{11}cm $\cdot$ Hz$^{\frac{1}{2}} \cdot$ W^{-1}.在液氮温度下(77K),噪声性能大大改善,响应时间短(大约 50×10^{-9}s),其长波

限由 $7.5\mu m$ 缩短到 $5.5\mu m$,峰值波长也移至 $3\sim 5\mu m$,位于大气传输窗口,比探测率 D^* 升高到 $2\times 10^{11} cm \cdot Hz^{\frac{1}{2}} \cdot W^{-1}$.受工艺限制,锑化铟大光敏面器件不能做得很薄,比探测率较低.

(4) 碲镉汞(HgCdTe)

在所有的红外探测器中,HgCdTe 性能最优,可对应 $1\sim 3$、$3\sim 5$、$8\sim 14\mu m$ 的大气窗口;碲镉汞(HgCdTe)由 CdTe 和 HgTe 两种材料晶体混合制备,其中 x 标明 Cd 元素含量的组分.组分不同,可得到不同的禁带宽度,波长响应也不同,从而制造出不同波长响应范围的 $Hg_{1-x}Cd_xTe$,一般组分 x 的变化范围为 $0.18\sim 0.4$.例如,$Hg_{0.8}Cd_{0.2}Te$ 的峰值波长为 $10.6\mu m$,与 CO_2 激光器对应,波长范围为 $8\sim 14\mu m$;$Hg_{0.72}Cd_{0.28}Te$ 的波长范围为 $3\sim 5\mu m$,但是比探测率比 InSb 高一个数量级.

5.2.2 光电导探测器的弛豫过程

在一定温度下,当没有光照时,一块半导体中电子和空穴浓度分别为 n_0 和 p_0,光照后其浓度分别为 n 和 p.光子将在其中激发出新的载流子(电子和空穴).这就使半导体中的载流子浓度在原来平衡值上增加了一个量 Δn 和 Δp.这个新增加的部分在半导体物理中叫作非平衡载流子,我们称之为光生载流子.开始时,产生的载流子数大于复合的载流子数.但随着载流子浓度的增加,复合机会增多,经过一段时间后,产生和复合达到动态平衡,载流子浓度达到稳定值.这就是所谓弛豫现象:光照射到样品后,光电导逐渐增加,最后达到定态.光照停止,光电导在一段时间内逐渐消失.这种现象表现了光电导对光强变化反应的快慢.光电导上升或下降的时间就是弛豫时间,或称为响应时间(图 5.10).显然,弛豫时间长,表示光电导反应慢,这时称为惯性大;弛豫时间短,即光电导反应快,称为惯性小.从实际应用讲,光电导的弛豫决定了在迅速变化的光强下一个光电器件能否有效工作的问题.例如,对周期变化的光强,光电器件的弛豫时间如果比周期长,那么就不能反映光强的变化.从光电导的机理来看,弛豫现象表现为在光强变化时光生载流子的积累和消失的过程.大多数的光敏电阻时间常数都较大,这是它的缺点之一.不同材料的光敏电阻具有不同的时间常数(毫秒数量级),因而它们的频率特性也就各不相同.

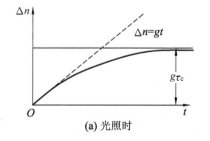
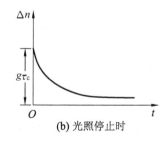

图 5.10 光电导探测器的弛豫过程

弱光照条件下光电导响应有以下两个基本结论:

① 响应时间(上升时间和下降时间)等于载流子寿命且为常数.它反映了光电导材料对脉冲光和正弦光信号的响应特征.

② 稳态光电导与光生载流子的产生率呈线性关系,即与辐射通量 Φ 成正比.因此将弱光照条件下的光电导称为线性光电导.

在强光照射下,光电导的弛豫过程比较复杂,其响应时间不再是常数,而是光照的函数,上升时间和下降时间都不对称.稳态光电导与入射辐射通量也不再呈线性关系,而是与入射辐射通量的平方根成正比.

5.2.3 半导体材料的光电导与载流子浓度的关系以及电流增益

如前所述,无光照时,常温下的半导体样品具有一定的热激发载流子浓度,因而样品具有一定的电导,称为暗电导.样品的暗电导率为

$$\sigma_0 = q(n_0\mu_n + p_0\mu_p) \tag{5-14}$$

式中,μ_n 为电子迁移率,μ_p 为空穴迁移率.当入射光子能量大于材料禁带宽度时,样品中发生本征光电导效应,产生光生电子-空穴对.设光生载流子浓度分别为 Δn 和 Δp,光照稳定情况下的电导率为

$$\sigma = q[(n_0 + \Delta n)\mu_n + (p_0 + \Delta p)\mu_p] \tag{5-15}$$

从而得到光电导率为

$$\Delta\sigma = \sigma - \sigma_0 = q(\Delta n\mu_n + \Delta p\mu_p) = q\mu_p(\Delta nb + \Delta p) \tag{5-16}$$

式中,$b = \dfrac{\mu_n}{\mu_p}$ 为迁移比.可见,本征光电导效应中,导带中的光生电子和价带中的光生空穴对光电导率都有贡献.值得一提的是,对于非本征半导体,只有一种光生载流子对光电导有贡献.例如,N 型半导体中,光生电子对光电导率有贡献,即 $\Delta\sigma = q\Delta n\mu_n$;P 型半导体中,光生空穴对光电导率有贡献,即 $\Delta\sigma = q\Delta p\mu_p$.相应于本征和杂质半导体将光电导分别称为本征和杂质光电导.

无光照时,对于本征半导体的暗电导率 σ_0,光电探测器的暗电流为

$$I_d = \frac{U\sigma_0 A}{L} = \frac{qUA}{L}(n_0\mu_n + p_0\mu_p) \tag{5-17}$$

式中,U 为外加探测器的偏置电压,A 为探测器光敏面面积,L 为光电导探测器加电压方向的长度.对于本征半导体,在光辐射作用下,假定每单位时间产生 N 个电子-空穴对,它们的寿命分别为 τ_n 和 τ_p,光生载流子到达稳态时,由于光辐射激发增加的电子和空穴浓度分别为

$$\Delta n(\infty) = g\tau_n, \quad \Delta p(\infty) = g\tau_p \tag{5-18}$$

当产生率 $g = \dfrac{N}{AL}$,上式可写成

$$\Delta n = \frac{N\tau_n}{AL}, \quad \Delta p = \frac{N\tau_p}{AL} \tag{5-19}$$

于是,材料的电导率增加了 $\Delta\sigma$,由增加的光电导 $\Delta\sigma$ 引起的光电流为

$$\begin{aligned}
I_p &= \frac{U\Delta\sigma A}{L} = \frac{qUA}{L}(\Delta n\mu_n + \Delta p\mu_p) \\
&= \frac{qUA}{L}\left(\frac{N\tau_n}{AL}\mu_n + \frac{N\tau_p}{AL}\mu_p\right) \\
&= \frac{qNU}{L^2}(\tau_n\mu_n + \tau_p\mu_p)
\end{aligned} \tag{5-20}$$

可见,电流增量不等于每秒钟所激发的电荷量 qN,于是定义

$$G = \frac{I_p}{qN} = \frac{U}{L^2}(\tau_n \mu_n + \tau_p \mu_p) \tag{5-21}$$

G 为光电导探测器的内增益.

以 N 型半导体为例,上式可写成

$$G = \frac{I_p}{qN} = \frac{U}{L^2} \tau_n \mu_n \tag{5-22}$$

利用 $E = \frac{U}{L}, \mu_n = \frac{v}{E}$,可得 $U = \frac{v}{\mu_n} L$,v 为电子漂移的平均速度,则上式可写成

$$G = \frac{U}{L^2} \tau_n \mu_n = \frac{v}{L} \tau_n = \frac{\tau_n}{t_n} \tag{5-23}$$

式中,$t_n = \frac{L}{v}$ 为电子在外电场作用下渡越半导体长度 L 所用的时间,称为渡越时间. 如果渡越时间 t_n 小于电子平均寿命 τ_n,则 $G > 1$,就有电流增益的效果.

可见,光电导增益 G 与器件材料的(τ_n、μ_n)、结构尺寸 L 及外加偏压 U 有关,通过适当的设计,一般可使 $G > 1$ 甚至 $G \gg 1$. 例如,光生载流子平均寿命长、迁移率大的光电导材料,极间距离小的光电导探测器,G 值可达到 10^3 数量级. 显然减小电极间的间距 L,适当提高工作电压,对提高电流增益有利. 但是如果 L 减得太小,使受光面变小,也是不利的.

假设入射的单色辐射功率为 Φ,则 $N_0 = \frac{\Phi}{h\nu}$ 表示单位时间入射光子平均数,若能产生 N 个光电子,则定义量子效率

$$\eta = \frac{N}{\frac{\Phi}{h\nu}} = \frac{Nh\nu}{\Phi} \tag{5-24}$$

对于 N 型半导体,有

$$I_p = GqN = G\frac{q\eta}{h\nu}\Phi = \frac{\tau_n}{t_n}\frac{q\eta}{h\nu}\Phi \tag{5-25}$$

可见对于理想的光电导探测器,正如上一章所述,其响应 I_p 与波长成正比.

5.2.4 光电导探测器的结构和特性

在非本征光电导的情况下,由于半导体材料的杂质电离能 ΔE_d、ΔE_a 一般比禁带宽度 E_g 小得多,所以它的长波限比本征型光敏电阻长得多,光子具备的最小能量不必很大,因此可以检测波长很长的辐射. 目前,本征型光敏电阻的长波限可达 $10 \sim 14 \mu m$,而杂质型光敏电阻的长波限可达 $130 \mu m$. 一般地,本征型光敏电阻主要用于可见光和近红外波段,杂质型光敏电阻主要用于中远红外波段.

1. 光敏电阻的基本结构

光敏电阻的结构如图 5.11(a)所示. 在玻璃底板上均匀地涂上一层薄薄的半导体材料,半导体的两端装有金属电极,金属电极与引出线端相连接,光敏电阻就通过引出线端接入电路. 为了提高灵敏度,光敏电阻的电极一般采用梳状图案,如图 5.11(b)所示. 图 5.11(c)为光敏电阻的接线图.

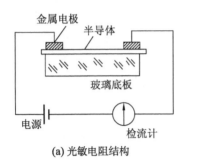 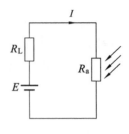

(a) 光敏电阻结构　　　　　(b) 光敏电阻电极　　　　(c) 光敏电阻接线图

图 5.11　光敏电阻的基本结构

光敏电阻工作机理较复杂,但结构十分简单,只需在一块匀质的光电导体两端加上电极即成。由前述可知,光电导探测器的内增益与两电极间距离 L 有关。减小电极间的间距 L,适当提高工作电压,对提高电流增益有利。但是如果 L 减得太小,会使受光面变小,因此将光敏面做成蛇形,电极做成梳状,这样的结构设计既可以保证有较大的受光表面,也可以减小电极之间的距离 L,从而减小极间电子渡越时间,有利于提高灵敏度,这就是光敏电阻结构设计的基本原则。

2. 光敏电阻的工作特性

(1) 光谱响应特性

光敏电阻对各种光响应灵敏度随入射光的波长 λ 变化而变化的特性称为光谱响应特性。光谱响应特性通常用光谱响应曲线、光谱响应范围、峰值响应波长以及长波限来描述。把响应度随波长变化的规律画成曲线称为光谱响应曲线。通常取响应的相对变化值,并把响应的相对最大值作为 1,这种曲线称为"归一化光谱响应曲线"。

响应度最大时所对应的波长称为峰值响应波长,以 λ_m 表示。长波限 λ_c 取决于制造光敏电阻所用半导体材料的禁带宽度,光谱特性与所用的材料有关。图 5.12 的曲线 1、2、3 分别表示硫化镉、硒化镉、硫化铅光敏电阻的光谱特性。从图中可以看出,硫化铅光敏电阻(曲线 3)在较宽的光谱范围内有较高的灵敏度。

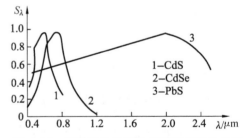

图 5.12　三种光敏电阻的光谱响应特性曲线

光敏电阻的光谱分布,不仅和材料的性质有关,也和工艺过程有关。例如,硫化镉光敏电阻,随着掺铜浓度的增加,光谱峰值将由 $0.5\mu m$ 移至 $0.64\mu m$。不同波长的光,光敏电阻的灵敏度是不同的。在选用光电器件时必须充分考虑到这种特性。

(2) 光敏电阻的光电特性

光敏电阻光电流与入射辐射通量 Φ 或辐射照度 E 之间的关系称为光敏电阻的光电特性。由前面可知,光电流与入射辐射通量之间的关系如式(5-25)所示。

在弱光照下,τ_n 为常数,此时,光电流与入射辐射通量呈线性关系。当光强增加后,载流子浓度不断增加,同时光敏电阻的温度也在升高,从而导致载流子运动加剧,因此复合概率也增大,光电流呈饱和趋势,此时强光照与光电流成非线性关系。通常,所有光子探测器件都具有类似的光电特性。

(3) 光敏电阻的伏安特性

光敏电阻的本质是电阻,符合欧姆定律,因此它具有与普通电阻相似的伏安特性,但是它的电阻值是随入射光功率的变化而变化的.

暗电阻:光敏电阻在室温条件下,全暗(无光照射)后经过一定时间测量的电阻值,称为暗电阻.此时在给定电压下流过的电流为暗电流.光敏电阻暗电流测试电路如图 5.13 所示.

亮电阻:光敏电阻在某一光照下的阻值,称为该光照下的亮电阻.此时流过的电流称为亮电流.

实用的光敏电阻的暗电阻往往超过 10MΩ,甚至高达 100MΩ,而亮电阻则在几千欧以下,暗电阻与亮电阻之比在 $10^2 \sim 10^6$ 之间,这一比值越大,光敏电阻的灵敏度越高.

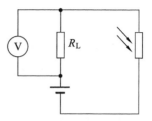

图 5.13 光敏电阻暗电流测试电路

在一定的光照下,光敏电阻的光电流与所加电压的关系称为光敏电阻的伏安特性.它是一组以输入辐射通量为参量的通过原点的直线组,使用光敏电阻时,应不使电阻的实际功耗超过额定值.

(4) 时间特性

实验证明,光敏电阻的光电流不能随着光强改变而立刻变化,即光敏电阻产生的光电流有一定的惰性,这种惰性通常用时间常数表示. 大多数的光敏电阻时间常数都较大,这是它的缺点之一. 不同材料的光敏电阻具有不同的时间常数(毫秒数量级),因而它们的频率特性也就各不相同. 光电导弛豫决定了其频率特性.例如,CdS 光敏电阻的响应时间约为几十毫秒到几秒,CdSe 的响应时间约为几毫秒到几十毫秒;PbS 的响应时间约为几百微秒. 因此它们基本不适用于窄脉冲光信号的检测.照度愈强,响应时间愈短;暗处放置的时间愈长,响应时间也相应延长.实际应用中,尽量提高使用照明度,降低所加电压,施加适当偏置光照,使光敏电阻不是从完全暗状态开始受光照,都可以使光敏电阻的频率特性得到一定的改善. 光电导探测器的频率特性相对较差,不适于接收高频光信号.

(5) 温度特性

光敏电阻是多数载流子导电,受温度影响明显.随着温度的升高,光敏电阻的暗电阻和灵敏度都要下降,温度的变化也会影响光谱特性曲线.例如,硫化铅光敏电阻,随着温度的升高光谱响应的峰值将向短波方向移动.观测光敏电阻的相对光电导率随温度的变化关系,可以看出光敏电阻的相对光电导率随温度的升高而下降,光电响应特性随着温度的变化较大.因此,在温度变化大的情况下,应采取制冷措施,尤其对长波长红外辐射的探测领域更为重要.

(6) 噪声特性

光电导探测器的噪声主要有三种:热噪声、产生-复合噪声及 $\frac{1}{f}$ 噪声.总的均方噪声电流或均方噪声功率可写成

$$\bar{i}_n^2 = \bar{i}_{nr}^2 + \bar{i}_{ngr}^2 + \bar{i}_{nf}^2 = \frac{4kT\Delta f}{R} + 4eMI\Delta f + K\frac{I^\alpha \Delta f}{f^\beta} \tag{5-26}$$

光电导探测器在频率低于 100Hz 时以 $\frac{1}{f}$ 噪声为主;频率在 100~1000Hz 之间以产生-复合噪声为主;频率在 1000Hz 以上时以热噪声为主.在红外探测中,为了减小噪声,一般采

用光调制技术且将调制频率取得高一些,一般在 800~1000 Hz 时刻消除 $\frac{1}{f}$ 噪声和产生-复合噪声的影响. 此外,还可采用制冷装置降低器件的温度,不仅可以减小热噪声、产生-复合噪声,还可提高 D^*.

5.2.5 光敏电阻的偏置

1. 负载电阻和工作电路

为使器件正常工作,必须提供合适的电流或者电压. 图 5.14 为光敏电阻的基本偏置电路. 图中,R_p 为光敏电阻,R_L 为负载电阻,U_b 为偏置电压. 若流过光敏电阻的电流为 I,其两端的电压降为 U,则光敏电阻的耗散功率为 $P=IU$. 为了不使光敏电阻在任何光照下因过热而烧坏,要求光敏电阻的实际功率满足

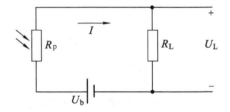

图 5.14 光敏电阻的基本偏置电路

$$P = IU \leqslant P_{\max}$$

式中,$P_{\max}$ 为最大允许耗散功率. 由偏置电路可知

$$U = U_b - IR_L$$

这是负载线方程,当 R_L 不同时,在伏安特性图中有不同的负载线. 由此可得

$$I = \frac{U_b \pm \sqrt{U_b^2 - 4P_{\max}R_L}}{2R_L}$$

即负载线与 $P_{\max}$ 曲线的交点对应的 I 值. 要使负载线与 $P_{\max}$ 曲线不相交,光敏电阻工作在 $P_{\max}$ 曲线的左下部分,则有

$$U_b^2 - 4P_{\max}R_L \leqslant 0$$

即

$$R_L \geqslant \frac{U_b^2}{4P_{\max}}$$

$P_{\max}$ 为光敏电阻的极限功率,可由产品手册查出. 例如,照相机用的硫化镉光敏电阻 $P_{\max}=30\text{mW}$. 因此,当 R_L 确定后,可按照上式选择较大的 U_b 值,以增加光敏电阻的输出信号电压;或者,当光敏电阻与检测电路共用一个电源 U_b,即当 U_b 确定后,也可按照上式选择适当的 R_L 值,以免光敏电阻的实际功耗超过 $P_{\max}$.

此外,有时为了得到光敏电阻较大的输出电流,R_L 取得很小,即 $R_L \approx 0$,此时应按照下式来确定电源电压:

$$U_b \leqslant \sqrt{P_{\max}R_{p\min}}$$

式中,$R_{p\min}$ 为辐射通量(辐射照度)最大时的光敏电阻值.

2. 输出信号电流和电压

根据基本偏置电路,可得到回路电流 I 及负载上电压 U_L,即

$$I = \frac{U_b}{R_L + R_p}$$

$$U_L = \frac{R_L}{R_L + R_p} U_b$$

设辐射通量变化 $\Delta\Phi$ 时,光敏电阻变化 ΔR_p,引起电流变化 ΔI,则由上式可得

$$\Delta I = -\frac{U_b}{(R_L+R_p)^2}\Delta R_p$$

式中,负号的物理意义是:当光敏电阻上的照度增加,阻值减小($\Delta R_p<0$)时,电流变化 $\Delta I>0$,即电流增加.又由

$$S_g = \frac{\Delta G_p}{\Delta \Phi}, \quad \Delta G_p = \Delta\left(\frac{1}{R_p}\right) = S_g\Delta\Phi$$

可得

$$\Delta R_p = -S_g R_p^2 \Delta\Phi$$

当辐射通量变化时,输出信号电流和电压的变化可表示为

$$\Delta I = \frac{R_p^2}{(R_L+R_p)^2} S_g U_b \Delta\Phi$$

$$\Delta U_L = \Delta I \cdot R_L = \frac{R_p^2}{(R_L+R_p)^2} R_L S_g U_b \Delta\Phi$$

以上计算式是在 ΔR_p 变化不是很大的情况下得到的近似式.

3. 恒流偏置和恒压偏置

(1) 恒流偏置电路

在基本偏置电路中,若负载电阻 R_L 比光敏电阻大得多,即 $R_L \gg R_p$,则回路中的电流公式由 $I = \frac{U_b}{R_L+R_p}$ 变成 $I = \frac{U_b}{R_L}$,这表明负载电流与光敏电阻无关,近似保持常数,这种电路称为恒流偏置电路.随输入光通量变化 $\Delta\Phi$ 时,负载电流的变化则变为

$$\Delta I = S_g U_b \left(\frac{R_p}{R_L}\right)^2 \Delta\Phi$$

上式表明,输出信号电流取决于光敏电阻和负载电阻的比值,与偏置电压成正比;但由于负载电阻 R_L 很大,使光敏电阻正常工作需要很高的偏置电压(达 100V 以上),这给使用带来不便.为了降低电源电压,通常采用晶体管作为恒流器件.如图 5.15 所示为实用中常采用的晶体管恒流偏置电路.由于滤波电容 C 和稳压管 D_z 的作用,晶体管基极被稳压,基极电流 I_b 和集电极电流 I_c 被恒定,光敏电阻实现了恒流偏置.

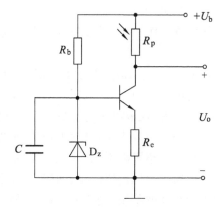

图 5.15 **晶体管偏置电路**

例 6.1 在如图 5.15 所示的恒流偏置电路中,已知电源电压为 12V, $R_b=820\Omega$, $R_e=3.3\text{k}\Omega$,三极管的放大倍率不小于 80,稳压二极管的输出电压为 4V,光照度为 40 lx 时输出电压为 6V,光照度为 80 lx 时输出电压为 8V.设光敏电阻在 30~100 lx 之间的 γ 值不变.试求:① 输出电压为 7V 时的照度;② 该电路的电压灵敏度(V/lx).

解 根据恒流偏置电路中所给的已知条件,通过稳压管 D_z 的电流为

$$I_z = \frac{U_b - U_z}{R_b} = \frac{12-4}{820}\text{mA} \approx 9.8\text{mA}$$

当 $U_z=4\text{V}$ 时,通过三极管发射极(e)电阻 R_e 的电流为

$$I_e = \frac{U_z - U_{be}}{R_e} = \frac{4-0.7}{3300}\text{mA} = 1\text{mA}$$

以上为恒流偏置电路的基本工作状况.

① 根据题目给定的在不同光照下输出电压的条件,可以得到不同光照下光敏电阻的阻值为

$$R_{e1} = \frac{U_b - 6}{I_e} \text{k}\Omega = 6\text{k}\Omega, \quad R_{e2} = \frac{U_b - 8}{I_e} \text{k}\Omega = 4\text{k}\Omega$$

将 R_{e1} 和 R_{e2} 的值代入式 $\gamma = \frac{\lg R_{e1} - \lg R_{e2}}{\lg E_2 - \lg E_1}$,得到在光照度为 40~80 lx 时

$$\gamma = \frac{\lg 6 - \lg 4}{\lg 80 - \lg 40} = 0.59$$

输出电压为 7V 时光敏电阻的阻值为

$$R_{e3} = \frac{U_b - 7}{I_e} \text{k}\Omega = 5\text{k}\Omega$$

由 $\gamma = \frac{\lg 6 - \lg 5}{\lg E_3 - \lg 40} = 0.59$,可得

$$\lg E_3 = \frac{\lg 6 - \lg 5}{0.59} + \lg 40 = 1.736$$

解得 $E_3 = 54.45$ lx.

② 电路的电压灵敏度为

$$S_U = \frac{\Delta U}{\Delta E} = \frac{7 - 6}{54.45 - 40} \text{V/lx} = 0.069 \text{V/lx}$$

(2) 恒压偏置电路

在基本偏置电路中,若负载电阻 R_L 比光敏电阻 R_p 小得多,即 $R_L \ll R_p$,负载两端电压 $U_L \approx 0$,此时光敏电阻上的电压 U 近似等于 U_b,即 $U \approx U_b$,这种光敏电阻上的电压保持不变的偏置称作恒压偏置.当辐射通量变化时,输出信号电压的变化可表示为

$$\Delta U_L = R_L S_g U_b \Delta \Phi$$

式中,$S_g \Delta \Phi = \Delta G_p$ 是光敏电阻的电导变化量,是引起信号输出的原因. 上式表明,恒压偏置的输出信号与光敏电阻无关,仅取决于电导的相对变化. 在大多数实际应用中,$R_L \ll R_p$ 成立,故检测电路在更换光敏电阻时,对电路初始态影响不大,这是该电路的优点. 可以用晶体管来构成恒压偏置电路,如图 5.16 所示. 图 5.16 中,晶体管基极被稳压,光敏电阻近似被恒压偏置.

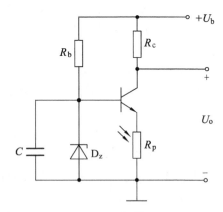

图 5.16 恒压偏置电路

例 6.2 如图 5.16 所示的恒压偏置电路中,已知 D_z 为 2CW12 型稳压二极管,其稳定电压值为 6V. 电源电压 $U_b = 12$V,$R_b = 1$kΩ,$R_c = 510$Ω,三极管的放大倍率不小于 80. 当 CdS 光敏电阻光敏面上的照度为 150 lx 时,恒压偏置电路的输出电压为 10V;照度为 300 lx 时,输出电压为 8V. 试计算输出电压为 9V 时的照度(设光敏电阻在 500~100 lx 的 γ 值不变). 照度为 500 lx 时的输出电压为多少?

解 分析电路可知,流过稳压二极管的电流满足 2CW12 的稳定工作条件,三极管的基

极被稳定在 6V.

光照度为 150 lx 时,流过光敏电阻的电流及光敏电阻的阻值分别为

$$I_1 = \frac{U_b - 10}{R_c} \text{mA} = \frac{12-10}{510} \text{mA} = 3.92 \text{mA}$$

$$R_1 = \frac{U_z - 0.7}{I_1} \text{k}\Omega = \frac{6-0.7}{3.92} \text{k}\Omega = 1.4 \text{k}\Omega$$

同样,光照度为 300 lx 时,流过光敏电阻的电流及光敏电阻的阻值分别为

$$I_2 = \frac{U_b - 8}{R_c} \text{mA} = \frac{12-8}{510} \text{mA} = 7.8 \text{mA}$$

$$R_2 = \frac{U_z - 0.7}{I_1} \text{k}\Omega = \frac{6-0.7}{7.8} \text{k}\Omega = 680 \Omega$$

由于光敏电阻在 500~100 lx 的 γ 值不变,

$$\gamma = \frac{\lg R_1 - \lg R_2}{\lg E_2 - \lg E_1} = 0.66$$

输出电压为 9V 时,流过光敏电阻的电流及光敏电阻的阻值分别为

$$I_3 = \frac{U_b - 9}{R_c} \text{mA} = 5.88 \text{mA}$$

$$R_3 = \frac{U_z - 0.7}{I_1} = \frac{6-0.7}{5.88} \Omega = 900 \Omega$$

设输出电压为 9V 时的照度为 E_3,则有

$$\gamma = \frac{\lg R_2 - \lg R_3}{\lg E_3 - \lg E_2} = 0.66$$

$$\lg E_3 = \frac{\lg R_2 - \lg R_3}{0.66} + \lg E_2 = 2.292$$

$$E_3 = 196 \text{ lx}$$

由 γ 值的计算公式可以得到照度为 500 lx 时 $R_4 = 214 \Omega$,$I_4 = 24.7 \text{mA}$,此时的输出电压为

$$U_o = U_b - I_4 R_4 = 6.7 \text{V}$$

5.2.6 光敏电阻的应用实例

光敏电阻没有极性,是一个纯粹电阻器件,使用时既可加直流电压,也可以加交流电压. 无光照时,光敏电阻值(暗电阻)很大,电路中电流(暗电流)很小. 当光敏电阻受到一定波长范围的光照时,它的阻值(亮电阻)急剧减小,电路中电流迅速增大. 一般暗电阻越大越好,亮电阻越小越好,此时光敏电阻的灵敏度高. 实际光敏电阻的暗电阻值一般在兆欧量级,亮电阻值在几千欧以下.

因此,光敏电阻在实际使用中须注意以下几点:

① 用于测光的光源光谱特性必须与光电导探测器的光敏特性匹配. 光敏电阻的光谱特性主要决定于材料,但同时也与温度有关. 温度低时,灵敏范围和峰值波长都有向长波方向移动的特性. 为了提高光敏电阻在长波区的灵敏度,采取冷却的办法是有效的.

② 光敏电阻在弱光照下,光电流与照度具有良好的线性关系;强光照下则为非线性. 所以,用光敏电阻进行测量时,不宜采用强光照射.

③ 设计负载时,应考虑光敏电阻的额定功耗,负载电阻不能太小,要防止使光敏电阻的电参数(电压、功耗)超过允许值.

光敏电阻与其他探测器相比有以下优点:

① 光谱响应范围宽.不同材料光谱响应不同,它们组合起来后可覆盖从紫外、可见光、近红外乃至远红外波段的光谱响应范围,尤其对红光和红外辐射有较高的响应度.

② 工作电流大,可达到数毫安.

③ 偏置电压低,无极性之分,使用方便.

④ 灵敏度高,光电导增益大于1.

光敏电阻的不足之处是:光电弛豫时间长,频率响应低,当光敏电阻受到脉冲光照时,光电流要经过一段时间才能达到稳态值,光照突然消失时,光电流也不立刻为零.因此不能用在要求快速响应的场合,这是光敏电阻的一个缺陷.强光照射下光电转换线性差.因此,它的使用受到一定的限制.

1. 照相机电子快门

图 5.17 为照相机自动曝光控制电路,可用于电子程序快门的照相机中.其中测光器件常采用与人眼光谱响应接近的硫化镉(CdS)光敏电阻.曝光电路由 RC 充电电路、时间检出电路(电压比较器)及驱动电路组成.图 5.17 中,S 为快门按钮,M 为快门电磁吸铁,R_{W1} 为调节快门速度的可调电位器,R_{W2} 为高照度时调节快门速度的可调电位器.电子快门工作时,在 R_{W1} 和 R_{W2} 确定的情况下,其曝光时间由 RC 充电电路的时间常量决定,且只与光敏电阻 CdS 的阻值 R 有关,而 R 又与景物光强有关,从而可实现在不同亮度下的自动曝光.

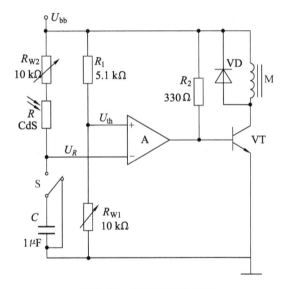

图 5.17 照相机电子快门

在初始状态,开关 S 处于图中所示的位置,电压比较器的正输入端的电位为 R_1 与 R_{W1} 对电源电压 U_{bb} 分压所得的阈值电压 U_{th}(一般为 1~5V),而电压比较器的负输入端的电位 U_R 近似为电源电位 U_{bb},显然电压比较器负输入端的电位高于正输入端的电位,比较器输出为低电平,三极管截止,电磁铁不吸合,快门叶片闭合.

当按动快门按钮时,开关 S 与由光敏电阻 R 及 R_{W2} 构成的测光与充电电路接通,这时,电容 C 两端的电压 u_C 为零.由于电压比较器的负输入端的电位低于正输入端而使其输出为高电平,使三极管 VT 导通,电磁铁将带动快门的叶片打开快门,照相机开始曝光.快门打开的同时,电源 U_{bb} 通过电位器 R_{W2} 与光敏电阻 R 向电容 C 充电,而且充电的速度取决于景物的照度,景物照度越高,光敏电阻 R 的阻值越低,充电速度越快.U_R 的变化规律可由电容 C 的充电规律得到:

$$U_R = U_{bb}(1 - e^{-\frac{t}{\tau}})$$

式中，$\tau = (R_{W2} + R)C$，为电路的时间常数；而光敏电阻的阻值 R 与入射的光照度 E 有关.

$$R = E^{-\gamma}/S_g$$

当电容 C 两端的电压 U_C 充到一定的电位（$U_R \gg U_{th}$）时，电压比较器的输出电压将由高变低，三极管 VT 截止而使电磁铁断电，快门叶片又重新关闭. 快门的开启时间 t 可由下式获得：

$$t = (R_{W2} + R)C \cdot \ln\frac{U_{bb}}{U_{th}}$$

显然，快门的开启时间 t 取决于景物的照度，景物照度越低，开启时间越长，从而实现照相机曝光时间的自动控制.

2. 照明灯的光电控制

照明灯如公共场所的路灯、廊灯与院灯，它的开关常采用自动控制. 照明灯实现光电自动控制后，根据自然光的情况决定是否开灯，以便节约用电. 图 5.18 所示为一种最简单的用光敏电阻作为光敏器件的照明灯自动控制电路. 该电路由 3 部分组成：第 1 部分为由整流二极管 VD 和滤波电容 C 构成的半波整流滤波电路，它为光电控制电路提供直流电源；第 2 部分为由限流电阻 R、CdS 光敏电阻及继电器绕组构成的测光与控制电路；

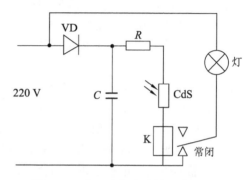

图 5.18 小区路灯自动控制电路

第 3 部分为由继电器的常闭触头构成的执行电路，它控制照明灯的开关.

当自然光较暗需要点灯时，CdS 光敏电阻的阻值很高，继电器 K 的绕组电流变得很小，不能维持工作而关闭，常闭触头使照明灯点亮；当自然光增强到一定照度 E_v 时，光敏电阻的阻值减小到一定的值，流过继电器的电流使继电器 K 动作，常闭触头断开，照明灯熄灭. 设使照明灯点亮的光照度为 E_v，继电器绕组的直流电阻为 R_K，使继电器吸合的最小电流为 I_{min}，光敏电阻的灵敏度为 S_R，暗电阻 R_D 很大，则

$$E_v = \frac{\dfrac{U}{I_{min}} - (R + R_K)}{S_R}$$

显然，这种最简单的光电控制电路有许多缺点，需要改进. 在实际应用中常常要附加其他电路，如楼道照明灯常配加声控开关，或者微波灯接近开关，使照明灯在有人活动时才被点亮；而路灯光电控制器则要防止闪电光辐射或人为的光源（如手电、灯光等）对控制电路的干扰.

5.3 光伏探测器

利用半导体光伏效应制作的器件称为光伏探测器，简称 PV(photovoltaic) 探测器. 这类器件品种很多，但它们的原理基本相同，在性质上也有许多相近的地方. 本章着重分析和讨论光电池、光电二极管和光电三极管等几个典型器件的结构原理和性能特点，并简要介绍 PIN 光电二极管、雪崩光电二极管(ADP)、光电耦合器等一些特殊结构的光伏探测器.

5.3.1 光伏效应

假设光照在 PN 结的光敏面 P 区,只要光子能量大于材料的能带间隙 E_g,P 区表面将吸收光子而产生光电子和空穴。光生空穴对 P 区空穴浓度影响很小;而光生电子对 P 区的电子浓度影响很大,从 P 区表面向区内自然形成电子扩散趋势。如果 P 区的厚度小于电子扩散长度,那么大部分光生电子都能扩散进 PN 结,一进入 PN 结就被内电场扫向 N 区。这样,光生电子-空穴对就被内电场分离开来,空穴留在 P 区,电子通过扩散流向 N 区。在 N 区和 P 区两端产生光生电动势,这种现象称为光伏效应(图 5.19)。当外电路短路时,就有电流流过 PN 结。这个电流称为光电流 I,方向从 N 端经过 PN 结指向 P 端。参考第 2 章可知,光电流的方向与 PN 结的正向电流方向相反。

由此可见,光伏效应是基于两种材料相接触形成内建势垒,光子激发的光生载流子(电子、空穴)被内建电场拉向势垒两边,从而形成了光生电动势。这时的电势差称为开路电压。如果 PN 结两端用外电路连接起来,则有一股电流通过,在外电路负载电阻很低的情况,这股电流就等于光致电流,称为短路电流。

光生伏特效应的应用之一是把太阳能直接转换成电能,称为太阳电池。目前,用硅单晶材料制造的太阳电池已经广泛地应用于很多技术部门,特别是航天技术。但是单晶硅体太阳电池造价比较高。1975 年实现了非晶硅的掺杂效应以后,很多人认为利用大面积非晶硅薄膜制备太阳电池是很有希望的,此外,利用光生伏特效应制成的光电探测器件也得到广泛的应用。

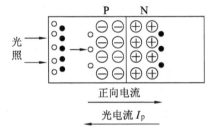

图 5.19 PN 结光伏效应

在稳定条件下,PN 结上的光电压与流经负载的光电流 I 的关系为

$$I = I_0(e^{\frac{qU}{kT}} - 1) - I_p = I_d - I_p \tag{5-27}$$

式中,$I_d = I_0(e^{\frac{qU}{kT}} - 1)$ 是无光照时流过 PN 结的电流,称为暗电流。常温条件下,硅光电二极管的暗电流约为 100nA,硅 PIN 光电二极管的暗电流可小到 1nA。

由于光生电流 I_p 与光照有关,并随着光照的增大而增大,在反向电压足够大时,光生电流可表示为 $I_p = SE$,其中 S 为光电灵敏度,E 为辐射照度(图 5.20)。

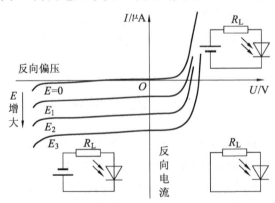

图 5.20 光伏探测器伏安特性曲线与光照度的关系

5.3.2 光伏探测器的工作模式以及开路电压和短路电流

1. 光伏探测器的工作模式

在零偏压时称为光伏工作模式,在反偏电压时称为光导模式.

第一象限:PN 结外加正向偏压.暗电流 I_d 随着外加电压增大而呈指数急剧增大,且远大于光生电流 I_p.在此区域工作的光电探测器与普通二极管一样呈现单向导电性,而不表现出它的光电效应.因此,光电探测器工作在这个区域是没有意义的.

第三象限:光电导模式.PN 结外加反向偏压.暗电流 I_d 随反向偏压的增加而增加,最后等于反向饱和电流 I_0,其值远小于光生电流 I_p;而光生电流 $I_p = SE$ 与光照的变化成正比,几乎与反向电压的高低无关.所以总电流 $I = I_d - I_p \approx -SE$ 是光照的函数.从现象来看,在这一象限工作时,无光照时光伏探测器电阻很大,电流很小;而有光照时,电阻变小,电流变大,而且随着照度增加电流增加.这一特性与光电导探测器的工作现象类似,因此将这种工作模式称为光电导模式.光电二极管在这个区域具有重要意义.反向偏压可以减小载流子的渡越时间和二极管的极间电容,有利于提高器件的响应灵敏度和响应频率.

第四象限:光伏模式.PN 结无外加偏压,此时流过光伏探测器的电流仍为反向电流,但随着光照的变化,电流与电压出现明显的非线性关系.光伏探测器的输出电流流过外电路负载电阻产生的压降就是它自身的正向偏压,称为自偏压.光电池工作模式属于这种类型.

图 5.21 为光伏探测器的等效电路.光伏探测器等效于一个电流源(光电流)I_p 和一个普通的二极管并联.普通二极管包括暗电流 I_d、结电阻 R_{sh}、结电容 C_j 和串联电阻 R_s.R_{sh} 为 PN 结的漏电阻,又称动态电阻或结电阻,它比 R_L 和 PN 结的正向电阻大得多.例如,硅光电二极管的 R_{sh} 可达 $10^6 \Omega$,故流过电流很小,往往可以略去.R_s 为引线电阻、接触电阻等之和,其值一般为零点几欧到几欧姆,相对 R_L 通常较小,可忽略.如果忽略 R_{sh} 和 R_s 的影响,可以简化光伏探测器的等效电路,如图 5.21(b)所示.

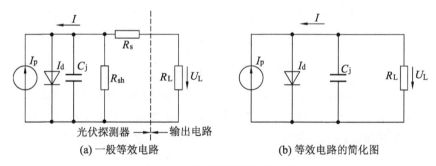

(a) 一般等效电路 (b) 等效电路的简化图

图 5.21 光伏探测器等效电路

2. 开路电压和短路电流

由式(5-27)可知,当电路开路(负载无穷大)$I = 0$ 时,可以确定开路光电压为 U_{oc},即

$$U_{oc} = \frac{kT}{q} \ln\left(\frac{I_p}{I_0} + 1\right) \tag{5-28}$$

一般情况下,$I_p \gg I_0$,所以

$$U_{oc} \approx \frac{kT}{q} \ln\left(\frac{I_p}{I_0}\right) = \frac{kT}{q} \ln\left(\frac{SE}{I_0}\right) \tag{5-29}$$

上式表明，在一定温度下，开路电压与辐射照度的对数成正比，但不会随光照的增大而无限地增大，当其增大到 PN 结势垒消失时，得到最大光生电压 U_{ocmax}. 因此，U_{ocmax} 应等于 PN 结热平衡时的接触电位差 U_D，它与材料特性和掺杂浓度密切相关.

在短路（负载为零）情况下，$U=0$，可得短路电流为

$$I_{\text{sc}} = -I_p = -SE \tag{5-30}$$

即短路电流与光电流值相等，与入射辐射照度成正比，从而得到良好的光电线性关系. 这在线性测量中有着重要的应用.

5.3.3 光伏探测器的性能参数

1. 噪声、信噪比和噪声等效功率

（1）噪声

光伏探测器的噪声主要包括器件中光电流的散粒噪声、暗电流的散粒噪声和 PN 结漏电阻 R_{sh} 的热噪声. 由于光伏探测器实际应用时，后面总要接放大器，考虑负载电阻 R_L 的热噪声对噪声的贡献，其均方噪声电流为

$$\overline{i_n^2} = 2qI_p\Delta f + 2eI_d\Delta f + \frac{4k_BT\Delta f}{R_{\text{sh}}} + \frac{4k_BT\Delta f}{R_L} \tag{5-31}$$

因为 PN 漏电阻 R_{sh} 远大于负载电阻 R_L，可以忽略 PN 漏电阻的热噪声，所以上式可改写为

$$\overline{i_n^2} = 2q(I_p + I_d)\Delta f + \frac{4k_BT\Delta f}{R_L} \tag{5-32}$$

（2）信噪比和噪声等效功率

按照上式，光伏探测器的信噪比为

$$SNR = \frac{I_p^2}{\overline{i_n^2}} = \frac{I_p^2}{2q(I_p + I_d)\Delta f + \frac{4k_BT\Delta f}{R_L}} \tag{5-33}$$

当负载电阻较大时，可只考虑电流的散粒噪声. 例如，$R_L = 100\text{k}\Omega$，$\Delta f = 1\text{Hz}$，$T = 300\text{K}$，暗电流 $I_d = 0.1\mu\text{A}$，光电流 $I_p = 20\mu\text{A}$，则热噪声均方电流为 $1.6 \times 10^{-24}\text{A}^2$，此时信噪比为

$$SNR = \frac{I_p^2}{\overline{i_n^2}} = \frac{I_p^2}{2q(I_p + I_d)\Delta f}$$

上式表明，弱光信号检测时，暗电流是影响信噪比的主要因素. 当光伏探测器采用零伏偏置或者反向偏置时，暗电流 $I_d = 0$ 或 $I_d \approx -I_0$，光伏探测器都具有较好的输出信噪比.

设 S_I 为光伏探测器的电流灵敏度，可以得到光伏探测器噪声等效功率为

$$NEP = \frac{\sqrt{\overline{i_{dn}^2}}}{S_I} = \frac{\sqrt{2q(I_p + I_d)\Delta f}}{S_I} \tag{5-34}$$

$\sqrt{\overline{i_{dn}^2}}$ 为暗电流对散粒噪声的贡献. 通常产品手册中给出的探测器的 NEP 值，都是上式计算的结果. 一般光伏探测器的 NEP 值为 $10^{-15} \sim 10^{-13}\text{W/Hz}^{1/2}$.

比探测率为

$$D^* = \frac{\sqrt{A_d\Delta f}}{NEP} = \frac{S_I}{\sqrt{\overline{i_n^2}}}\sqrt{A_d\Delta f} \tag{5-35}$$

式中，A_d 为热探测器的光敏面面积. 一般光伏探测器的比探测率为 $10^{13} \sim 10^{15}$ cm·

$Hz^{1/2}/W$.

2. 光谱特性

和其他选择性光子探测器一样,光伏探测器的响应率随入射光波长的变化而变化(图 5.22).近红外和可见光波段所用的光伏探测器材料多是硅和锗,通常用硅能做成性能很好的光伏探测器(例如,PIN 光电二极管和雪崩光电二极管).但其最佳响应波长为 $0.8 \sim 1.0\mu m$,对于 $1.3\mu m$ 或 $1.5\mu m$ 红外辐射则不能响应.由锗制成的光伏探测器虽能响应到 $1.7\mu m$,但它的暗电流偏高,因而噪声较大,也不是理想的材料,对已接收大于 $1\mu m$ 的辐射,须采用Ⅲ-Ⅴ和Ⅱ-Ⅵ族化合物半导体,常采用三元碲镉汞(HgCdTe)、锑锡铅(PbSnTe)和四元素的镓铟砷磷(GaInAsP)等材料.

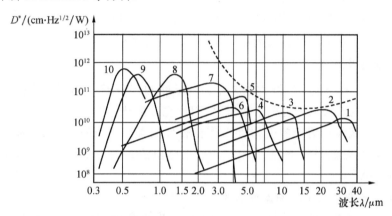

图 5.22　各类光伏探测器光谱特性曲线(图中数字代表不同的材料)

3. 频率响应及响应时间

光伏探测器的响应时间主要由三个因素决定:① 光生载流子扩散至结区(势垒区)的时间 τ_n;② 光生载流子在电场下通过结区的漂移时间 τ_d;③ 由结电容 C_j 和负载电阻 R_L 所决定的电路时间常数 τ_e.于是光伏探测器总的响应时间为

$$\tau = \tau_d + \tau_n + \tau_e \tag{5-36}$$

扩散至结区(势垒区)的时间 τ_n 与扩散长度和扩散系数有关,一般光伏探测器的扩散时间为 10^{-9} s,对于高速响应的器件,这个量是不能满足要求的.因此在制造工艺上将器件的光敏面做得很薄,以便减小扩散时间.耗尽层中载流子的漂移速度与耗尽层宽度及其间电场有关.一般的光电二极管耗尽层宽度为几微米,电场为几千伏/米,漂移时间 τ_d 约为 10^{-11} s,比扩散时间短近两个数量级.因此,在一般的光电二极管中漂移时间不是限制频率响应特性的主要因素.考虑到光电二极管结电容的存在,其等效电路如图 5.21 所示.当探测器受到频率为 ω 的调制光照射时,由等效电路可求得在 R_L 上的输出电压为

$$U_L = \frac{I_p R_L}{\sqrt{1+\omega^2 \tau_e^2}}$$

其中 $\tau_e = R_L C_j$ 是电路时间常数.可见输出电压随频率增高而下降.当 $\omega\tau_e = 1$ 时,电压幅值下降为最大值的 0.707,此时对应的频率又称为高频截止频率或 3dB 频率,可用公式表示为

$$f_{3dB} = \frac{1}{2\pi\tau_e} = \frac{1}{2\pi R_L C_j}$$

若有 $R_L = 50\Omega$,$C_j = 30$pF,则 $f_{3dB} = 100$MHz,相应的响应时间 $\tau_e = 10^{-9}$s.当 R_L 增大,τ_e 还要

增大.由此可知,由结电容引起的电路时间常数与光电二极管扩散时间同数量级,是决定光电二极管频率响应特性的重要参数.因此,减小结电容 C_j 是改善光伏探测器频率响应特性的重要措施.

PN 结的电容正比于结面积,反比于耗尽层宽度.要得到高速的光伏探测器必须减小结面积,并尽可能增加耗尽层厚度.耗尽层宽度随反向偏置电压增大而增大,故提高反向偏压可以减小结电容,从而得到快速响应的光电二极管.但耗尽层也不能太宽,否则光生载流子在其中漂移时间过长对高频响应不利.

此外,减小负载电阻 R_L,也可以减小 τ_e,提高响应速度.但是负载的减小会使输出电压降低,实际使用时,应根据具体要求全面考虑.

目前普通的硅光电二极管可以工作于几百兆赫,若要得到响应更快的器件,必须进一步减小 τ_e 和 τ_n,从而达到上千兆赫的响应频率.

4. 暗电流和温度特性

暗电流 $I_d = I_0(e^{\frac{qU}{kT}} - 1)$,与器件材料、工作温度和工作状态有关.当器件工作温度为 80℃ 时,器件的暗电流增加了近两个数量级.因此在微弱光信号检测时,要设法克服暗电流的影响.例如,可以采取恒温措施使器件工作在较低的温度下,还可采用零偏或反偏等方式降低暗电流的数值.常温条件下,硅光电二极管的暗电流约为 100nA,硅 PIN 光电二极管的暗电流可小到 1nA.

5. 光伏探测器与光电导探测器的区别

① 产生光电变换的部位不同,光电导探测器是均值型,光无论照在它的哪一部分,受光部分的光电导率都要增大;而光伏探测器是结型,只有到达 PN 结区附近的光才能产生光伏效应.

② 光电导探测器没有极性,工作时必须外加偏压;而光伏探测器有确定的正负极,不需加外加偏压也可以把光信号变为电信号.

③ 光电导探测器的光电效应主要依赖于非平衡载流子中的多子产生与复合运动,弛豫时间较大,响应速度慢,频率响应性能差;而光伏探测器的光伏效应主要依赖于结区非平衡载流子中少子的漂移运动,弛豫时间较少,因此响应速度快,频率响应特性好.另外,像雪崩二极管和光电三极管还有很大的内增益作用,不仅灵敏度高,还可以通过较大的电流.

5.3.4 光电池

光电池是一种不需加外加偏压就能将光能转换成电能的光伏探测器.按照用途光电池可分为两类,即太阳能光电池和测量光电池.太阳能光电池主要用作电源,对它的要求是转换效率高、成本低,由于它具有结构简单、体积小、重量轻、可靠性高、寿命长、在空间能直接利用太阳能转换成电能等特点,因而不仅成为航天工业上的重要电源,还被广泛用于供电困难的场所和人们的日常生活中.测量光电池主要功能是作为光电探测用,对它的要求是光照特性的线性度好,它被广泛运用于光度、色度、光学精密计量和测试中.

光电池的种类很多,如硒光电池、氧化亚铜光电池、锗光电池、砷化镓光电池、硅光电池等.目前,应用最广的是硅光电池.硅光电池的价格便宜,光电转换效率高,光谱响应宽(很适合近红外探测),寿命长,稳定性好.硒光电池的光谱响应与人眼的光谱光视效率曲线接近,适于接收可见光(响应峰值波长 0.56μm),但光电转换效率低、寿命短,适合做光度测量的探测器,如照度计.砷化镓(GaAs)光电池转换效率比硅光电池稍高,光谱响应特性则与太阳光谱最吻合,且工作温度最高,耐受宇宙射线的辐射.因此,它主要用于宇宙飞船、卫星、太空探测器等的电源.本章重点介绍硅光电池.

1. 光电池的结构

硅光电池按衬底材料导电类型不同可分成 2CR 系列和 2DR 系列两种. 2CR 系列硅光电池是以 N 型硅为衬底,P 型硅为受光面的光电池.受光面上的电极称为前极或上电极,为了减少遮光,前极多做成梳状.衬底方面的电极称为后极或下电极.为了减少反射光,增加透射光,一般都在受光面上涂有 SiO_2 或 MgF_2、Si_3N_4、SiO_2-MgF_2 等材料的防反射膜,同时也可以起到防潮、防腐蚀的保护作用.由于光子入射深度有限,为使光照到 PN 结上,实际使用的光电池制成薄 P 型或薄 N 型,即迎光面较薄.

硅光电池的受光面的输出电极多做成如图 5.23 所示的梳齿状或"E"字形电极,目的是减小硅光电池的内电阻.

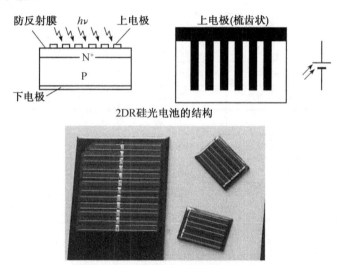

图 5.23 光电池的结构及实物图

2. 光电池的特性

(1) 光电特性

光电池的光照特性主要有照度-电流电压特性和照度-负载电阻特性.图 5.24 为硅光电池的照度-电流电压特性曲线,即开路电压 U_{oc} 和短路电流 I_{sc} 与入射光照度 E 的关系.由图可以看出,光电池的电动势,即开路电压 U_{oc} 与照度 E 的对数成正比,在照度 2000 lx 照射下就趋向饱和了.对于硅光电池,U_{oc} 一般为 0.45~0.6V,最大不超过 0.756V.光电池的短路电流 I_{sc} 与照度呈线性关系,而且受照结面积越大,短路电流也越大(可把光电池看成由许多小光电池并联

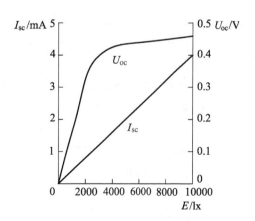

图 5.24 光电池的照度-电流电压特性曲线

而成).当光电池作为测量元件时,应以电流源的形式来使用.光电池的所谓短路是指外接负载电阻相对于光电池的内阻来讲很小.而光电池在不同照度时,其内阻也不同,所以在不同的照度时可用不同大小的外接负载近似地满足"短路"条件.表 5.5 为几种国产硅光电池参数.

表 5.5 几种国产硅光电池参数

型 号	在 30°入射光强 100mW/cm² 条件下测试			面积/mm² 或直径/mm
	开路电压/mV	短路电流/mA	转换效率/%	
2CR11	460~600	2~4	≥6	2.5×5
2CR21	460~600	4~8	≥6	5×5
2CR31	460~600	9~15	6~8	5×10
2CR32	550~600	9~15	8~10	5×10
2CR41	450~600	18~30	6~8	10×10
2CR42	500~600	18~30	8~10	10×10
2CR51	450~600	36~60	6~8	10×20
2CR52	500~600	36~60	8~10	10×20
2CR53	550~600	45~60	10~12	10×20
2CR54	550~600	54~60	>12	10×20
2CR61	450~600	40~65	6~8	φ17
2CR62	500~600	40~65	8~10	φ17
2CR63	550~600	51~65	10~12	φ17
2CR64	550~600	61~65	>12	φ17
2CR71	450~600	72~120	≥6	20×20
2CR81	450~600	88~140	6~8	φ25
2CR91	450~600	18~30	≥6	5×20
2CR101	450~600	173~288	≥6	φ35

照度-负载电阻特性是指光电池在不同外接负载电阻条件下光电池短路电流与入射光照度之间的关系.从图 5.25 可看出,负载电阻 R_L 越小,光电流和照度的线性关系越好,而且线性范围也较广;负载电阻越大,光照-电流的线性越差(线性范围越窄).所以光电池作为测量元件时,所用负载电阻的大小,应根据照度或光强而定.当照度较大时,为保证测量有线性关系,所用负载电阻应较小.负载电阻增大时,光电流变小,且光照特性的线性区域也变小,这是因为光电池的内阻随照度和电压的变化而变化.硅光电池的内阻一般处于低阻范围,其大小与受光面积和光强有关,在 100mW/cm² 的入射光强下,光电池每平方厘米的内阻范围为 15~20Ω.

(2) 光谱特性

光电池的光谱响应特性表示在入射光能量保持一定的条件下,光电池所产生的短路电流与入射光波长之间的关系.光电池的光谱特性决定于所采用的材料.图 5.26 的曲线 1 和 2 分别表示硒和硅光电池的光谱特性.从图上可看出,硒光电池在可见光谱内有较高的灵敏度,峰值波长在 $0.56\mu m$ 附近,适合用于测量可见光.如果硒光电池与适当的滤光片配合,其光谱灵敏度与人的眼睛很接近,可用于客观地决定照度.硅光电池可以应用的波长范围为 $0.4\sim 1.1\mu m$.峰值波长在 $0.85\mu m$ 附近,因此对色温为 2854K 的钨丝灯光源,能得到很好的光谱响应.光电池的光谱峰值位置不仅与制造光电池的材料有关,也与制造工艺有关,并且随使用温度的不同而有所移动.

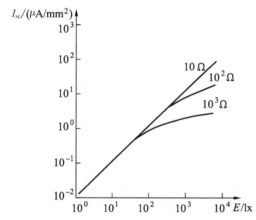

图 5.25 光电池的光照-负载电阻的特性曲线

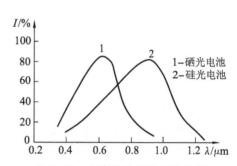

图 5.26 光电池的光谱响应曲线

(3)伏安特性

伏安特性表示输出电流和电压随负载电阻变化的曲线,如图 5.27 所示.无光照时,光电池伏安特性曲线与普通半导体二极管相同.有光照时,沿电流轴方向平移,平移幅度与光照度成正比.曲线与电压轴交点称为开路电压 U_{oc},与电流轴交点称为短路电流 I_{sc}.图中还画出负载电阻 $R_{L1}=0.5\text{k}\Omega$、$R_{L2}=1\text{k}\Omega$、$R_{L3}=3\text{k}\Omega$ 的负载线.光电池的负载线由 $U=IR_L$ 决定.负载电阻短接或很小时,负载线垂直或接近于垂直.它与伏安特性的纵轴交点

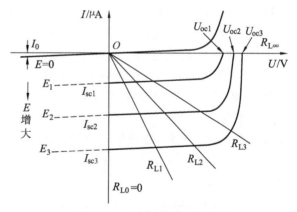

图 5.27 光电池伏安特性曲线

之间为等距离,电流正比于照度,数值也较大.负载电阻增大时,交点的距离不等.例如,$3\text{k}\Omega$ 这条负载线与伏安特性的交点相互间距离不等,即电流不与照度成正比,光照特性不是直线,电流也减小.

负载所获得的功率为

$$P_L = I_L^2 R_L$$

因此,功率 P_L 与负载电阻的阻值有关,当 $R_L=0$(电路为短路)时,$U=0$,输出功率 $P_L=0$;当 $R_L=\infty$(电路为开路)时,$I_L=0$,输出功率 $P_L=0$;当 $0<R_L<\infty$ 时,输出功率 $P_L>0$.显然,存在着最佳负载电阻 R_{opt},在最佳负载电阻情况下负载可以获得最大的输出功率 P_{max}.

通过对上式 P_L 求关于 R_L 的一阶导数,令 $\left.\dfrac{dP_L}{dR_L}\right|_{R_{opt}=R_L}=0$,求得最佳负载电阻 R_{opt} 的阻值.

在实际工程计算中,常通过分析上图所示的伏安特性曲线得到经验公式,即当负载电阻为最佳负载电阻时,输出电压

$$U_m=(0.6\sim0.7)\cdot U_{oc}$$

而此时的输出电流近似等于光电流:

$$I_m=I_p=S\cdot\Phi_{e,\lambda}$$

式中,S 为硅光电池的电流灵敏度.

硅光电池的最佳负载电阻为

$$R_{opt}=\dfrac{(0.6\sim0.7)\cdot U_{oc}}{S\cdot\Phi_{e,\lambda}}$$

从上式可以看出,光电池的最佳负载电阻 R_{opt} 与入射辐射通量 $\Phi_{e,\lambda}$ 有关,它随入射辐射通量的增大而减小.

负载电阻所获得的最大功率为

$$P_{max}=(0.6\sim0.7)\cdot U_{oc}\cdot I_p$$

(4)频率特性

光电池作为测量、计数、接收元件时常用调制光输入,光电池的频率响应就是指输出电流随调制光频率变化的关系.光电池的 PN 结或阻挡层的面积大,极间电容大,使电路时间常量较大,因此频率特性较差;另外,光电池内阻随着光照功率而变化,当功率较小时,响应的内阻较大,频率特性变差.由于响应速度与结电容和负载电阻的乘积有关,如欲改善频率特性,须减小负载电阻,或减小光电池的面积,使它的结电容减小.

图 5.28 为两种不同材料光电池的频率特性,硒光电池是在负载电阻为 $1m\Omega$ 时绘出的.曲线的频率特性高频部分下降厉害,因此不宜于检测交变光通量.硅光电池频率响应比硒光电池要好一些,如图 5.28 中的曲线 2 所示,在照度较强和负载电阻较小的情况下它的截止频率最高可达 $10\sim30$ kHz.

此外,光电池的工作频率还受负载电

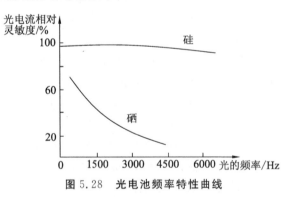

图 5.28 光电池频率特性曲线

阻的限制.当负载电阻增大时,输出电压变大,但使得电容的旁路作用更显著,频率特性高频部分的下降更厉害,频率特性变差.所以在实际应用时,特别是光电池在入射功率很小的条件下工作时,须折中考虑.

5.3.5 太阳能电池的应用实例

从以上分析可知,由光照产生的电子和空穴在内电场的作用下形成光生电动势和光电流.由于内电场是由掺杂的 P 区和 N 区自由扩散形成的,故内电场的强度是非常有限的,就导致了光电池的光电效率非常低.目前,单晶硅太阳能电池在实验室里最高的转换效率为 23%,而规模生产的单晶硅太阳能电池,其效率为 15%.多晶硅半导体材料的价格比较低廉,

但是由于它存在着较多的晶粒间界面,效率要低一些.多晶硅太阳能电池的实验室最高转换效率为18%,工业规模生产的转换效率为10%.

另外,光电池的输出也受外接负载电阻大小的影响(图5.29).当$R_L=0$时,$U=0$,则$I_{sc}=-I_p=-SE$,即输出电流与入射光照度E呈线性关系.上式中,S为光电池的灵敏度.当$R_L\neq 0$时,$U\neq 0$,随着U的增大,PN结的等效电阻r_D开始变小,则I_D开始增大,由于

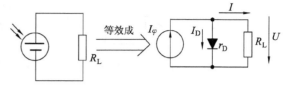

图5.29 光电池输出与负载电阻等效电路

$$I_p = I + I_D$$

当U继续增大到PN结的导通电压时(R_L非常大时),U不再增大,此时,PN结的r_D变得很小,光照所产生的光电流I_D几乎全部流向二极管,即

$$I_p = I_D$$

这时,在负载R_L上除有少量的电流维持PN结的导通电压U外,光照产生的光电流几乎都消耗在光电池内部.

1. 光电池用作太阳能电池

当光电池用作太阳能电池时(图5.30),把光能直接转换成电能,需要最大的输出功率和转换效率.这时光电池的受光面积往往做得比较大,或把多个光电池做串、并联连接,再将它们置于太阳光的照射下,就成为把光能转换成电能的太阳电池.在黑夜或光线微弱时,为防止蓄电池经过光电池放电而设置二极管D.

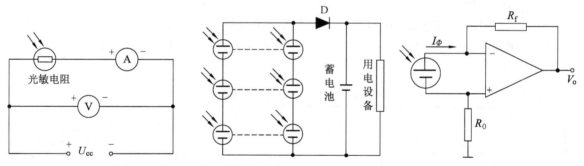

图5.30 光电池用于太阳能电池　　　　图5.31 光电池检测电路

2. 光电池用作检测元件

光电池用作检测元件使用时的电路如图5.31所示,此电路可实现光电池的线性输出.对光电池而言,R_L近似等于0.图中,

$$V_o = -2R_f I_\Phi = -2R_f S\phi$$

式中,S为光电池的灵敏度,Φ为入射到光电池的光通量.

附录B　光敏电阻光电特性实验

一、亮电阻和暗电阻测量

① 光敏电阻实验原理图如图B.1所示.

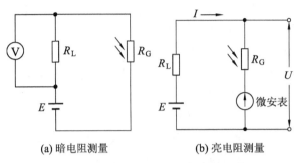

(a) 暗电阻测量　　　　　(b) 亮电阻测量

图 B.1　亮电阻和暗电阻测量实验原理图

② 调节光敏电阻工作电压.
③ 测试亮电阻.
④ 测试暗电阻.

实验结果如表 B.1 所示.

表 B.1　亮、暗电阻的测量

亮电流	2.69mA	亮电阻	1.89kΩ
暗电流	0.01μA	暗电阻	500MΩ

分析：一般情况下，实用的光敏电阻的暗电阻往往超过 $1M\Omega$，甚至高达 $100M\Omega$，而亮电阻则在几千欧以下.

二、伏安特性

在一定照度下，流过光敏电阻的电流与光敏电阻两端的电压的关系称为光敏电阻的伏安特性. 光敏电阻在一定的电压范围内，其 $I\text{-}U$ 曲线为直线. 光敏电阻的伏安特性测量结果如表 B.2 所示.

表 B.2　光敏电阻的伏安特性测量

偏置电压 U_{cc}/V	I_{ph}/mA							
	100 lx	50 lx	35 lx	20 lx	12 lx	6 lx	3 lx	1 lx	0.25 lx
2.0	0.811	0.733	0.685	0.638	0.581	0.524	0.457	0.384	0.301
4.0	1.625	1.470	1.372	1.279	1.165	1.050	0.915	0.770	0.602
6.0	2.49	2.25	2.10	1.96	1.78	1.61	1.380	1.163	0.909
8.0	3.32	3.01	2.80	2.62	2.38	2.15	1.841	1.554	1.215
10.0	4.17	3.77	3.51	3.28	2.99	2.69	2.34	1.946	1.522

由图 B.2 可以看出光敏电阻的电阻值随着光照度的变化而变化，并且光照度越大，其电阻值越小. 光照度不变的情况下，电压越高，光电流也越大，并且没有饱和现象.

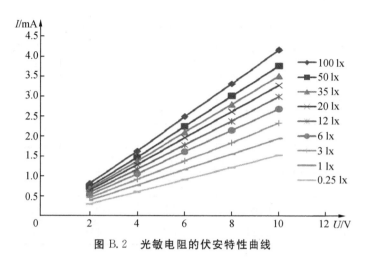

图 B.2　光敏电阻的伏安特性曲线

三、光照特性

光敏电阻的光照特性是描述光电流 I 和光照强度之间的关系,不同材料的光照特性是不同的,绝大多数光敏电阻光照特性是非线性的. 表 B.3 为光敏电阻的光照特性测量实验数值. 图 B.3 为光敏电阻的光照特性曲线图.

表 B.3　光敏电阻的光照特性测量

U/V	光强 $I/(W \cdot m^{-2})$	U_1/V	$U_{光敏电阻}/V$	I/mA	$R_{光敏电阻}/k\Omega$	$R_{光照(平均)}/k\Omega$
2	1/16	0.1028	1.8972	0.1028	18.455	10.469
	1/9	0.1588	1.8412	0.1588	11.594	
	1/4	0.2254	1.7746	0.2254	7.873	
	1	0.4037	1.5963	0.4037	3.954	
4	1/16	0.2104	3.7896	0.2104	18.011	10.226
	1/9	0.3245	3.6755	0.3245	11.327	
	1/4	0.4645	3.5355	0.4645	7.611	
	1	0.8074	3.1926	0.8074	3.954	
6	1/16	0.2904	5.7096	0.2904	19.661	10.756
	1/9	0.4691	5.5309	0.4691	11.790	
	1/4	0.6927	5.3073	0.6927	7.662	
	1	1.2223	4.7777	1.2223	3.909	
8	1/16	0.4634	7.5366	0.4634	16.264	9.524
	1/9	0.6758	7.3242	0.6758	10.838	
	1/4	0.9921	7.0079	0.9921	7.064	
	1	1.6225	6.3775	1.6225	3.931	

续表

U/V	光强 I/(W·m^{-2})	U_1/V	$U_{光敏电阻}$/V	I/mA	$R_{光敏电阻}$/kΩ	$R_{光照(平均)}$/kΩ
10	1/16	0.4991	9.5009	0.4991	19.036	10.375
	1/9	0.7944	9.2056	0.7944	11.588	
	1/4	1.2516	8.7484	1.2516	6.990	
	1	2.047	7.953	2.047	3.885	
12	1/16	0.6253	11.3747	0.6253	18.191	9.968
	1/9	0.9770	11.023	0.9770	11.282	
	1/4	1.5950	10.405	1.5950	6.524	
	1	2.461	9.539	2.461	3.876	

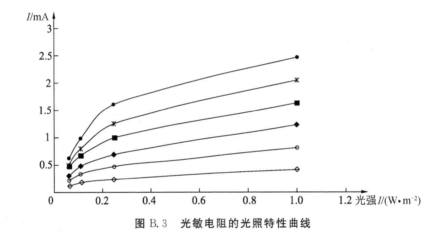

图 B.3 光敏电阻的光照特性曲线

四、光谱特性测试

光敏电阻在一定的工作电压时,在等能量、不同波长的光作用下,其阻值的变化是不同的,即光电流大小不一样.本实验光功率以 1mW 为标准,更换光源前端盖的滤光镜,可获得不同波长的光.将测量数据填入表 B.4,并作图 B.4.

表 B.4 光敏电阻光谱特性数据

光波长 λ/nm	400	470	530	560	600	660
光电流 I/mA	0.05	0.59	1.06	1.43	1.35	0.95

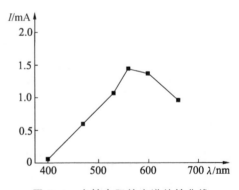

图 B.4 光敏电阻的光谱特性曲线

光谱特性与光敏电阻材料有关.从图 B.4 可知,本实验选用的光敏电阻的光谱响应范围在可见光区域,而峰值大概出现在 600nm,在稍离此波长的光谱响应迅速衰减,在远离处则无响应.因此,在选用光敏电阻时,应把光敏电阻的材料和光源种类结合起来考虑,以获得满意的结果.

附录 C 太阳能电池基本特性的测量

在一定的光照条件下,改变太阳能电池负载电阻的大小,测量其输出电压与输出电流,得到输出伏安特性,如图 C.1 实线所示.

负载电阻为零时测得的最大电流 I_{sc} 称为短路电流.

负载断开时测得的最大电压 V_{oc} 称为开路电压.

太阳能电池的输出功率为输出电压与输出电流的乘积.同样的电池及光照条件,负载电阻大小不一样时,输出的功率是不一样的.若以输出电压为横坐标、输出功率为纵坐标,绘出的 P-U 曲线如图 C.1 点划线所示.

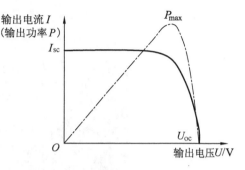

图 C.1 太阳能电池的输出特性曲线

输出电压与输出电流的最大乘积值称为最大输出功率 P_{max}.

填充因子 $F \cdot F$ 定义为

$$F \cdot F = \frac{P_{max}}{U_{oc} I_{sc}} \tag{C.1}$$

填充因子是表征太阳能电池性能优劣的重要参数,其值越大,电池的光电转换效率越高,一般的硅光电池 FF 值在 0.75~0.8 之间.

转换效率 η_s 定义为

$$\eta_s(\%) = \frac{P_{max}}{P_{in}} \times 100\% \tag{C-2}$$

式中,P_{in} 为入射到太阳能电池表面的光功率.

理论分析及实验表明,在不同的光照条件下,短路电流随入射光功率线性增长,而开路电压在入射光功率增加时只略微增加,如图 C.2 所示.

硅太阳能电池分为单晶硅太阳能电池、多晶硅薄膜太阳能电池和非晶硅薄膜太阳能电池三种.

单晶硅太阳能电池转换效率最高,技术也最为成熟,在实验室里最高的转换效率为 24.7%,规模生产

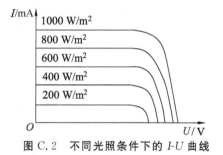

图 C.2 不同光照条件下的 I-U 曲线

时的效率可达到 15%,在大规模应用和工业生产中仍占据主导地位.但由于单晶硅价格高,大幅度降低其成本很困难,为了节省硅材料,发展了多晶硅薄膜和非晶硅薄膜作为单晶硅太阳能电池的替代产品.

多晶硅薄膜太阳能电池与单晶硅比较,成本低廉,而效率高于非晶硅薄膜电池,其实验室最高转换效率为 18%,工业规模生产的转换效率可达到 10%.因此,多晶硅薄膜电池可能在未来的太阳能电池市场上占据主导地位.

非晶硅薄膜太阳能电池成本低,重量轻,便于大规模生产,有极大的潜力.如果能进一步解决稳定性及提高转换效率,无疑是太阳能电池的主要发展方向之一.

太阳能电池实验装置如图 C.3 所示,电源面板如图 C.4 所示.

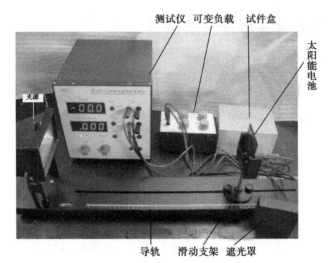

图 C.3 太阳能电池实验装置

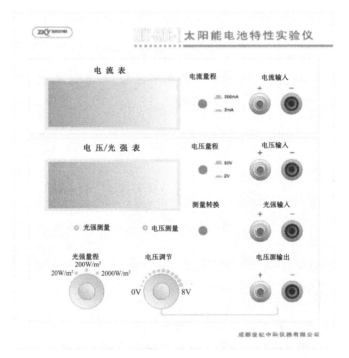

图 C.4 太阳能电池特性实验仪

光源采用碘钨灯,它的输出光谱接近太阳光谱.调节光源与太阳能电池之间的距离,可以改变照射到太阳能电池上的光强,具体数值由光强探头测量.测试仪为实验提供电源,同时可以测量并显示电流、电压以及光强的数值.

电压源:可以输出 0~8V 连续可调的直流电压,为太阳能电池伏安特性测量提供电压.

电压/光强表:通过"测量转换"按键,可以测量输入"电压输入"接口的电压,或测量接入"光强输入"接口的光强探头的光强数值.表头下方的指示灯确定当前的显示状态.通过"电压量程"或"光强量程",可以选择适当的显示范围.

电流表：可以测量并显示 0～200mA 的电流，通过"电流量程"选择适当的显示范围．

一、硅太阳能电池的暗伏安特性测量

暗伏安特性是指无光照射时流经太阳能电池的电流与外加电压之间的关系．图 C.5 为太阳能电池伏安特性测量接线原理图．

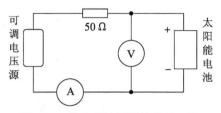

图 C.5　伏安特性测量接线原理图

以电压为横坐标、电流为纵坐标，根据表 C.1，作出三种太阳能电池的伏安特性曲线，如图 C.6 所示．

表 C.1　三种太阳能电池的暗伏安特性测量

电压/V	电流/mA			电压/V	电流/mA		
	单晶硅	多晶硅	非晶硅		单晶硅	多晶硅	非晶硅
−7.5	−1.585	−0.544	−0.077	2.8	18.0	11.9	0.645
−7	−1.446	−0.466	−0.072	2.9	30.9	16.0	0.944
−6	−1.212	−0.333	−0.061	3.0	53.6	20.8	1.332
−5	−0.994	−0.230	−0.051	3.1	96.2	27.3	1.830
−4	−0.785	−0.156	−0.040	3.2		34.9	2.5
−3	−0.581	−0.103	−0.030	3.3		44.0	3.2
−2	−0.380	−0.061	−0.019	3.4		54.9	4.2
−1	−0.185	−0.029	−0.009	3.5		66.7	5.5
0	0.002	0.001	0.001	3.6		80.1	6.9
0.3	0.60	0.015	0.004	3.64		86.6	
0.6	0.129	0.037	0.007	3.7			8.6
0.9	0.212	0.082	0.010	3.9			10.7
1.2	0.319	0.172	0.013	4.1			18.6
1.5	0.471	0.369	0.017	4.3			25.7
1.8	0.744	0.812	0.021	4.5			34.9
2.1	1.373	1.806	0.037	4.7			45.2
2.4	3.3	4.0	0.121	4.9			57.4
2.6	6.9	7.0	0.290	4.98			62.5

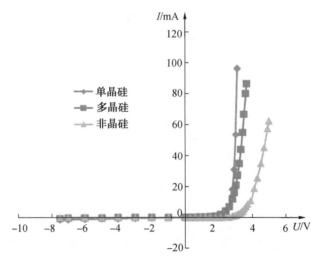

图 C.6　三种太阳能电池的伏安特性曲线

由图 C.6 可以看出,三种材料的正向电压都符合二极管的伏安特性曲线变化趋势. 但反向电压有所不同:单晶硅和非晶硅的反向击穿电压比较大,漏电较小;多晶硅的漏电流较大,反向击穿电压不明显.

二、开路电压、短路电流与光强关系测量

图 C.7 为太阳能电池开路电压、短路电流与光强关系测量原理图. 表 C.2 为三种太阳能电池开路电压与短路电流随光强变化关系的测量结果.

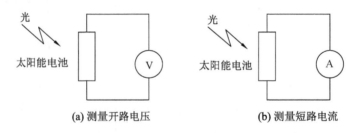

(a) 测量开路电压　　　　　　　(b) 测量短路电流

图 C.7　开路电压、短路电流与光强关系测量示意图

表 C.2　三种太阳能电池开路电压与短路电流随光强变化关系的测量结果

	距离/cm	10	15	20	25	30	35	40	45	50
	光强 $I=\dfrac{P}{S}/(W/m^2)$	733	513	290	181	125	92	71	56	46
单晶硅	开路电压 U_{oc}/V	3.03	2.89	2.79	2.72	2.65	2.60	2.54	2.50	2.45
	短路电流 I_{sc}/mA	144.2	65.8	36.6	23.3	16.4	12.2	9.4	7.5	6.2
多晶硅	开路电压 U_{oc}/V	2.96	2.81	2.70	2.61	2.53	2.46	2.39	2.32	2.27
	短路电流 I_{sc}/mA	110.5	57.2	31.3	19.7	13.7	10.2	7.9	6.3	5.2
非晶硅	开路电压 U_{oc}/V	2.84	2.73	2.65	2.60	2.55	2.51	2.48	2.45	2.43
	短路电流 I_{sc}/mA	19.7	8.9	4.9	3.1	2.1	1.593	1.243	1.003	0.835

以光强为横坐标,分别以开路电压和短路电流为纵坐标,根据表 C.2,作出三种太阳能电池的开路电压和短路电流随光强变化的曲线,如图 C.8、图 C.9 所示.

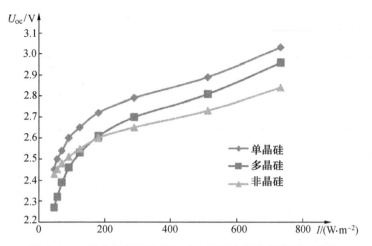

图 C.8　三种太阳能电池的开路电压随光强变化的关系曲线

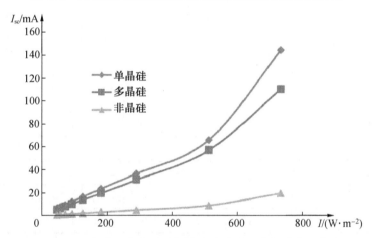

图 C.9　三种太阳能电池的短路电流随光强变化的关系曲线

三、太阳能电池输出特性实验

由图 C.8 及图 C.9 可以看出三种太阳能电池的开路电压与入射光强度的对数成正比,但不会随光照的增大而无限地增大,当其增大到 PN 结势垒消失时,得到最大光生电压 U_{ocmax}.因此,U_{ocmax} 应等于 PN 结热平衡时的接触电位差 U_D,它与材料特性和掺杂浓度密切相关.短路电流与入射光强度成正比,从而得到良好的光电线性关系,这在线性测量中有着重要的应用.图 C.10 为测量太阳能电池输出特性的实验原理图.

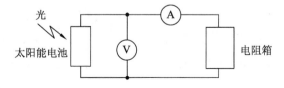

图 C.10　测量太阳能电池的输出特性

以输出电压为横坐标,分别以输出电流和输出功率为纵坐标,根据表 C.3,作出三种太阳能电池的伏安特性曲线和 P-U 曲线,如图 C.11 及图 C.12 所示.

表 C.3　三种太阳能电池输出特性测量

$D=20\text{cm}$,光强 $I=290\text{W/m}^2$,$S=2.5\times10^{-3}\text{m}^2$,$P_{in}=IS=725\text{mW}$

单晶硅	输出电压 U/V	0	0.2	0.4	0.6	0.8	1.0	1.2	1.4	1.6	1.8
	输出电流 I/mA	36.9	36.8	36.6	36.4	36.3	36.1	36.0	35.8	35.7	35.6
	输出功率 P_o/W	0	7.36	14.6	21.8	29.1	36.1	43.2	50.1	57.1	64.1
多晶硅	输出电压 U/V	0	0.2	0.4	0.6	0.8	1.0	1.2	1.4	1.6	1.8
	输出电流 I/mA	31.4	31.5	31.8	31.9	31.9	31.6	30.9	29.7	28.0	26.1
	输出功率 P_o/W	0	6.3	12.72	19.14	25.52	31.6	37.08	41.58	44.8	46.98
非晶硅	输出电压 U/V	0	0.2	0.4	0.6	0.8	1.0	1.2	1.4	1.6	1.8
	输出电流 I/mA	4.9	4.8	4.8	4.7	4.6	4.5	4.4	4.2	4.0	3.7
	输出功率 P_o/W	0	0.96	1.92	2.82	3.68	4.5	5.28	5.88	6.4	6.66
单晶硅	输出电压 U/V	2.0	2.2	2.3	2.4	2.5	2.6	2.6	2.6	2.6	2.6
	输出电流 I/mA	35.4	33.4	31.5	27.2	19.6	3.2	2.6	1.297	0.866	0.641
	输出功率 P_o/W	70.8	73.48	72.45	65.28	49	8.32	6.76	3.372	2.252	1.667
多晶硅	输出电压 U/V	2.0	2.2	2.3	2.4	2.5	2.57	2.59	2.60	2.60	2.60
	输出电流 I/mA	23.2	18.7	15.6	11.6	7.0	2.5	1.291	0.863	0.648	0.517
	输出功率 P_o/W	46.4	41.14	35.88	27.84	17.5	6.425	3.344	2.244	1.685	1.344
非晶硅	输出电压 U/V	2.0	2.2	2.3	2.44	2.48	2.50	2.51	2.52	2.52	2.52
	输出电流 I/mA	3.4	2.7	2.3	1.218	0.825	0.624	0.501	0.419	0.360	0.315
	输出功率 P_o/W	6.8	5.94	5.29	2.972	2.046	1.56	1.258	1.056	0.907	0.794

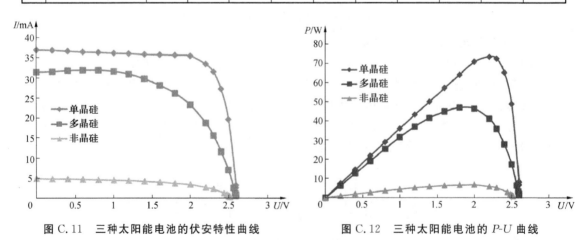

图 C.11　三种太阳能电池的伏安特性曲线　　　　图 C.12　三种太阳能电池的 P-U 曲线

由图 C.11 及图 C.12 可以得到太阳能电池的填充因子和转换效率.单晶硅的性能和转换效率最高;多晶硅太阳能电池的制作工艺与单晶硅太阳能电池差不多,其光电转换效率稍低于单晶硅太阳能电池,但是材料制造简便,节约电耗,总的生产成本较低,因此得到大量发展.转换效率问题克服后,非晶硅太阳能电池将促进太阳能利用的大发展,因为它成本低,重量轻,应用更为方便,它可以与房屋的屋面结合构成住户的独立电源.

四、关于 PN 结正向压降与温度关系的研究与应用

PN 结传感器具有灵敏度高、线性好、热响应快和体积小巧等特点,尤其是温度数字化、温度控制以及用微机进行温度实时信号处理等方面,乃是其他测温传感器所不能比拟的,其应用势必日益广泛.目前结型温度传感器主要以硅为材料,原因是硅材料易于实现功能化,即将测温单元和恒流、放大等电路组成一块集成电路.但是以硅为材料的温度传感器也不是十全十美的,在非线性不超过 0.5% 的条件下,其温度范围一般为 $-50\ ℃\sim150\ ℃$,与其他温度传感器相比,测温范围的局限性大.

理想 PN 结的正向电流 I_F 和压降 U_F 存在如下关系式:

$$I_F = I_s \exp\left(\frac{qU_F}{kT}\right) \tag{3.5-1}$$

其中,q 为电子电荷量,k 为波尔兹曼常数,T 为绝对温度,I_s 为反向饱和电流.令 $I_F=$ 常数,则正向压降只随温度变化.利用对管的两个 be 结(将三极管的基极与集电极短路和发射极组成一个 PN 结),分别在不同的电流 I_{F_1} 和 I_{F_2} 下工作,由此获得正向压降 $U_{F_1}-U_{F_2}$ 与温度呈线性函数的关系,即

$$U_{F_1}-U_{F_2}=\frac{kT}{q}\ln\left(\frac{I_{F_1}}{I_{F_2}}\right)$$

以温度为横坐标、电压为纵坐标,根据表 C.4,作出 PN 结正向压降随温度变化的曲线,如图 C.13 所示.

表 C.4 PN 结正向压降与温度关系测量

温度 $T/℃$	电压 $\Delta V/mV$	温度 $T/℃$	电压 $\Delta V/mV$	温度 $T/℃$	电压 $\Delta V/mV$	温度 $T/℃$	电压 $\Delta V/mV$
27	139.6	41	104.7	55	70.9	69	38.8
28	136.8	42	101.9	56	68.7	70	36.2
29	134.9	43	99.7	57	66.6	71	34.5
30	131.9	44	97.5	58	64.7	72	31.3
31	129.4	45	95.0	59	64.3	73	28.8
32	126.6	46	92.9	60	59.7	74	26.4
33	124.1	47	90.4	61	57.6	75	24.1
34	121.7	48	87.6	62	54.7	76	21.7
35	119.2	49	85.3	63	52.1	77	19.3
36	116.8	50	83.0	64	49.7	78	16.9
37	114.3	51	80.7	65	47.4	79	14.9
38	112.0	52	78.2	66	45.1	80	13.0
39	109.7	53	75.6	67	43.0		
40	107.2	54	73.2	68	40.8		

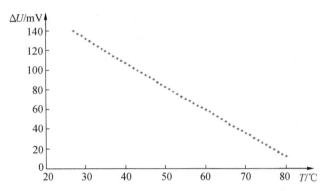

图 C.13　PN 结正向压降随温度的变化曲线（实验起始温度 $T_S=26.0℃$）

如图 C.13 所示为 PN 结正向压降随温度变化的曲线，$\Delta U\text{-}T$ 曲线的斜率为 -2.3834，其误差为 0.0045，而相关系数为 0.99991。PN 结温度传感器线性好，尤其在温度数字化、温度控制以及用微机进行温度实时信号处理等方面，乃是其他温度传感器所不能比拟的，其应用势必日益广泛。

五、硅光电二极管光电特性实验

制造一般光电二极管的材料几乎全部选用硅或锗的单晶材料。由于硅器件较之锗器件暗电流和温度系数都小得多，加之制作硅器件采用的平面工艺使其管芯结构很容易精确控制，因此，硅光电二极管得到广泛的应用。

1. 硅光电二极管的伏安特性

硅光电二极管在低反压下电流随光电压变化非常敏感。这是由于反向偏压增加使耗尽层加宽、结电场增强，它对于结区光的吸收率及光生载流子的收集效率影响很大。当反向偏压进一步增加时，光生载流子的收集已达极限，光电流趋于饱和。这时，光电流与外加反向偏压几乎无关，而仅取决于入射光的功率。

以电压为横坐标、电流为纵坐标，根据表 C.5，作出在不同光照强度下硅光电二极管的伏安特性曲线，如图 C.14 所示。

表 C.5　硅光电二极管的伏安特性测量（正向压降）

偏置电压 U_{cc}/V	I_{ph}/mA								
	100 lx	50 lx	35 lx	20 lx	12 lx	6 lx	3 lx	1 lx	0.25 lx
2.0	0.0331	0.0254	0.0218	0.0184	0.0153	0.0123	0.0097	0.0073	0.0054
4.0	0.0469	0.0364	0.0313	0.0266	0.0223	0.0180	0.0142	0.0108	0.0081
6.0	0.0707	0.0558	0.0484	0.0416	0.0350	0.0286	0.0227	0.0175	0.0131
8.0	0.1264	0.1034	0.0915	0.0801	0.0689	0.0576	0.0467	0.0369	0.0282
10.0	0.479	0.477	0.481	0.480	0.486	0.485	0.488	0.488	0.489

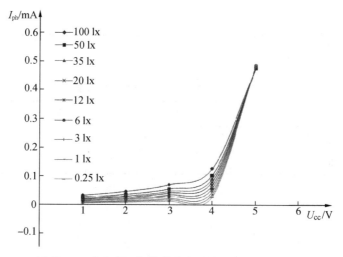

图 C.14　硅光电二极管的伏安特性曲线(正向电压)

以电压为横坐标、电流为纵坐标，根据表 C.6，作出在不同光照强度下硅光电二极管的伏安特性曲线，如图 C.15 所示.

表 C.6　硅光电二极管的伏安特性测量(反向偏压)

偏压/V		0	−2	−4	−6	−10	−12
300 lx	光生电流 1/μA	0.3	0.3	0.3	0.3	0.3	0.3
500 lx	光生电流 2/μA	0.4	0.5	0.5	0.6	0.6	0.6
800 lx	光生电流 3/μA	0.8	0.8	0.8	0.9	0.9	0.9

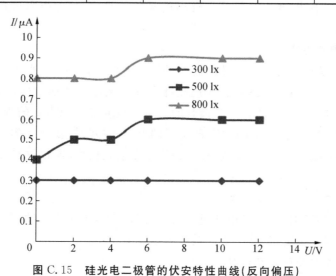

图 C.15　硅光电二极管的伏安特性曲线(反向偏压)

由图 C.15 可以看出，当反向偏压进一步增加时，光生载流子的收集已达极限，光电流就趋于饱和. 这时，光电流与外加反向偏压几乎无关，而仅取决于入射光的功率.

2. 硅光电二极管的光照特性

一般情况下，光电二极管在较小负载电阻下，入射光的功率与光电流之间呈现较好的线性关系.

以电压为横坐标、电流为纵坐标,根据表 C.7,作出在不同光照强度下硅光电二极管的光照特性曲线,如图 C.16 所示.

表 C.7 硅光电二极管的光照特性测量

光照度 lx		0	100	300	500	700	900
8V	光生电流 1μA	0	0.1	0.3	0.6	0.8	0.9
0V	光生电流 2μA	0	0	0.3	0.5	0.7	0.8

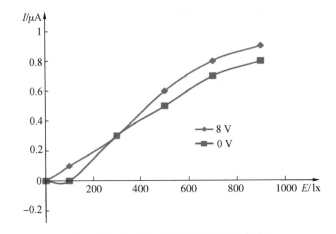

图 C.16 硅光电二极管的光照特性曲线

由图 C.16 可以看出,光电二极管在较小负载电阻下,入射光功率与光电流之间呈较好的线性关系.

六、APD 光电特性实验

PIN 型光电二极管提高了 PN 结光电二极管的时间响应,但对器件的灵敏度基本没有改善.为了提高光电二极管的灵敏度,人们设计了基于载流子雪崩效应,从而延伸出提供电流内增益的雪崩光电二极管,使光电二极管的光电灵敏度提高到需要的程度.高速运动的电子和晶格原子相碰撞,使晶格原子电离,产生新的电子-空穴对.新产生的二次电子再次和原子碰撞.如此多次碰撞,产生连锁反应,致使载流子雪崩式倍增.所以这种器件就称为雪崩光电二极管(APD).

1. APD 光电二极管雪崩电压测试

随着反向偏压的增加,开始光电流基本保持不变.当反向偏压增加到一定数值时,光电流急剧增加,最后器件被击穿,这个电压被称为击穿电压 U_B.

2. APD 光电二极管的光照特性

光敏传感器的光谱灵敏度与入射光照的关系称为光照特性,有时光敏传感器的输出电压或电流与入射光强的关系也称为光照特性,它也是光敏传感器应用设计时选择参数的重要依据之一.

根据表 C.8,在同一坐标轴下作出 100 lx、300 lx 和 500 lx 光照度下的 APD 光电二极管光电流-偏电压曲线,如图 C.17 所示,并进行分析,找出光电二极管的雪崩电压 U_B.

表 C.8　APD 光电二极管的雪崩电压测试

偏　压		100	110	120	130	140	150	160	170
100 lx	光生电流 1/μA	0.2	0.3	0.4	0.5	1.1	12.7	237	386
300 lx	光生电流 2/μA	0.6	0.8	1.1	1.5	3.3	25.2	252	406
500 lx	光生电流 3/μA	1.1	1.3	1.8	2.8	5.5	29.7	282	456

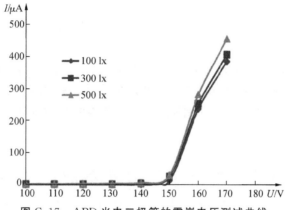

图 C.17　APD 光电二极管的雪崩电压测试曲线

由图 C.17 可见雪崩光电二极管输出电流 I 和反向偏压 U 的关系. 随着反向偏压的增加,开始光电流基本保持不变. 当反向偏压增加到一定数值时,光电流急剧增加,最后器件被击穿,这里的击穿电压 U_B 为 150V.

根据表 C.9 数据,作出横坐标为光照度,纵坐标为光生电流的 APD 光电二极管的光照特性曲线,如图 C.18 所示.

表 C.9　APD 光电二极管的光照特性测量

	$U_B=150V$					
光照度/lx	0	100	300	500	700	855
光生电流/μA	144.2	168.4	180.5	187.4	192.4	196.1

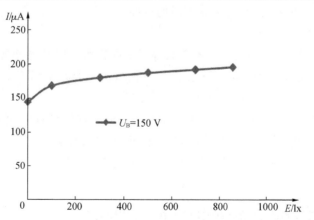

图 C.18　APD 光电二极管的雪崩电压测试曲线

由图 C.18 可见,当电压等于击穿电压时,光照强度逐渐增大,光生电流增大幅度缓慢,当光照强度达到一定程度时,光生电流基本不变.

第 6 章 热探测器

利用光热效应(photothermal effect)制作的器件称为热探测器(thermal detector)。目前,常用的热探测器主要有热电偶(热电堆)、测辐射热计、热释电探测器三种.本章首先分析它们的共同原理及特征,然后分别介绍各种热探测器的结构原理、主要特性参数及典型应用.

6.1 热探测器的基本原理及特征

材料吸收光能量后引起材料的温度升高,伴随着温升材料的某种物理性质发生变化,这种现象称为光热效应.这里我们主要介绍三种重要的光热效应:温差电效应、热电导效应、热释电效应.

光热效应的机理是:探测器将吸收的光能转换为热能,温度上升;升温的结果使探测器某些物理性质发生变化;检测某一物理性质的变化,就可探知光辐射的存在或其强弱程度.由于热探测器的温升是其吸收的总光能作用的总结果,各种波长的光辐射对它都有贡献,使其光谱响应范围宽.

根据光热效应的机理,对热探测器的分析可分两步走:第一步,根据探测系统的热力学方程来确定光辐射所引起的温升;第二步,根据温升来确定热探测器的输出信号.第一步处理对各种热探测器都普遍适用;而在第二步中,因不同类型热探测器的工作原理不同,被测物理量和输出信号各不相同,因而具有不同的特性.

热探测器具有如下特点:

① 热探测器一般在室温下工作,不需要制冷;多数光子探测器必须工作在低温条件下才具有优良的性能.工作于 $1\sim 3\mu m$ 波段的 PbS 探测器主要在室温下工作,但适当降低工作温度,性能会相应提高,在干冰温度下工作性能最好.

② 热探测器对各种波长的红外辐射均有响应,是无选择性探测器;光子探测器只对小于等于截止波长 λ_c 的红外辐射才有响应,是有选择性的探测器.

③ 热探测器的响应率比光子探测器的响应率低 $1\sim 2$ 个数量级,响应时间比光子探测器的长得多.

6.1.1 热探测器的热力学分析模型和热流方程的解

图 6.1 为热探测器的热力学分析模型.设 Φ 为入射到热探测器上的光辐射通量,若热探测器光敏材料对光辐射的吸收系数为 α,则热探测器吸收的光辐射通量为 $\alpha\Phi$.这些被吸收的

光能一部分转化为热探测器的内能，另一部分则通过热探测器与周围环境的热交换而从热探测器流向周围环境.

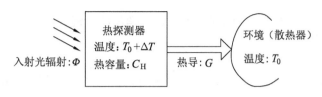

图 6.1　热探测器热回路

根据能量守恒定律，热探测器吸收的光辐射通量应等于单位时间内热探测器内能的增加与热探测器通过热传导向周围环境散热所散失的功率之和. 设热探测器的温度分布是空间均匀的，它满足的热流方程为

$$\alpha \Phi = C_H \frac{d(\Delta T)}{dt} + G \cdot \Delta T \qquad (6\text{-}1)$$

式中，C_H 为热探测器的热容量，定义为热探测器的温度每升高 1K 所吸收的热量，单位为 J/K；G 为热探测器的热导，表征热探测器与周围环境的热交换程度，与热探测器的周围环境、器件的封装情况、电极以及引线尺寸等诸多因素有关，单位为 W/K；ΔT 为热探测器的温升. 图中标识的 T_0 为热探测器在无光照情况下的热平衡温度或环境温度.

对于具体的热探测器参数（α、C_H、G）和光辐射通量 Φ，根据式(6-1)就可求解热探测器的温升 ΔT.

假设入射光辐射通量是经过调制的，$\Phi = [\Phi_0 + \Phi_\omega e^{j\omega t}]$，其中 Φ_0 是与时间 t 无关的直流部分，$\Phi_\omega \exp^{j\omega t}$ 为交流部分，ω 为角频率. 将 Φ 代入式(6-1)，并利用初始条件（$t=0, \Delta T=0$），可得温升随时间变化的表达式为

$$\Delta T(t) = \Delta T_d(t) + \Delta T_\omega(t)$$
$$= \frac{\alpha \Phi_0}{G}\left(1 - e^{-\frac{t}{\tau_T}}\right) + \frac{\alpha \Phi_\omega e^{j\varphi}}{G(1+\omega^2 \tau_T^2)^{\frac{1}{2}}}\left(1 - e^{-\frac{t}{\tau_T}}\right) e^{j\omega t} \qquad (6\text{-}2)$$

式(6-2)中，$\tau_T = \dfrac{C_H}{G}$，为热探测器的热响应时间常量，表示温升 ΔT 由 0 上升到稳态值 $\dfrac{\alpha \Phi_\omega}{G}$ 的 63.2% 所需的时间；$\varphi = -\arctan(\omega \tau_T)$，是温升 ΔT 与光辐射通量 Φ 之间的相位差，表征热探测器的温升滞后于光辐射通量变化的程度.

式(6-2)说明，热探测器的温升由两部分组成，其中第一项对应光辐射通量中的直流部分，第二项对应交变部分. 这两项都有一个与时间常量 τ_T 有关的增长因子 $1 - e^{-\frac{t}{\tau_T}}$，说明从 $t=0$ 时刻开始，随着时间的推移，被吸收的光能将导致热探测器的热积累，温升的幅值将增大. 最后经过一定时间 t_0（$t_0 \gg \tau_T$）后，达到热平衡态，此时直流温升 $\Delta T_d \to \dfrac{\alpha \Phi_0}{G}$，而交变温升及其幅值分别为

$$\begin{cases} \Delta T_\omega(t) = \dfrac{\alpha \Phi_\omega}{G(1+\omega^2 \tau_T^2)^{\frac{1}{2}}} e^{j(\omega t + \varphi)} \\ |\Delta T_\omega| = \dfrac{\alpha \Phi_\omega}{G(1+\omega^2 \tau_T^2)^{\frac{1}{2}}} \end{cases} \quad (t \gg \tau_T) \qquad (6\text{-}3)$$

在实际中，一般只需考虑交变辐射的平衡态响应情况，所以式(6-3)是分析各种热探测器工作原理的基础.

6.1.2 调制频率及热力学参数对温升的影响

由式(6-3)可知：

① 当 $\omega \ll \dfrac{1}{\tau_T}$（即低频调制）时，$|\Delta T_\omega| \approx \dfrac{\alpha \Phi_\omega}{G}$，温升与调制频率无关，且 $\varphi \approx 0$，温升也几乎与光辐射通量同步；而当 $\omega \gg \dfrac{1}{\tau_T}$（即高频调制）时，$|\Delta T_\omega| \approx \dfrac{\alpha \Phi_\omega}{\omega C_H}$，温升与调制频率成反比，故热探测器适用于光辐射为低频调制的场合，此时可以获得较强的探测信号。

② 热探测器的响应时间 τ_T 一般为几毫秒至几秒，它比光子探测器的响应时间大得多。由于 $\tau_T = \dfrac{C_H}{G}$，因此，要想提高热探测器的响应速度（即减小 τ_T），就应减小热容量 C_H 或增大热导 G。但增大热导 G 时，$|\Delta T_\omega|$ 会减小，灵敏度降低。所以提高热探测器响应速度的主要方法是减小热容量 C_H，这是大多数热探测器的光敏面做得小巧的原因。不过，热探测器也不能太小巧，否则对加工工艺的要求会更高，器件的机械强度下降，而且光敏面太小反而会降低热探测器的灵敏度。

③ 热导 G 对热探测器灵敏度和热响应时间的影响与热容量 C_H 的情况相反。

若减小热导 G，则 $|\Delta T_\omega|$ 增大，从而灵敏度提高，但热响应时间增长。在设计和选用热探测器件时，须考虑灵敏度和热响应时间这两个参量。

热探测器与周围环境的热传导同时存在三种形式：探测元件与散热器、电极与导线等之间的接触传热；与周围空气的对流传热；通过辐射向空间散热。热探测器的总热导值 G 是三种热传导形式对应的分热导值 $G_i(i=1,2,3)$ 之和。对于前两种形式的分热导值，可以通过缩短引线长度或缩小接触面积、采用真空绝热封装等结构设计的方法尽可能减小，有可能使 G 仅取决于热辐射而达到最小值，这就是理想探测器的(极限)情况。对于第三种分热导值，可按如下方法进行估算。

设热探测器的光敏面面积为 A_d、发射率为 ε。根据斯蒂芬-玻尔兹曼定律，当热探测器与周围环境达到热平衡时，它对外辐射的总通量为

$$\Phi_e = A_d \varepsilon \sigma T^4 \qquad (6\text{-}4)$$

式中，$\sigma = 5.67 \times 10^{-12}\ \text{W}/(\text{cm}^2 \cdot \text{K}^4)$，为斯忒藩-玻尔兹曼常量；$T$ 为热探测器的绝对温度。若热探测器的温度有一个微小的增量 dT，由式(6-4)可知，总辐射通量的增量为 $4A_d \varepsilon \sigma T^3 dT$。根据热导的定义，与辐射交换形式相对应的分热导为

$$G_R = \dfrac{d\Phi_e}{dT} = 4A_d \varepsilon \sigma T^3 \qquad (6\text{-}5)$$

可见，辐射热导 G_R 与热敏材料的发射性质、光敏面积以及温度有关，而与光辐射的波长无光。特别地，当温度升高时，G_R 值将急剧增大。由于绝对温度 T 不可能降到 0K，G_R 的值也不可能为零。

热导 G 还影响到热探测器的探测极限性能，这将在如下分析中加以说明。

6.1.3 热探测器的噪声等效功率和比探测率

当热探测器与周围环境达到热平衡后，热探测器的温度会围绕其平均温度值有一定的起伏，从而导致热探测器的输出信号产生起伏变化，这称为温度噪声。温度噪声使辐射场中

进入或离开热探测器的能量产生变化,这就限制了热探测器能够探测的最小能量.因此,热探测器中存在噪声等效功率.

下面讨论理想条件下热探测器的最小可探测功率.热探测器吸收的热功率 $W_T(t)$ 产生起伏的均方根值为

$$\Delta W_T = 2\sqrt{kG\Delta f}\, T \tag{6-6}$$

式中,$k=1.38\times 10^{-23}$ W/K,为玻尔兹曼常数;G 为总热导;Δf 为测试系统的频带宽度;ΔW_T 是热探测器因温度起伏所产生的噪声,称为温度噪声功率.

在理想情况下,总热导仅取决于辐射热导,即取 $G\approx G_R$,利用式(6-6),则此时的 $\overline{\Delta W_T^2}$ 也是其所有可能取值中的最小值,即

$$\Delta W_T = 2\sqrt{kG_R\Delta f}\, T = 4\sqrt{kA_d\varepsilon\sigma\Delta f}\, T^{\frac{5}{2}}$$

根据前面的讨论,噪声等效功率是输出端信噪比等于 1 时入射到热探测器上的信号光辐射通量,即 $\alpha\cdot\dfrac{NEP}{\Delta W_T}=1$. 利用热平衡时的基尔霍夫定律 ($\varepsilon=\alpha$),有

$$\alpha\cdot NEP = \Delta W_T = 4\sqrt{kA_d\alpha\sigma\Delta f}\, T^{\frac{5}{2}}$$

从而

$$NEP = 4\sqrt{kA_d\sigma\dfrac{\Delta f}{\alpha}}\, T^{\frac{5}{2}}$$

如果所有的光辐射全部被热探测器吸收,则 $\varepsilon=\alpha=1$. 设热探测器的光敏面面积 $A_d=1\text{cm}^2$,温度 $T=300$K,带宽 $\Delta f=1$Hz,则可得

$$NEP = 5.5\times 10^{-11}\text{ W}$$

此值也表示了热探测器的最小可探测功率,可作为衡量实际热探测器性能的比较基准.

比探测率 D^* 也可作为各种热探测器性能的比较基准,

$$D^* = \dfrac{\sqrt{A_d\Delta f}}{NEP} = \dfrac{1}{4\sqrt{k\sigma}\, T^{\frac{5}{2}}} \quad (\text{cm}\cdot\text{Hz}^{\frac{1}{2}}/\text{W}) \tag{6-7}$$

在前述所设的数值条件下,可得 $D^*\approx 1.8\times 10^{10}$ cm·Hz$^{\frac{1}{2}}$/W.

式(6-7)中的 D^* 值是在忽略了接触传热和对流传热的理想情况下得到的.实际上,这两者是无法避免的(不可能为零),因此总热导 $G>G_R$,实际的 ΔW_T 和 NEP 值都要大于理想(极限)值,而实际热探测器的比探测率 D^* 都要小于式(6-7)中的值.例如,光辐射的调制频率 $f<10$Hz 时,测得硫酸三甘肽热释电探测器(TGS,面积 1.5mm×1.5mm,厚度 10μm)的 $D^*\approx 8\times 10^9$ cm·Hz$^{\frac{1}{2}}$/W,仅为 $T=300$K 时 D^* 理想值的十分之一;用于红外光谱仪的铋-锑蒸发薄膜热电堆(面积 0.4mm^2,热响应时间 40ms)的 D^* 值次之,约为 5×10^9 cm·Hz$^{\frac{1}{2}}$/W;测辐射热计的 D^* 值最低,约为 3×10^8 cm·Hz$^{\frac{1}{2}}$/W.

图 6.2 给出了几种热探测器[thermopile(热电堆)、bolometer(测热辐射计)、TGS(热释电探测器)]和光子探测器(HgCdTe、InSb、PbS 等)在 2~40μm 红外波段的 D^*-λ 特性曲线.从图中可以看出,热探测器的光谱响应范围很宽,但比探测率 D^* 值都很小(响应率相对较低),且相对变化也很小,呈现出"平坦性"而不是"波长选择性".这些与光子探测器有所不同.

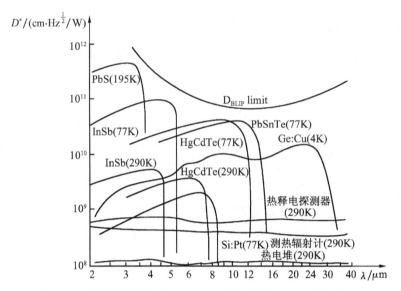

图 6.2 几种热探测器在 $2\sim40\mu m$ 红外波段的 D^*-λ 特性曲线

6.2 热电偶和热电堆

热电偶(thermocouple)是利用温差电效应来测量光辐射的一种热探测器,也称为温差电偶. 热电堆(thermopile)则由热电偶串联而成. 本节主要讨论热电偶的工作原理.

6.2.1 热电偶的结构和工作原理

1. 温差电效应

当把 A、B 两种不同的金属或半导体连接成一个闭合回路时,如果两个接头处的温度 T_1 和 T_2 不同,那么这两个接头之间就会产生电动势(称为温差电动势),在回路中就会产生电流(称为温差电流),这个回路称为热电偶或温差电池,这个效应称为温差电效应. 它是由德国物理学家塞贝克(T. J. Seebeck,1770—1831)于1821年发现的,因此又称为塞贝克效应,如图 6.3(a)所示,如果把回路的一端分开并与一个电表连接,如图 6.3(b)所示,当光照熔接端(称为电偶接头)时,电偶接头吸收光能,温度升高,电表就有相应的电流读数,电流的数值就间接反映了光照能量大小,这就是用温差电效应探测光辐射的原理. 热电偶和热电堆即是利用这种效应来测量光辐射的.

(a) 塞贝克效应

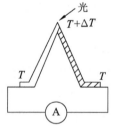
(b) 用温差电效应探测光辐射

图 6.3 温差电效应原理图

温差电动势的大小和方向与两种不同材料的性质及两个节点之间的温度差有关. 例如,由铋和锑所构成的一对节点之间的温差电动势率约为 $100\mu V/K$,这是金属材料中最大的温差电动势;由半导体材料制作的热电偶,其温差电动势率可高达 $500\mu V/K$.

2. 热电偶的结构

（1）金属热电偶

由金属材料制作的热电偶，其结构既可以是线状（或条状）的实体，也可以是薄膜型。实体状的热电偶多用于测量温度，而薄膜型的热电偶多用于测量光辐射能量。使用热电偶时，通常利用其中一个节点作为测量端（称为热端），并维持恒温。实际中，为了增大对光辐射的吸收并提高热电偶的灵敏度，热端一般都安装有涂黑的金箔。

测辐射热电偶与测温热电偶的原理相同，但结构不同。它是在材料的一连接点上粘上涂黑的金箔，形成光敏面，（以较大面积）接收入射的光辐射。当金箔因吸收光辐射、温度升高后成为热端，它与冷端之间产生温差电动势。若用导线将检测计分别与材料 A、B 各自的冷端相连，构成回路，则将在回路中产生电流 I。由检测计检测出电流的大小，就可探知光辐射的情况。

由于光辐射产生的温升 ΔT 一般很小，若采用金属材料制作测辐射热电偶，则对材料的要求很高，热电偶的结构也非常复杂，成本昂贵。半导体材料具有更高的温差电动势，适于制作测辐射热电偶。

（2）半导体测辐射热电偶

半导体测辐射热电偶采用 P、N 型两种不同的半导体材料，用涂黑的金箔将 P、N 型半导体材料连接在一起构成热端，接收光辐射，两种半导体的另一端均为冷端。其基本原理是：热端吸收光辐射后，产生温升，温升导致半导体中载流子的动能增加，使多数载流子由热端向冷端扩散，结果使 P 型半导体材料的热端带负电、冷端带正电，N 型半导体材料的情况则正好相反，从而在负载 R_L 上产生温差电压信号。检测这一电压信号，就可探知光辐射的情况。

6.2.2 热电偶的主要特性参数

热电偶的主要特性参数包括电压灵敏度（也称为"响应率"）S_c、热响应时间常数 τ_{cT}、噪声等效功率 NEP 和内阻 R_{ci}。

1. 热电偶的电压灵敏度

电压灵敏度 S_c 是输出电压信号 $|U_{cL,\omega}|$ 与入射光辐射通量的幅值 Φ_0 之比：

$$S_c = \frac{|U_{cL,\omega}|}{\Phi_0} = \frac{MR_L}{R_{ci}+R_L} \cdot \frac{\alpha}{G_c(1+\omega^2\tau_{cT}^2)^{\frac{1}{2}}} \tag{6-8}$$

式中，$\omega=0$ 时即为直流情况。可见，要提高热电偶的电压灵敏度 S_c，可以有多种方法，如选用塞贝克系数 M 值较大的热敏材料，将光敏面涂黑（以增大对光辐射的吸收率 α），减小内阻 R_{ci} 等。另外，还可减小调制频率 ω，特别是在低频调制时（$\omega\tau_{cT}\ll 1$），还可通过减小热导 G_c 来达到提高 S_c 的目的。例如，在实际中常常将热电偶封装在真空管中，这可使热导值减小并保持稳定，因此热电偶也常称为真空热电偶。对于高频调制情况，$\omega\tau_{cT}\gg 1$，此时 $S_c\propto\frac{1}{\omega}$，灵敏度将随调制频率的提高而减小，所以热电偶适用于低频情况。

半导体测辐射热电偶的电压灵敏度 S_c 约为 $50\mu V/\mu W$。

2. 热响应时间常数

热电偶的热响应时间常量 τ_{cT} 比较长，约为几毫秒到几十毫秒。因此，它适用于探测恒定的或低频(一般不超过几十赫兹)调制的光辐射.但据报道,采用在 BeO 衬底上制造 Bi-Ag 结构工艺的热电偶,其热响应时间常量可降至 10^{-7} s 以下,可用于探测高频调制的光辐射.

热电偶在响应交变辐射时它的电压灵敏度 S_c 随热响应时间常量 τ_{cT} 的增大而减小.因此,在要求 S_c 值高的场合,应选用 τ_{cT} 值小的热电偶;当对 S_c 的要求不太高时,可选用 τ_{cT} 值较大的热电偶,但此时的响应速度较慢.

3. 热电偶的内阻

热电偶的电阻值 R_{ci} 决定于所用的热敏材料及结构.由于热敏材料的电阻率一般都很低,热电偶的电阻值不大,一般为几十欧姆.同时,也由于这个原因,要使热电偶与后续的放大器的阻抗相匹配,只能利用变压器放大技术,其结果使装置的结构复杂化.

4. 噪声等效功率

热电偶的噪声主要来自两个方面:一是由热电偶具有的欧姆电阻所引起的热噪声;二是由光敏面温度起伏所产生的温度噪声.外电路闭合时热电偶的噪声等效功率为

$$NEP = \left(\overline{\frac{u_{nr}^2}{S_c^2}} + \overline{W_T^2}\right)^{1/2} = \left(4kR_{ci}T \cdot \frac{G_c^2 + \omega^2 C_{cH}^2}{M^2 \alpha^2} \cdot \Delta f + 4kG_c T^2 \cdot \Delta f\right)^{\frac{1}{2}} \tag{6-9}$$

式中,括号内第一项相应于热噪声的贡献,第二项相应于温度噪声的贡献.

半导体测辐射热电偶的噪声等效功率一般为 10^{-11} W 左右.

6.3 测辐射热计

测辐射热计(bolometer),又称为热敏电阻(thermistor),是利用某些热敏材料的电阻率随温度发生变化的特性而制成的电阻性元件,按热敏材料的不同,分为金属导体(如镍、铋、铂)和半导体(如锰、钴等的氧化物混合烧结而成)两种.

测辐射热计的工作原理是:热敏材料吸收光辐射,产生温升,从而引起材料的电阻发生变化.将测辐射热计与负载电阻等构成闭合回路,测量负载电阻两端的电压变化,就可探知光辐射的情况(图 6.4).

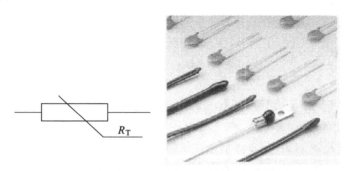

图 6.4 热敏电阻在电子电路中的符号(左)以及热敏电阻实物照片(右)

6.3.1 测辐射热计的结构原理

图 6.5 所示为测辐射热计的结构示意图,其光敏面是一层由金属导体或半导体热敏材料制成的薄片,厚度约为 0.01mm,黏合在导热能力高的电学绝缘衬底上,衬底黏合在一个热容很大、导热性能良好的金属导热基体上.测辐射热计的两端用蒸发金属电极与外电路相

连.光辐射透过探测窗口透射到热敏元件上,热敏元件因温升而引起电阻变化.实际中为了提高热敏元件对光辐射的吸收系数,常常将热敏元件的表面进行黑化处理.

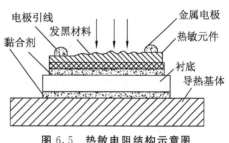

图 6.5　热敏电阻结构示意图

早期的测辐射热计是单个的,应用时将其作为惠更斯电桥的一个臂.现在,通常把两个规格相同的测辐射热计安装在一个金属壳内,其中一个用于接收光辐射,另一个用硅橡胶封装而被屏蔽(不能接收光发射,用于环境温度的补偿).两者靠得很近,分别作为电桥的两个臂.这种结构可以使电桥的平衡状态不受周围环境温度缓慢变化的影响.

6.3.2　测辐射热计的主要特性参数

1. 电阻-温度特性

测辐射热计的电阻-温度特性由其热敏材料决定,用电阻-温度系数 α_T 来表征,定义为

$$\alpha_T = \frac{1}{R_T} \cdot \frac{dR_T}{dT} \tag{6-10}$$

式中,T 和 R_T 分别表示热敏材料的温度和该温度下的电阻值;α_T 与材料的种类、温度有关,单位为 K^{-1}.对于大多数金属材料,它们的电阻-温度系数为正,数值一般在 10^{-3} 量级,且 $\alpha_T \approx \frac{1}{T}$(如室温下,$T=300K$,$\alpha_T = \frac{3.3 \times 10^{-3}}{K}$);而对于大多数的半导体材料,它们的电阻-温度系数为负,且 $\alpha_T \approx \frac{-3000}{T^2}$.图 6.6 给出了半导体材料和铂金的电阻-温度特性曲线,可见两者的差别大.

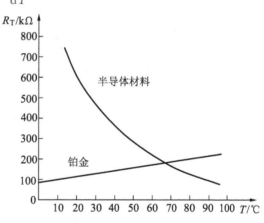

图 6.6　不同热敏材料的电阻-温度特性曲线

关于金属和半导体材料的电阻-温度系数的区别,其定性的解释为:对于半导体材料,它吸收光辐射后,产生温升,使材料中电子的动能和晶格的振动能都增加,从而大部分电子能够从价带跃迁到导带而成为自由电子,材料的电阻减小,电阻-温度系数为负,且数值较大.又因为不同波长的光辐射都能够被材料吸收,对温升都有贡献,所以其光谱响应特性基本上与波长无关.对于金属材料,其自身内部有很多的自由电子,在能带结构上没有禁带,材料吸收光辐射后,产生温升,但温升对自由电子数目的增加作用不明显;相反,因温升使晶格的振动加剧,反而阻碍了自由电子的定向运动,使电阻增大,电阻-温度系数为正,且数值比半导体的要小.

对于金属材料测辐射热计,其在绝对温度 T 时的电阻值 $R_T = \left(\frac{R_0}{T_0}\right)T$(其中 R_0 是测辐射热计在绝对温度为 T_0 时的电阻值,它与测辐射热计的几何尺寸和热敏材料的物理特性等有关),电阻 R_T 与温度 T 呈线性关系,另外其耐高温能力也较强,因此适用于温度的模拟测量.此种测辐射热计的型号常用 PTC(positive temperature coefficient)表示.

由半导体材料制成的测辐射热计(常常也称为热敏电阻),在绝对温度 T 时的电阻值

$R_T = R_0 e^{3000(T^{-1} - T_0^{-1})}$，电阻 R_T 与温度 T 的关系是非线性的，且电阻 R_T 随温度 T 的升温而减小，另外，其耐高温能力也较差，因此多用于光辐射的探测(如目标搜索与跟踪、报警等)。此种测辐射热计的型号常用 NTC(negative temperature coefficient)表示。

根据上述两种情况可知，由于电阻-温度系数 α_T 和电阻值 R_T 均与绝对温度 T 有关，在给出测辐射热计的电阻-温度系数 α_T 的同时，还须指明相应的测试温度。

2. 测辐射热计的电压灵敏度

实际应用中，测辐射热计通常按图 6.7 接成桥式电路，其中 R_{T1} 为接收元件，R_{T2} 为补偿元件(图示为其在电路中的符号)，$R_1 = R_2$ 为普通电阻，R_3 为普通电阻或放大器电路；U_{bb} 为加在测辐射热计两端的偏置电压。

当没有光辐射时，$R_{T1} = R_{T2}$，电桥保持平衡；当有光辐射时，接收元件 R_{T1} 的电阻值改变，而补偿元件 R_{T2} 的电阻值不变，因此，电桥将不平衡，O_1 点的电位发生变化。检测该点的电位，即可探知光辐射的情况。

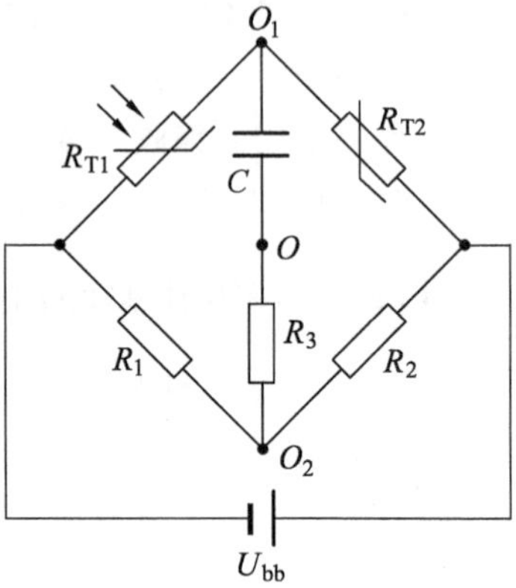

3. 测辐射热计的噪声等效功率

图 6.7 惠更斯桥式电路

测辐射热计的噪声主要有热噪声、温度噪声和电流噪声。因输出的是电压信号，故分析噪声的影响时，考察噪声电压的情况。

① 热噪声。测辐射热计的热噪声功率与其电阻值有关。热噪声电压的方均值为

$$\overline{U_{RT}^2} = 4kTR_T \Delta f \tag{6-11}$$

② 温度噪声。环境温度的起伏会造成热敏元件的温度起伏，从而引起温度噪声。若将热敏元件装入真空管内，则可降低这种噪声，此时温度噪声仅与辐射热交换有关。可得温度噪声电压的均方值为

$$\overline{U_T^2} = 16 A_d \varepsilon \sigma k S_v^2 T^5 \Delta f$$

③ 电流噪声。测辐射热计的工作频率 f 一般较低，当 $f < 10\,\text{Hz}$ 时，电流噪声不可忽略。这种电流噪声与热敏材料的性质有关。电流噪声电压的均方值为

$$\overline{U_I^2} = A_0 R_T^2 I^2 \frac{\Delta f}{f}$$

式中，A_0 为与热敏材料有关的常数；I 为通过测辐射热计的电流。当 $f > 10\,\text{kHz}$ 时，电流噪声可以忽略不计。

综合上述三种噪声，可得测辐射热计的比探测率为

$$D^* = \frac{S_v \sqrt{A_d \cdot \Delta f}}{U_N} = \frac{S_v \sqrt{A_d \cdot \Delta f}}{\sqrt{\overline{U_{RT}^2} + \overline{U_T^2} + \overline{U_I^2}}} \tag{6-12}$$

常用测辐射热计的噪声等效功率 NEP 为 $10^{-8} \sim 10^{-9}\,\text{W}$，$D^*$ 约为 $10^8\,\text{cm} \cdot \text{Hz}^{\frac{1}{2}}/\text{W}$。

6.4 热释电探测器

热释电探测器(pyroelectric detector)是利用热释电效应而制成的光辐射探测器件，其基本结构可等效为一个以热电晶体为电介质的平板电容器。

6.4.1 热释电探测器的结构原理

1. 热释电效应

热电晶体材料因吸收光辐射能量而产生温升,导致晶体表面电荷发生变化的现象,称为热释电效应.

一般的电介质在外加电场的作用下,其内部电荷会沿电场线方向运动,产生电极化现象;当外加电场去除后,电极化现象立即消失.但有一类称为"铁电体"的电介质,当外加电场去除后,仍能保持电极化状态,具有自发(或永久)的极化强度 P_s,这称为"自发极化",如图 6.8 所示.这种极化强度还会随电介质温度的变化而变化:温度升高时,极化强度减小;温度降低时,极化强度增大.使自发极化强度 P_s 减小到零时的温度 T_c 称为"居里温度".

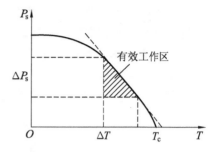

图 6.8 热电晶体自发极化强度 P_s 与温度 T 的关系曲线

热电晶体是一类非中心对称的极化晶体,也具有自发极化特性.这是因为:热电晶体的单个晶胞中正、负电荷的分布不重合,形成电偶极子.当有外加电场的作用时,电偶极矩的取向趋于一致;当外加电场消失时,电偶极矩的宏观一致性仍能保持,从而产生宏观的自发极化强度 P_s(这种通过外加电场使铁电体产生自发极化强度的过程称为"单畴化").在 P_s 的作用下,垂直于 P_s 的两个晶面上会分别出现等量、异号的面束缚电荷.如图 6.9(a)所示,面束缚电荷密度 σ 等于自发极化强度 P_s.平时,这些面束缚电荷会逐渐被晶体内部或表面附近空间中异性自由电荷所中和(这种电荷中和的时间 $\tau = \dfrac{\varepsilon}{\rho}$,其中 ε、ρ 分别为热电晶体的介质常量和导电率,这一过程约为几秒到几小时),达到电荷平衡,自发极化现象显现不出来,也测量不到.

当热电晶体因吸收光辐射而使其温度由 T_1 上升到 T_2 时,晶胞中正、负电荷的重心发生相对移位,自发极化强度 P_s 减小(时间延时量仅为 10^{-12} s).于是,晶面上的束缚电荷就随之减少,如图 6.9(b)所示(当然,如果热电晶体处于温度 T_2 的时间足够长,这些面束缚电荷也会被自由电荷中和).温度由 T_1 上升到 T_2 的等效结果如图 6.9(c)所示,这相当于晶体表面"释放"了电荷,因此被称为热释电效应.

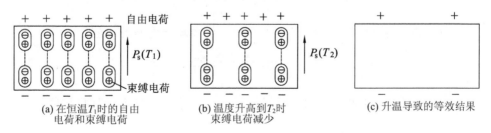

图 6.9 热释电效应示意图

由于自发极化强度(或面束缚电荷密度)随温度变化的时间延迟量比自由电荷中和的时间要短得多,如果温度的变化足够快,则外界自由电荷就来不及完全中和束缚电荷,热电晶体的表面始终会显现出相应于温度(或光辐射)的电荷.若连接热电晶体的外电路是闭合的,就可将束缚电荷引出,从而在电路中产生电流(或在负载上有电压输出).热释电探测器是一种只能响应交变光辐射的器件(为此需要在光辐射到达热释电探测器之前先对光辐射进行调制),它的输出信号是电荷量的变化 ΔQ(或电流 i).

在热释电探测器应用系统(如热成像系统)中,对光辐射的调制频率 f 必须满足 $f \geqslant \dfrac{1}{\tau}$,调制方式常采用斩波器方式.斩波器的结构有多种,如使用直叶片的斩波器.现在应用较多的是一种叶片边缘为阿基米德螺旋线状的斩波器,另外也正在发展新型液晶斩波器技术.

2. 热释电探测器的工作原理

热释电探测器是一个电容器,其输出阻抗极高,故其等效电路可用恒流源来表示,如图 6.10 所示.图中,R_s 和 C_s 为等效电阻和等效电容,R_L 和 C_L 为外接负载电阻和电容.

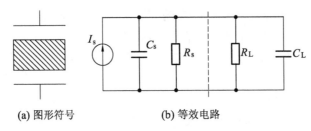

(a) 图形符号　　　　　(b) 等效电路

图 6.10　热释电探测器符号及等效电路

设热电晶体的自发极化强度矢量为 $\boldsymbol{P}_s$,其方向垂直于探测器的两个极板平面,接收光辐射的极板和另一极板的重叠面积为 A_d,光辐射引起晶体的温升为 ΔT.由于晶体的温度变化而导致的极板表面上束缚电荷的变化量为

$$\Delta Q = A_d \Delta \sigma = A_d \Delta P_s = A_d \frac{\Delta P_s}{\Delta T} \Delta T = A_d \gamma \Delta T$$

式中

$$\gamma = \frac{\Delta P_s}{\Delta T}$$

称为热释电系数,单位为 $C/(cm^2 \cdot K)$,是与材料本身特性有关的物理量,表示自发极化强度随温度的变化率.

恒流源产生的电流 i 是束缚电荷的时间变化率:

$$i = \frac{d(\Delta Q)}{dt} = A_d \gamma \frac{d(\Delta T)}{dt} = \frac{A_d \gamma \alpha \Phi_\omega \omega j}{G\sqrt{1+\omega^2 \tau_T^2}} e^{j(\omega t + \varphi)}$$

再考虑到等效电路中各个电阻、电容的作用,则得探测器输出电压的幅值为

$$|U_0| = \frac{\alpha A_d \gamma \omega R_L \Phi_\omega}{G\sqrt{(1+\omega^2 \tau_T^2)(1+\omega^2 \tau_e^2)}} \tag{6-13}$$

式中,$\tau_T = \dfrac{C_H}{G}$ 为热释电探测器的热响应时间常量;$\tau_e = RC$ 为电路响应时间常量;R 是 R_s 与 R_L 的并联等效电阻$\left(\text{即 } R = \dfrac{R_s R_L}{R_s + R_L} \approx R_L\right)$;$C$ 是 C_s 与 C_L 的并联等效电容(即 $C = C_s + C_L$);τ_T、τ_e 一般为 $0.1 \sim 10s$.

6.4.2 热释电探测器的主要特性参数

1. 电压灵敏度与频率响应特性

热释电探测器的电压灵敏度 S_v 是热释电探测器输出电压的幅值 $|U_0|$ 与入射光辐射通量 Φ_ω 之比,即

$$S_v = \frac{|U_0|}{\Phi_\omega} = \frac{\alpha A_d \gamma \omega R_L}{G\sqrt{(1+\omega^2\tau_T^2)(1+\omega^2\tau_e^2)}} \quad (6-14)$$

式中,S_v 的单位为 V/W. 图 6.11 给出了不同负载电阻 R_L 下的电压灵敏度与角频率的关系曲线. 由式(6-14)和图 6.11 可知:

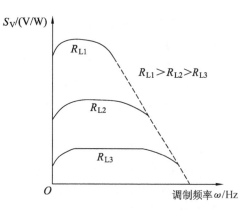

图 6.11 热释电探测器的电压灵敏度 S_v 与角频率 ω 的关系曲线

① 当入射光辐射为恒定值(即 $\omega=0$)时,$S_v=0$,说明热释电探测器对恒定的光辐射不敏感,这是它的一个重要特点.因此,利用热释电探测器时需要对入射光辐射进行调制.

② 在低频段,$\omega \ll \frac{1}{\tau_T}$ 和 $\frac{1}{\tau_e}$ 时,S_v 与 ω 成正比.

③ 通常情况下,有 $\tau_e < \tau_T$,故当 ω 在 $\frac{1}{\tau_T} \sim \frac{1}{\tau_e}$ 范围内时,S_v 与 ω 无关,为一常数.

④ 在高频段应用中,$\omega \gg \frac{1}{\tau_T}$ 和 $\frac{1}{\tau_e}$,此时的灵敏度近似为

$$S_v \approx \frac{\alpha A_d \gamma R_L}{\omega G \tau_T \tau_e} = \frac{\alpha A_d \gamma}{\omega C_H C_s}$$

上式表明,电压灵敏度 S_v 与角频率 ω 成反比.若要提高热释电探测器在高频段的电压灵敏度,可采取减小等效电容 C_s 和热容 C_H 的办法.

2. 热释电探测器的响应时间

热释电探测器在高频段的响应由式(6-14)决定,其电压灵敏度的半功率点取决于 $\frac{1}{\tau_T}$ 和 $\frac{1}{\tau_e}$ 中较大的一个,因而按通常的响应时间定义,τ_T 和 τ_e 中较小的一个为热释电探测器的响应时间.通常,热响应时间常量 τ_T 较大,而电响应时间常量 τ_e 较小,因此热释电探测器的响应时间主要由 τ_e 决定.由于 τ_e 与负载 R_L 有关,可通过减小 R_L 而使热释电探测器的响应速度远高于其他类型的热探测器,这是它的另一个重要特点.但是,随着负载电阻 R_L 的减小,电压灵敏度 S_v 也会减小,故在实际应用中两者需要综合考虑.

值得指出的是,热释电探测器的输出信号是由于温度变化使束缚电荷随时间变化引起的,导致它在高频段的响应由较小的时间常量来决定,这一特点与其他光电探测器不同.

3. 热释电探测器的 P_s-T 特性关系及居里温度

热电晶体的自发极化强度 P_s 与温度 T 有关,且不同热电晶体的 P_s-T 特性关系也不同,图 6.12 给出了硫酸三甘钛(TGS)材料的特性关系曲线.

热电晶体材料不同,其居里温度 T_c 也不同.

显然,热电晶体的工作温度必须在居里温度以下稍远一点的区域,此时 P_s 是 T 的函数.另

外，居里温度越高，热释电探测器可适用的温度范围越宽，可探测的动态范围也越大．在有效工作区，热释电系数的绝对值较大，并近似为常数，P_s 与 T 呈线性关系．

4. 热释电探测器的噪声电流和噪声等效功率

热释电探测器通常接有前置放大器而构成实用的探测器，因此在分析探测器的噪声及其影响时，也须考虑放大器的噪声．这样，探测器的噪声主要有电阻的热噪声、温度噪声和放大器的噪声．又因为热释电探测器可等效为一个恒流源，故分析各种噪声的影响时，应考察噪声电流的情况．

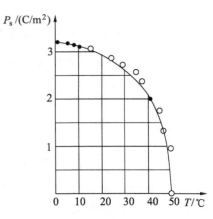

图 6.12 硫酸三甘肽 (TGS)材料

(1) 热噪声电流

电阻的热噪声来自热电晶体的介电损耗以及与探测器相并联的负载电阻．如果其等效电阻为 R，则电阻热噪声电流的均方值为

$$\overline{i_R^2} = 4kT_R \frac{\Delta f}{R} \tag{6-15}$$

式中，T_R 为热电晶体的温度，Δf 为测试系统的带宽．

(2) 放大器的噪声电流

放大器噪声来自放大器中的有源/无源元件以及信号源的源阻抗与放大器的输入阻抗之间的噪声匹配情况等．把放大器输出端的噪声折合到输入端，而认为放大器是无噪声的，这时在放大器输入端附加的噪声电流的均方值为

$$\overline{i_F^2} = 4k(F-1)T \frac{\Delta f}{R}$$

式中，F 为噪声系数，T 为放大器的背景温度，噪声系数为 F．

(3) 温度噪声电流

温度噪声来自热释电探测器的光敏面与外界辐射热交换的随机性．温度噪声电流的均方值为

$$\overline{i_T^2} = \gamma^2 A_d^2 \omega^2 \overline{\Delta T^2} = \gamma^2 A_d^2 \omega^2 \frac{4kT^2 \Delta f}{G}$$

如果上述三种噪声是互不相关的，则总噪声电流的均方值为

$$\overline{i_N^2} = \overline{i_R^2} + \overline{i_F^2} + \overline{i_T^2} = 4k\Delta f \left[\frac{T_R}{R} + \frac{(F-1)T}{R} + \frac{\gamma^2 A_d^2 \omega^2 T^2}{G} \right]$$

$$= 4k\Delta f \left(\frac{T_N}{R} + \frac{\gamma^2 A_d^2 \omega^2 T^2}{G} \right) \tag{6-16}$$

式中，$T_N = T_R + (F-1)T$ 被称为放大器的有效输入噪声温度．

由式(6-16)(考虑统计平均值)，可得功率信噪比为

$$SNR_p = \frac{\overline{i^2}}{\overline{i_N^2}} = \frac{\Phi_\omega^2}{\frac{4kT^2 G\Delta f}{\alpha^2} + \frac{4kT_N G^2 \Delta f}{\alpha^2 \gamma^2 A_d^2 \omega^2 R}}$$

$$= \frac{\Phi_\omega^2}{\left(1 + \frac{T_N G}{T^2 \gamma^2 A_d^2 \omega^2 R}\right) \frac{4kT^2 G\Delta f}{\alpha^2}} = \frac{\Phi_\omega^2}{NEP^2}$$

即噪声等效功率为

$$NEP = \frac{2T}{\alpha}\sqrt{kG\Delta f\left(1+\frac{T_N G}{T^2\gamma^2 A_d^2 \omega^2 R}\right)} \tag{6-17}$$

可见,热释电器件的噪声等效功率 NEP 随调制频率 ω 的增高而减小.

6.4.3 快速热释电探测器

常规的热释电探测器配以高阻抗负载时,其热响应时间常量较大,不能适用于探测快速变化的光辐射.即使利用补偿放大器,其高频段的响应频率也仅限于 10^3 Hz 量级.例如,在脉冲宽度很窄的高频应用中,若用常规的热释电探测器来测量激光峰值功率和观察波形,则要求热释电探测器的热响应时间要小于光脉冲的持续时间(脉宽).

近年来,快速热释电器件得到了迅速发展.它一般都设计成同轴结构,将光敏元件置于阻抗为 50Ω 的同轴线的一端.采用面电极结构时,其时间常量约为 1ns;而采用边电极结构时,其时间常量可降至皮秒级.典型的快速热释电探测器的结构参数如下:光敏元件是铌酸锶钡(SBN)晶体薄片,采用边电极结构,电极 Au 的厚度为 $0.1\mu m$,衬底采用 Al_2O_3 或 BeO 陶瓷等导热性能良好的材料,输出端采用 SMA/BNC 高频接头.这种热释电探测器的热响应时间仅为 13ps,而最低极限值仅受晶格振动弛豫时间的限制,可降低至 1ps.快速热释电探测器只需采用一般的管脚引线封装结构,其频响带宽已经扩展到几十兆赫.快速热释电探测器主要用于测量大功率脉冲激光(脉宽为微秒到皮秒级),此时要求它能够承受大功率激光辐照而不受到损伤,为此应选用损伤阈值高的热释电材料和高热导衬底材料来制作热释电探测器.

6.4.4 热释电探测器的应用

热释电探测器和其他热探测器一样,具有范围很宽而平坦的光谱响应特性,又有较高的 D^* 值和较快的响应速度,因此得到了更为广泛的应用.

① 它和热电堆都可作为参考(标准)探测器,应用于光源发射光谱特性和光子探测器光谱响应特性等测试系统.

② 利用热释电探测器和光学菲涅尔透镜组合制作的人体感应器模块,可感应人体发出的波长为 $8\sim12\mu m$ 的红外辐射信号,应用于电子防盗报警、自动门和感应开关水龙头等.

③ 在空间技术方面,热释电探测器阵列可用来测量温度和湿度的空间分布.例如,在云雨 6 号气象卫星上,使用两个 TGS 热释电探测器($NEP<2.5\times10^{-10}$ W)测量距地面 $40\sim85$km 高度范围内的大气温度分布;使用 $LiTaO_3$ 热释电探测器($NEP=1.75\times10^{-9}$ W)测量太阳和地球的辐射.

在测量辐射体的温度分布时,热释电探测器输出的热图像反映的是背景与热辐射体的温差分布,而不是热辐射体本身的实际温度.若要确定热辐射体的实际温度,必须另外设置一个辅助探测器,同时检测背景温度,然后再将背景温度与热辐射体-背景的温差相加,才能得到被测物体的实际温度分布.

④ 热释电探测器还可用于电真空摄像管和非制冷红外焦平面阵列等成像器件.

1. 画出热探测器热回路,列出热力学方程.
2. 分析温升交流振幅与各变量之间的关系.
3. 分析热探测器的频率特性.
4. 解释各种热电效应.
5. 分析热释电探测器的频率特性.

第 7 章

光 的 调 制

在光电系统中,无论是被动式探测还是主动式探测,为了提高系统检测灵敏度和信噪比,通常需要对光信号进行调制(modulation),本章主要介绍光的调制基本原理和若干调制技术.

7.1 光束调制原理

7.1.1 为什么要调制

光调制指的是使光信号的一个或几个特征参量按被传送信息的特征变化,以实现信息检测传送目的的方法.

在检测技术中需要光调制的原因是:

① 在光电检测中常常有自然光或其他杂散光,与被检测的光信号混合在一起,使它们成为干扰和噪声的来源.为了使有用的光信号与它们区别开来,光信号应以某一频率变化.

② 各种光电器件由于温度、暗发射或外加电场的作用,当无外界光信号作用时,在其工作回路中都会有暗电流产生,它是噪声源之一.若采用调制检测,则可消除探测器暗电流的影响.

③ 与直流放大器相比,交流放大器的稳定性高,零点漂移小,受电源电压波动、温度、老化的影响较小.如果与光信号的调制特性相匹配,采用选频放大或锁相放大等技术方案,就可有效地抑制噪声,从而实现高精度的检测.

7.1.2 调制有哪些方式

实现激光束调制的方法,根据调制器与激光器的关系可以分为内调制(直接调制)和外调制两种.

内调制是指加载信号是在激光振荡过程中进行的,以调制信号改变激光器的振荡参数,从而改变激光器的输出特性,以实现调制.

外调制是指激光形成之后,在激光器的光路上放置调制器,用调制信号改变调制器的物理性能,当激光束通过调制器时,使光波的某个参量受到调制.

光束调制按其调制的性质可分为振幅调制、频率(波长)调制、相位调制、脉冲调制.

7.1.3 调制技术的一般原理

要用激光作为信息的载体,就必须解决如何将信息加到激光上去的问题,这种将信息加载于激光的过程就是调制,完成这一过程的装置称为调制器.其中激光称为载波,起控制作用的低频信息称为调制信号.

光波的电场一般可表示为

$$E(t)=A_c\cos(\omega_c t+\varphi_c) \tag{7-1}$$

式中,A_c 为振幅,ω_c 为角频率,φ_c 为相位角.既然光束具有振幅、频率、相位、强度和偏振等参量,如果能够应用某种物理方法改变光波的这些参量之一,使其按照调制信号的规律变化,那么激光束就受到了信号的调制,达到"运载"信息的目的.

1. 振幅调制(amplitude modulation)

振幅调制就是载波的振幅随调制信号的规律而变化的振荡,简称调幅.若调制信号是一时间的余弦函数,即

$$a(t)=A_m\cos\omega_m t \tag{7-2}$$

调幅波的表达式为

$$E(t)=A_c[1+m_a\cos\omega_m t]\cos(\omega_c t+\varphi_c) \tag{7-3}$$

调幅波的频谱为

$$E(t)=A_c\cos(\omega_c t+\varphi_c)+\frac{m_a}{2}A_c\cos[(\omega_c+\omega_m)t+\varphi_c]+\frac{m_a}{2}A_c\cos[(\omega_c-\omega_m)t+\varphi_c] \tag{7-4}$$

频谱由三个频率成分组成,第一项为载频分量,第二、三项为边频分量,如图 7.1 所示.上述分析是单余弦信号调制的情况.如果调制信号是一复杂的周期信号,则调幅波的频谱将由载频分量和两个边频带组成.

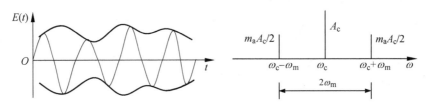

图 7.1 调幅波及其频谱

2. 频率调制(frequency modulation)和相位调制(phase modulation)

调频或调相就是光载波的频率或相位随着调制信号的变化规律而改变的振荡.因为这两种调制波都表现为总相角 $\psi(t)$ 的变化,因此统称为角度调制.

对频率调制来说,就是图 7.1 中的角频率 ω_c 随调制信号变化:

$$\omega(t)=\omega_c+\Delta\omega(t)=\omega_c+k_f a(t) \tag{7-5}$$

则调制波的表达式为

$$E(t)=A_c\cos(\omega_c t+m_f\sin\omega_m t+\varphi_c) \tag{7-6}$$

相位调制就是相位角 φ_c 随调制信号的变化规律而变化,调相波的表达式为

$$E(t)=A_c\cos(\omega_c t+m_\varphi\sin\omega_m t+\varphi_c) \tag{7-7}$$

由于调频和调相实质上最终都是调制总相角,因此可写成统一的形式:

$$E(t)=A_c\cos(\omega_c t+m\sin\omega_m t+\varphi_c) \tag{7-8}$$

上式按三角公式展开,并应用

$$\cos(m\sin\omega_m t)=J_0(m)+2\sum_{n=1}^{\infty}J_{2n}(m)\cos(2n\omega_m t)$$

$$\sin(m\sin\omega_m t) = 2\sum_{n=1}^{\infty} J_{2n-1}(m)\sin[(2n-1)\omega_m t]$$

得到

$$E(t) = A_c J_0(m)\cos(\omega_c t + \varphi_c) + A_c \sum_{n=1}^{\infty} J_n(m)[\cos(\omega_c + n\omega_m)t + \varphi_c \\ + (-1)^n \cos(\omega_c - n\omega_m)t + \varphi_c] \tag{7-9}$$

在单频余弦波调制时,其角度调制波的频谱是由光载频与在它两边对称分布的无穷多对边频组成. 显然,若调制信号不是单频余弦波,则其频谱将更为复杂.

3. 强度调制（intensity modulation）

强度调制是指使光载波的强度（光强）随调制信号规律变化的激光振荡,如图 7.2 所示. 光束调制多采用强度调制形式,这是因为接收器一般都是直接响应其所接收的光强.

图 7.2　强度调制

光束强度定义为光波电场的平方：

$$I(t) = E^2(t) = A_c^2 \cos^2(\omega_c t + \varphi_c) \tag{7-10}$$

于是,强度调制的光强可表示为

$$I(t) = \frac{A_c^2}{2}[1 + k_p a(t)]\cos^2(\omega_c t + \varphi_c) \tag{7-11}$$

仍设调制信号是单频余弦波,则

$$I(t) = \frac{A_c^2}{2}[1 + m_p \cos\omega_m t]\cos^2(\omega_c t + \varphi_c) \tag{7-12}$$

强度调制波的频谱可用前面所述的类似方法求得,其结果与调幅波略有不同,其频谱分布除了载频及对称分布的两边频之外,还有低频 ω_m 和直流分量.

4. 脉冲调制（pulse modulation）

目前广泛采用一种不连续状态下进行调制的脉冲调制和数字式调制（脉冲编码调制）. 它们一般是先进行电调制,再对光载波进行光强度调制.

脉冲调制是用间歇的周期性脉冲序列作为载波,并使载波的某一参量按调制信号规律变化的调制方法. 即先用模拟调制信号对一电脉冲序列的某参量（幅度、宽度、频率、位置等）进行电调制,使之按调制信号规律变化,成为已调电脉冲序列,如图 7.3 所示. 然后再用这已调电脉冲序列对光载波进行强度调制,就可以得到相应变化的光脉冲序列.

脉冲调制有脉冲幅度调制、脉冲宽度调制、脉冲频率调制和脉冲位置调制等.

例如,用调制信号改变电脉冲序列中每一个脉冲产生的时间,则其每个脉冲的位置与未调制时的位置有一个与调制信号成比例的位移,这种调制称为脉位调制,进而再

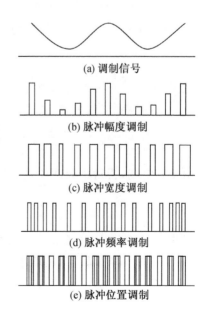

图 7.3　脉冲调制

对光载波进行调制,便可以得到相应的光脉位调制波,其表达式为

$$E(t)=A_c\cos(\omega_c t+\varphi_c) \quad (当\ t_n+\tau_d \leqslant t \leqslant t_n+\tau_d+\tau)$$

$$\tau_d = \frac{\tau_p}{2}[1+M(t_n)] \tag{7-13}$$

5. 脉冲编码调制(pulse code modulation)

这种调制是把模拟信号先变成电脉冲序列,进而变成代表信号信息的二进制编码,再对光载波进行强度调制.要实现脉冲编码调制,必须进行三个过程:抽样、量化和编码.

由激光载波的极大值代表二进制编码的"1",而用激光载波的零值代表"0".这种调制方式具有很强的抗干扰能力,在数字激光通信中得到了广泛的应用.

尽管方式不同,但其调制的工作原理一般都是基于电光、声光、磁光等物理效应.

7.2 电光调制

7.2.1 光波在电光晶体中的传播

对于一些晶体材料,当施加电场之后,将引起束缚电荷的重新分布,并可能导致离子晶格的微小形变,其结果将引起介电系数的变化,最终导致晶体折射率的变化,所以折射率成为外加电场 E 的函数,即

$$\Delta n = n - n_0 = c_1 E + c_2 E^2 + \cdots \tag{7-14}$$

第一项称为线性电光效应或泡克耳(Pockels)效应;第二项称为二次电光效应或克尔(Kerr)效应.对于大多数电光晶体材料,一次效应要比二次效应显著,故在此只讨论线性电光效应(electro-optic modulation).

1. 电致折射率变化

电光效应的分析可用几何图形——折射率椭球体的方法,这种方法直观、方便.未加外电场时,主轴坐标系中晶体折射率椭球方程为

$$\frac{x^2}{n_x^2}+\frac{y^2}{n_y^2}+\frac{z^2}{n_z^2}=1 \tag{7-15}$$

式中,$n_x、n_y、n_z$ 为折射率椭球的主折射率.

当晶体施加电场后,其折射率椭球就发生"变形",椭球方程变为

$$\left(\frac{1}{n^2}\right)_1 x^2 + \left(\frac{1}{n^2}\right)_2 y^2 + \left(\frac{1}{n^2}\right)_3 z^2 + 2\left(\frac{1}{n^2}\right)_4 yz + 2\left(\frac{1}{n^2}\right)_5 xz + 2\left(\frac{1}{n^2}\right)_6 xy = 1 \tag{7-16}$$

由于外电场,折射率椭球各系数 $\left(\frac{1}{n^2}\right)$ 随之发生线性变化,其变化量可定义为

$$\Delta\left(\frac{1}{n^2}\right)_i = \sum_{j=1}^{3}\gamma_{ij}E_j \tag{7-17}$$

式中,γ_{ij} 称为线性电光系数,i 取值 $1,\cdots,6$,j 取值 $1,2,3$.

式(7-17)可以用张量的矩阵形式表示:

$$\begin{bmatrix} \Delta\left(\dfrac{1}{n^2}\right)_1 \\ \Delta\left(\dfrac{1}{n^2}\right)_2 \\ \Delta\left(\dfrac{1}{n^2}\right)_3 \\ \Delta\left(\dfrac{1}{n^2}\right)_4 \\ \Delta\left(\dfrac{1}{n^2}\right)_5 \\ \Delta\left(\dfrac{1}{n^2}\right)_6 \end{bmatrix} = \begin{bmatrix} \gamma_{11} & \gamma_{12} & \gamma_{13} \\ \gamma_{21} & \gamma_{22} & \gamma_{23} \\ \gamma_{31} & \gamma_{32} & \gamma_{33} \\ \gamma_{41} & \gamma_{42} & \gamma_{43} \\ \gamma_{51} & \gamma_{52} & \gamma_{53} \\ \gamma_{61} & \gamma_{62} & \gamma_{63} \end{bmatrix} \begin{bmatrix} E_x \\ E_y \\ E_z \end{bmatrix} \qquad (7\text{-}18)$$

对常用的 KDP(KH_2PO_4)晶体,有 $n_x = n_y = n_o, n_z = n_e, n_o > n_e$,只有 $\gamma_{41}、\gamma_{52}、\gamma_{63} \neq 0$,而且 $\gamma_{41} = \gamma_{52}$.

得到晶体加外电场 E 后新的折射率椭球(图 7.4)方程:

$$\frac{x^2}{n_o^2} + \frac{y^2}{n_o^2} + \frac{z^2}{n_e^2} + 2\gamma_{41} yz E_x + 2\gamma_{41} xz E_y + 2\gamma_{63} xy E_z = 1 \qquad (7\text{-}19)$$

令外加电场的方向平行于 z 轴,即 $E_z = E, E_x = E_y = 0$,于是有

$$\frac{x^2}{n_o^2} + \frac{y^2}{n_o^2} + \frac{z^2}{n_e^2} + 2\gamma_{63} xy E_z = 1 \qquad (7\text{-}20)$$

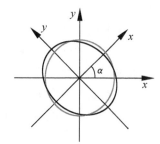

图 7.4 加电场后折射率椭球

将 x 坐标和 y 坐标绕 z 轴旋转 α 角,得到感应主轴坐标系 (x', y', z'),当 $\alpha = 45°$,感应主轴坐标系中椭球方程为

$$\left(\frac{1}{n_o^2} + \gamma_{63} E_z\right) x'^2 + \left(\frac{1}{n_o^2} - \gamma_{63} E_z\right) y'^2 + \frac{1}{n_e^2} z'^2 = 1 \qquad (7\text{-}21)$$

主折射率变为

$$\begin{cases} n_{x'} = n_o - \dfrac{1}{2} n_o^3 \gamma_{63} E_z \\ n_{y'} = n_o + \dfrac{1}{2} n_o^3 \gamma_{63} E_z \\ n_{z'} = n_e \end{cases}$$

可见,KDP 晶体沿 z 轴加电场时,由单轴晶体变成了双轴晶体,折射率椭球的主轴绕 z 轴旋转了 $45°$ 角,此转角与外加电场的大小无关,其折射率变化与电场成正比,这是利用电光效应实现光调制、调 Q、锁模等技术的物理基础.

2. 电光相位延迟

实际应用中,电光晶体总是沿着相对光轴的某些特殊方向切割而成的,而且外电场也是沿着某一主轴方向加到晶体上,常用的有两种方式:一种是电场方向与光束在晶体中的传播方向一致,称为纵向电光效应;另一种是电场与光束在晶体中的传播方向垂直,称为横向电光效应.

(1) 纵向应用

仍以 KDP 晶体为例,沿晶体 z 轴加电场,光波沿 z 轴方向传播.则其双折射特性取决于

椭球与垂直于 z 轴的平面相交所形成的椭圆.令式(7-21)中 $z=0$,得到该椭圆的方程为

$$\left(\frac{1}{n_o^2}+\gamma_{63}E_z\right)x'^2+\left(\frac{1}{n_o^2}-\gamma_{63}E_z\right)y'^2=1 \tag{7-22}$$

长、短半轴分别与 x' 和 y' 重合,x' 和 y' 也就是两个分量的偏振方向,相应的折射率为 $n_{x'}$ 和 $n_{y'}$.

当入射沿 x 方向偏振,进入晶体($z=0$)后即分解为沿 x' 和 y' 方向的两个垂直偏振分量.它们在晶体内传播 L,光程分别为 $n_{x'}L$ 和 $n_{y'}L$,这样,两偏振分量的相位延迟分别为

$$\varphi_{x'}=\frac{2\pi}{\lambda}n_{x'}L=\frac{2\pi L}{\lambda}\left(n_o-\frac{1}{2}n_o^3\gamma_{63}E_z\right),\quad \varphi_{y'}=\frac{2\pi}{\lambda}n_{y'}L=\frac{2\pi L}{\lambda}\left(n_o+\frac{1}{2}n_o^3\gamma_{63}E_z\right)$$

当这两个光波穿过晶体后将产生一个相位差:

$$\Delta\varphi=\varphi_{y'}-\varphi_{x'}=\frac{2\pi}{\lambda}Ln_o^3\gamma_{63}E_z=\frac{2\pi}{\lambda}n_o^3\gamma_{63}U \tag{7-23}$$

这个相位延迟完全是由电光效应造成的双折射引起的,所以称为电光相位延迟.当电光晶体和传播的光波长确定后,相位差的变化仅取决于外加电压,即只要改变电压,就能使相位成比例地变化.

当光波的两个垂直分量 $E_{x'}$、$E_{y'}$ 的光程差为半个波长(相应的相位差为 π)时所需要加的电压,称为"半波电压"(half wave voltage),通常以 U_π 或 $U_{\frac{\lambda}{2}}$ 表示.由式(7-23)得到

$$U_\pi=\frac{\lambda}{2n_o^3\gamma_{63}} \tag{7-24}$$

于是

$$\Delta\varphi=\pi\frac{U}{U_\pi}$$

半波电压是表征电光晶体性能的一个重要参数,这个电压越小越好,特别是在宽频带高频率情况下,半波电压越小,需要的调制功率就越小.

根据上述分析可知,一般情况下,出射的合成振动是椭圆偏振光:

$$\frac{E_{x'}^2}{A_1^2}+\frac{E_{y'}^2}{A_2^2}-\frac{2E_{x'}E_{y'}}{A_1A_2}\cos\Delta\varphi=\sin^2\Delta\varphi \tag{7-25}$$

当晶体上未加电压,$\Delta\varphi=2n\pi(n=0,1,2,\cdots)$,$E_{y'}=\left(\frac{A_2}{A_1}\right)E_{x'}$.

通过晶体后的合成光仍然是线偏振光,且与入射光的偏振方向一致,这种情况下晶体相当于一个"全波片"的作用.

当晶体上加上电压

$$U=\frac{U_\pi}{2}$$

$$\Delta\varphi=\left(n+\frac{1}{2}\right)\pi$$

即

$$\frac{E_{x'}^2}{A_1^2}+\frac{E_{y'}^2}{A_2^2}=1 \tag{7-26}$$

这是一个正椭圆方程,说明通过晶体的合成光为椭圆偏振光.当 $A_1=A_2$ 时,其合成光就变成一个圆偏振光,相当于一个"$\frac{1}{4}$ 波片"的作用.

当外加电压 $U=U_\pi$, $\Delta\varphi=(n+1)\pi$, 有
$$E_{y'}=-\left(\frac{A_2}{A_1}\right)E_{x'}=E_{x'}\tan(-\theta) \tag{7-27}$$

合成光为线偏振光,但偏振方向相对于入射光旋转了一个 2θ 角(若 $\theta=45°$,即旋转了 $90°$,沿着 y 方向),晶体起到一个"半波片"的作用,如图 7.5 所示.

图 7.5 纵向运用 KDP 晶体中光波的偏振态的变化

综上所述,设一束线偏振光垂直于 $x'y'$ 面入射,且沿 x 轴方向振动,它刚进入晶体($x=0$)即可分解为相互垂直的 x'、y' 两个偏振分量,传播距离 L 后,有

x' 分量为 $\quad E_{x'}=A\exp\left\{i\left[\omega t-\left(\frac{\omega}{c}\right)\left(n_o-\frac{1}{2}n_o^3\gamma_{63}E_z\right)L\right]\right\}$

y' 分量为 $\quad E_{y'}=A\exp\left\{i\left[\omega t-\left(\frac{\omega}{c}\right)\left(n_o+\frac{1}{2}n_o^3\gamma_{63}E_z\right)L\right]\right\}$

(2) 横向应用

如果沿 z 轴向加电场,光束传播方向垂直于 z 轴并与 y(或 x)轴成 $45°$ 角,这种运用方式一般采用 $45°-z$ 切割晶体,如图 7.6 所示.设光波垂直于 $x'z$ 平面入射,E 矢量与 z 轴成 $45°$ 角,进入晶体($y'=0$)后即分解为沿 x' 和 z 方向的两个垂直偏振分量.相应的折射率分别为 $n_{x'}=n_o-\frac{1}{2}n_o^3\gamma_{63}E_z$ 和 $n_z=n_e$.

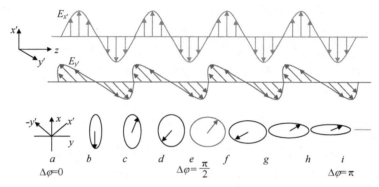

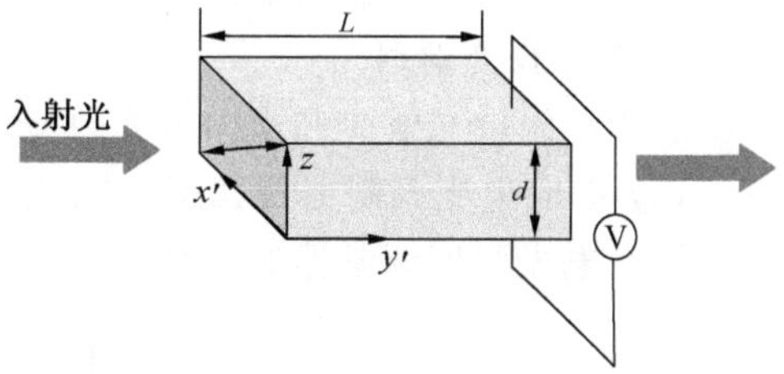

图 7.6 z 轴向电场作用下 KDP 晶体的横向运用

传播距离 L 后,

x' 分量为 $\quad A_{x'}=A\exp\left\{i\left[\omega t-\left(\frac{\omega}{c}\right)\left(n_o-\frac{1}{2}n_o^3\gamma_{63}E_z\right)L\right]\right\}$

z 分量为 $\quad A_z=A\exp\left\{i\left[\omega t-\left(\frac{\omega}{c}\right)n_e L\right]\right\}$

两偏振分量的相位延迟分别为

$$\varphi_{x'}=\frac{2\pi}{\lambda}n_{x'}L=\frac{2\pi L}{\lambda}\left(n_o+\frac{1}{2}n_o^3\gamma_{63}E_z\right)$$

$$\varphi_z=\frac{2\pi}{\lambda}n_z L=\frac{2\pi L}{\lambda}n_e$$

因此,当这两个光波穿过晶体后将产生一个相位差:

$$\Delta\varphi = \varphi_{x'} - \varphi_z = \Delta\varphi_0 + \frac{\pi}{\lambda} n_o^3 \gamma_{63} \left(\frac{L}{d}\right) U \tag{7-28}$$

在横向应用条件下,光波通过晶体后的相位差包括两项:第一项与外加电场无关,是由晶体本身自然双折射引起的;第二项即为电光效应相位延迟.

KDP 晶体的横向运用也可以采用沿 x 轴或 y 轴方向加电场,光束在与之垂直的方向传播.这里不再一一介绍,请感兴趣的同学们自行讨论.

比较 KDP 晶体的纵向应用和横向应用两种情况,可以得到如下两点结论:

第一,横向应用时,存在自然双折射产生的固有相位延迟,与外加电场无关.在没有外加电场时,入射光的两个偏振分量通过晶体后其偏振面已转过了一个角度,这对光调制器等应用不利,应设法消除.

第二,横向应用时,总的相位延迟不仅与所加电压成正比,而且与晶体的长宽比 $\left(\frac{L}{d}\right)$ 有关.相位差只和 $U = E_z L$ 有关.因此,增大 L 或减小 d 就可大大降低半波电压.

例如,在 z 轴向加电场的横向应用中,略去自然双折射的影响,求得半波电压为

$$U_\pi = \frac{\lambda}{n_o^3 \gamma_{63}} \left(\frac{d}{L}\right) \tag{7-29}$$

可见 $\left(\frac{L}{d}\right)$ 越小,U_π 就越小,这是横向应用的优点.

7.2.2 KDP 晶体电光调制

利用电光效应可实现强度调制和相位调制.本节以 KDP 电光晶体为例讨论电光调制的基本原理和电光调制器的结构.

1. 电光强度调制

利用纵向电光效应和横向电光效应均可实现电光强度调制.

(1) 纵向电光调制器及其工作原理

纵向电光强度调制器的结构如图 7.7 所示.

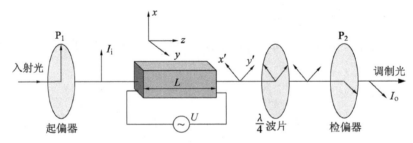

图 7.7 纵向电光强度调制

光进入晶体后被分解为沿 x' 和 y' 方向的两个分量,其振幅和相位都相同,分别为

$$E_{x'}(0) = A\cos\omega_c t, \quad E_{y'}(0) = A\cos\omega_c t$$

或

$$E_{x'}(0) = A e^{j\omega_c t}, \quad E_{y'}(0) = A e^{j\omega_c t}$$

入射光强度为

$$I_i \propto E \cdot E^* = |E_{x'}(0)|^2 + |E_{y'}(0)|^2 = 2A^2 \tag{7-30}$$

通过长度为 L 的晶体之后,$E_{x'}$ 和 $E_{y'}$ 两个分量之间产生了一相位差 $\Delta\varphi$,则有
$$E_{x'}(L)=A, \quad E_{y'}(L)=Ae^{-j\Delta\varphi}$$

那么,通过检偏器后的总电场强度是 $E_{x'}(L)$ 和 $E_{y'}(L)$ 在 y 方向的投影之和,即 $(E_y)_o = \frac{A}{\sqrt{2}}(e^{-j\Delta\varphi}-1)$.

与之相应的输出光强为
$$I_o \propto [(E_y)_o \cdot (E_y^*)_o] = \frac{A^2}{2}(e^{-j\Delta\varphi}-1)(e^{j\Delta\varphi}-1) = 2A^2\sin^2\left(\frac{\Delta\varphi}{2}\right) \tag{7-31}$$

调制器的透过率为
$$T = \frac{I_o}{I_i} = \sin^2\left(\frac{\Delta\varphi}{2}\right) = \sin^2\left(\frac{\pi}{2} \cdot \frac{U}{U_\pi}\right) \tag{7-32}$$

光强调制特性曲线如图 7.8 所示.

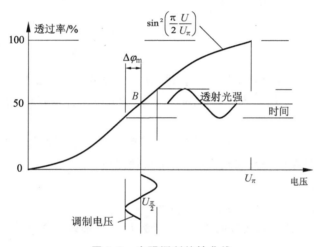

图 7.8 光强调制特性曲线

在一般情况下,调制器的输出特性与外加电压的关系是非线性的.若调制器工作在非线性区,则调制光强将发生畸变.

为了获得线性调制,可以通过引入一个固定的 $\frac{\pi}{2}$ 相位延迟,使调制器的电压偏值在 $T=50\%$ 的工作点上.

常用的办法由两种:其一,在调制晶体上除了施加信号电压之外,再附加一个 $U_{\frac{\pi}{2}}$ 的固定偏压,但此法会增加电路的复杂性,而且工作点的稳定性也差.其二,如图 7.7 所示,在调制器的光路上插入一 $\frac{\lambda}{4}$ 波片,其快慢轴与晶体的主轴 x 成 $45°$ 角,从而使 $E_{x'}$ 和 $E_{y'}$ 两个分量之间产生 $\frac{\pi}{2}$ 的固定相位差.

于是总相位差为
$$\Delta\varphi = \frac{\pi}{2} + \pi\frac{U_m}{U_\pi}\sin\omega_m t = \frac{\pi}{2} + \Delta\varphi_m\sin\omega_m t$$

调制的透过率可表示为

$$T = \frac{I_o}{I_i} = \sin^2\left(\frac{\pi}{4} + \frac{\Delta\varphi_m}{2}\sin\omega_m t\right) = \frac{1}{2}[1 + \sin(\Delta\varphi_m \sin\omega_m t)] \tag{7-33}$$

利用贝塞尔函数，将上式中的 $\sin(\Delta\varphi_m \sin\omega_m t)$ 展开，得

$$T = \frac{1}{2} + \sum_{n=0}^{\infty}\{J_{2n+1}(\Delta\varphi_m)\sin[(2n+1)\omega_m t]\} \tag{7-34}$$

可见，输出的调制光中含有高次谐波分量，使调制光发生畸变。

为了获得线性调制，必须将高次谐波控制在允许的范围内。设基频波和高次波的幅值分别为 I_1 和 I_{2n+1}，则高次谐波与基频波成分的比值为

$$\frac{I_{2n+1}}{I_1} = \frac{J_{2n+1}(\Delta\varphi_m)}{J_1(\Delta\varphi_m)} \quad (n=0,1,2,\cdots) \tag{7-35}$$

若取 $\Delta\varphi_m = 1\,\text{rad}$，则 $J_1(1) = 0.44$，$J_3(1) = 0.02$，$\frac{I_3}{I_1} = 0.045$，即三次谐波为基波的 5%。在这个范围内可近似获得线性调制，因而取

$$\Delta\varphi_m = \pi\frac{U_m}{U_\pi} \leqslant 1\,\text{rad} \tag{7-36}$$

作为线性调制的判据。

为了获得线性调制，要求调制信号不宜过大（小信号调制），那么输出光强调制波就是调制信号 $U = U_m \sin\omega_m t$ 的线性复现。如果 $\Delta\varphi_m \leqslant 1\,\text{rad}$ 的条件不能满足（大信号调制），则光强调制波就要发生畸变。

纵向电光调制器具有结构简单、工作稳定、不存在自然双折射的影响等优点。其缺点是半波电压太高，特别是在调制频率较高时，功率损耗比较大。

(2) 横向电光调制

横向电光效应的运用可以分为三种不同形式：

① 沿 z 轴方向加电场，通光方向垂直于 z 轴，并与 x 轴或 y 轴成 45°夹角（晶体为 45°—z 切割）。

② 沿 x 轴方向加电场（即电场方向垂直于光轴），通光方向垂直于 x 轴，并与 z 轴成 45°夹角（晶体为 45°—x 切割）。

③ 沿 y 轴方向加电场（即电场方向垂直于光轴），通光方向垂直于 y 轴，并与 z 轴成 45°夹角（晶体为 $-y$ 切割）。在此仅以 KDP 晶体的第一类运用方式为代表进行分析。

光进入晶体后，将分解为沿 x' 和 z 方向振动的两个分量，其折射率分别为 $n_{x'}$ 和 n_z。若通光方向的晶体长度为 L，厚度（两电极间的距离）为 d，外加电压 $U = Ed$，则从晶体出射两光波的相位差为

$$\Delta\varphi = \frac{2\pi}{\lambda}(n_{x'} - n_z)L = \frac{2\pi}{\lambda}\left[(n_o - n_e)L - \frac{1}{2}n_o^3\gamma_{63}\left(\frac{L}{d}\right)U\right] \tag{7-37}$$

KDP 晶体的 γ_{63} 横向电光效应使光波通过晶体后的相位延迟包括两项：第一项是与外电场无关的由晶体本身的自然双折射引起的相位延迟，这对调制器的工作没有什么贡献，而且当晶体温度变化时，还会带来不利影响，应设法消除。

第二项是外电场作用产生的相位延迟，其与外加电压 U 和晶体的尺寸 L/d 有关，若适当地选择晶体的尺寸，则可以降低半波电压。

在实际应用中，主要采用一种"组合调制器"的结构予以补偿：

一种方法是将两块尺寸、性能完全相同的晶体的光轴互成 90°串联排列，即一块晶体的 y' 和 z 轴分别与另一块晶体的 z 和 y' 平行.

另一种方法是将两块晶体的 z 轴和 y' 轴互相反向平行排列，中间放置 $\frac{\lambda}{2}$ 波片.

这两种方法的补偿原理是相同的. 外电场沿 z 轴（光轴）方向，但在两块晶体中电场相对于光轴反向，当线偏振光沿 y' 轴方向入射第一块晶体时，电矢量分解为沿 z 方向的 e_1 光和沿 x' 方向的 o_1 光两个分量，当它们经过第一块晶体之后，两束光的相位差为

$$\Delta\varphi_1 = \varphi_{x'} - \varphi_z = \frac{2\pi}{\lambda}\left(n_o - n_e + \frac{1}{2}n_o^3\gamma_{63}E_z\right)L$$

经过 $\frac{\lambda}{2}$ 波片后，两束光的偏振方向各旋转 90°，经过第二块晶体后，原来的 e_1 光变成了 o_1 光、o_2 光变成 e_2 光，则它们经过第二块晶体后，其相位差为

$$\Delta\varphi_2 = \varphi_z - \varphi_{x'} = \frac{2\pi}{\lambda}\left(n_e - n_o + \frac{1}{2}n_o^3\gamma_{63}E_z\right)L$$

于是，通过两块晶体之后的总相位差为

$$\Delta\varphi = \Delta\varphi_1 + \Delta\varphi_2 = \frac{2\pi}{\lambda}n_o^2\gamma_{63}U\frac{L}{d} \tag{7-38}$$

因此，若两块晶体的尺寸、性能及受外界影响完全相同，则自然双折射的影响即可得到补偿.

2. 电光相位调制

图 7.9 所示的是一电光相位调制的原理图，它由起偏器和电光晶体组成. 外电场不改变出射光的偏振状态，仅改变其相位，相位的变化为

$$\Delta\varphi_{x'} = -\frac{\omega_c}{c}\Delta n_{x'}L \tag{7-39}$$

输出光场为

$$E_o = A_c\cos\left[\omega_c t - \frac{\omega_c}{c}\left(n_o - \frac{1}{2}n_o^3\gamma_{63}E_m\sin\omega_m t\right)L\right]$$

则上式可写成

$$E_o = A_c\cos(\omega_c t + m_\varphi\sin\omega_m t) \tag{7-40}$$

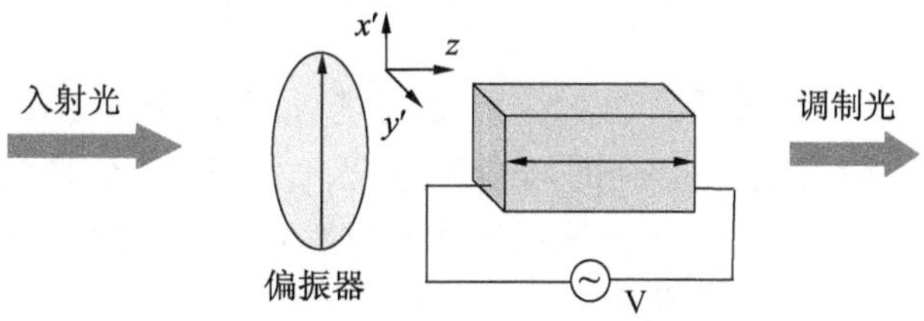

图 7.9 电光相位调制原理图

3. 电光调制器的电学性能

对电光调制器来说，总是希望获得高的调制效率及满足要求的调制带宽. 下面分析一下电光调制器在不同调制频率情况下的工作特性.

电光调制器的等效电路如图 7.10 所示. 其中，U_s 和 R_s 分别表示调制电压和调制电源内阻，C_0 为调制器的等效电容，R_e 和 R 分别为导线电阻和晶体的直流电阻. 由图 7.10 可知，作用到晶体上的实际电压为

$$U = \frac{U_s \left[\dfrac{1}{(1/R)+j\omega C_0}\right]}{R_s + R_e + \dfrac{1}{(1/R)+j\omega C_0}} = \frac{U_s R}{R_s + R_e + R + j\omega C_0 (R_s R + R_e R)}$$

在低频调制时,一般有 $R \gg R_s + R_e$,$j\omega C_0$ 也较小,因此信号电压可以有效地加到晶体上. 但是,当调制频率增高时,调制晶体的交流阻抗变小,当 $R > (\omega C_0)^{-1}$ 时,大部分调制电压就降在 R_s 上,调制电源与晶体负载电路之间阻抗不匹配,这时调制效率就要大大降低,甚至不能工作. 实现阻抗匹配的办法是在晶体两端并联一电感 L,构成一个并联谐振回路,其谐振频率为 $\omega_0^2 = (LC_0)^{-1}$,另外再并联一个分流电阻 R_L,其等效电路如图 7.11 所示. 当调制信号频率 $\omega_m = \omega_0$ 时,此电路的阻抗就等于 R_L,若选择 $R_L \gg R_s$,就可使调制电压大部分加到晶体上. 但是,这种方法虽然能提高调制效率,可是谐振回路的带宽是有限的. 它的阻抗只在频率间隔 $\Delta \omega \approx \dfrac{1}{R_L C_0}$ 的范围内才比较高. 因此,欲使调制波不发生畸变,其最大可容许调制带宽(即调制信号占据的频带宽度)必须小于

$$\Delta f_m = \frac{\Delta \omega}{2\pi} \approx \frac{1}{2\pi R_L C_0} \tag{7-41}$$

称为"体调制器". 其缺点在于要给整个晶体施加外电场,要改变晶体的光学性能,需要加相当高的电压,从而使通过的光波受到调制.

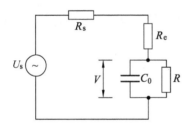

图 7.10 电光调制器的等效电路图

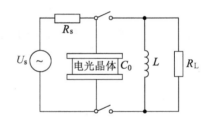

图 7.11 调制器的并联谐振回路

7.3 声光调制

声波在介质中传播时,使介质产生弹性形变,引起介质的密度呈疏密相间的交替分布,因此,介质的折射率也随之发生相应的周期性变化. 这如同一个光学"相位光栅"(phase grating),光栅常数等于声波长 λ_s. 当光波通过此介质时,会产生光的衍射. 衍射光的强度、频率、方向等都随超声场的变化而变化.

7.3.1 相位栅类型

超声行波的瞬时相位栅如图 7.12 所示. 由于声速仅为光速的数十万分之一,所以对光波来说,运动的"声光栅"可以看作是静止的(图 7.13). 设声波的角频率为 ω_s,波矢为 k_s,则沿 x 方向介质的折射率变化为

$$\Delta n(x, t) = \Delta n \cos(\omega_s t - k_s x) \tag{7-42}$$

介质折射率分布为

$$n(x,t)=n_0+\Delta n\cos(\omega_s t-k_s x)=n_0-\frac{1}{2}n_0^3 PS\cos(\omega_s t-k_s x) \quad (7\text{-}43)$$

式中,S 为超声波引起介质产生的应变,P 为材料的弹光系数,n_0 为无超声波时的介质折射率.

超声驻波形成的折射率变化为

$$\Delta n(x,t)=2\Delta n\,\sin\omega_s t\,\sin k_s x \quad (7\text{-}44)$$

若超声频率为 f_s,那么光栅出现和消失的次数则为 $2f_s$,因而光波通过该介质后所得到的调制光的调制频率将为声频率的两倍.

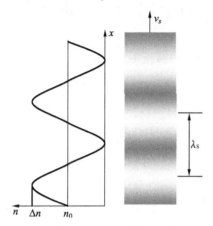

图 7.12　超声行波在介质中的传播

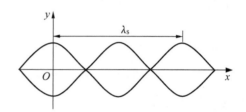

图 7.13　超声驻波

7.3.2　声光衍射

按照声波频率的高低以及声波和光波作用长度的不同,声光相互作用可以分为拉曼-纳斯衍射和布喇格衍射两种类型.

1. 拉曼-纳斯衍射

产生拉曼-纳斯衍射的条件:当超声波频率较低,光波平行于声波面入射,声光互作用长度 L 较短时,在光波通过介质的时间内,折射率的变化可以忽略不计,则声光介质可近似看作为相对静止的"平面相位栅".

当光波平行通过介质时,几乎不通过声波面,因此只受到相位调制.即通过光密部分的光波波阵面将延迟,而通过光疏部分的光波波阵面将超前,于是通过声光介质的平面波波阵面出现凸凹现象,变成一个折皱曲面,如图 7.14 所示.

由出射波阵面上各子波源发出的次波将发生相干作用,形成与入射方向对称分布的多级衍射光,这就是拉曼-纳斯衍射的特点.

设宽度为 q 的光波垂直入射宽度为 L 的声波柱,如图 7.15 所示,则在声场外 P 点处总的衍射光强是所有子波源贡献的和,即

$$\begin{aligned}E_P = &\, q\sum_{r=0}^{\infty}J_{2r}(v)\left[\frac{\sin(lk_i+2rk_s)q/2}{(lk_i+2rk_s)q/2}+\frac{\sin(lk_i-2rk_s)q/2}{(lk_i-2rk_s)q/2}\right]\\ &+q\sum_{r=0}^{\infty}J_{2r+1}(v)\left\{\frac{\sin[lk_i+(2r+1)k_s]q/2}{[lk_i+(2r+1)k_s]q/2}-\frac{\sin[lk_i-(2r+1)k_s]q/2}{[lk_i-(2r+1)k_s]q/2}\right\}\end{aligned} \quad (7\text{-}45)$$

式中,$J_r(v)$ 是 r 阶贝塞尔函数,$l=\sin\theta$,$v=(\Delta n)k_i L$.

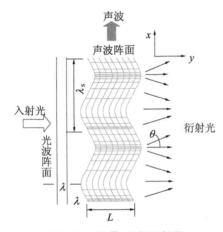
图 7.14 拉曼-纳斯衍射图

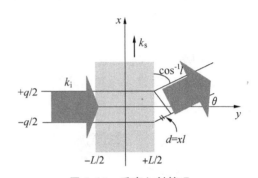
图 7.15 垂直入射情况

衍射光场强度各项取极大值的条件为

$$k_i\sin\theta \pm mk_s = 0 \quad (m=整数>0) \tag{7-46}$$

各级衍射的方位角为

$$\sin\theta_m = \pm m\frac{k_s}{k_i} = \pm m\frac{\lambda}{\lambda_s} \quad (m=0,\pm 1,\pm 2,\cdots) \tag{7-47}$$

各级衍射光的强度为

$$I_m \propto J_m^2(v), \quad v=(\Delta n)k_i L = \frac{2\pi}{\lambda}\Delta n L \tag{7-48}$$

由于 $J_m^2(v) = J_{-m}^2(v)$，故各级衍射光对称地分布在零级衍射光两侧，且同级次衍射光的强度相等．

由于 $J_0^2(v) + 2\sum_{1}^{\infty} J_m^2(v) = 1$，表明无吸收时衍射光各级极值光强之和应等于入射光强，即光功率是守恒的．

由于光波与声波场作用，各级衍射光波将产生多普勒频移，应有 $\omega = \omega_i \pm m\omega_s$．

考虑到声束的宽度，当光波传播方向上声束的宽度 L 满足条件 $L < L_0 \approx \dfrac{n\lambda_s^2}{4\lambda_0}$，才会产生多级衍射，否则从多级衍射过渡到单级衍射．

2. 布喇格衍射

产生布喇格衍射条件：声波频率较高，声光作用长度 L 较大，光束与声波波面间以一定的角度斜入射，介质具有"体光栅"的性质．

各高级次衍射光将互相抵消，只出现 0 级和 +1 级（或 -1 级）衍射光，这是布喇格衍射的特点，如图 7.16 所示．

若能合理选择参数，并使超声场足够强，可使入射光能量几乎全部转移到 +1 级（或 -1 级）衍射极值上．因此，利用布喇格衍射效应制成的声光器件可以获得较高的效率．

如图 7.17 所示，入射光 1 和 2 在 B、C 点反射的 $1'$ 和 $2'$ 同相位，则光程差 $AC-BD$ 等于光波波长的整数倍，即

$$x(\cos\theta_i - \cos\theta_d) = m\frac{\lambda}{n} \quad (m=0,\pm 1) \tag{7-49}$$

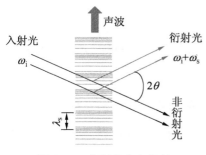
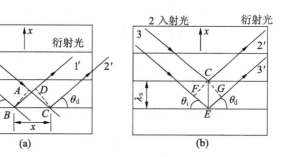

图 7.16 布喇格声光衍射　　　　图 7.17 产生布喇格衍射条件的模型

要使声波面上所有点同时满足这一条件,只有使

$$\theta_i = \theta_d \tag{7-50}$$

由 C、E 点反射的 $2'$、$3'$ 同相位,则光程差 $FE+EG$ 必须等于光波波长的整数倍,即

$$\lambda_s(\cos\theta_i + \cos\theta_d) = \frac{\lambda}{n} \tag{7-51}$$

考虑到 $\theta_i = \theta_d$,所以

$$\sin\theta_B = \frac{\lambda}{2n\lambda_s} = \frac{\lambda}{2nv_s}f_s \tag{7-52}$$

θ_B 称为布喇格角. 只有入射角 θ_i 等于布喇格角 θ_B 时,在声波面上衍射的光波才具有同相位,满足相干加强的条件,得到衍射极值,上式称为布喇格方程.

下面推导布喇格衍射光强度与声光材料特性和声场强度的关系. 当入射光强为 I_i 时,布喇格声光衍射的 0 级和 1 级衍射光强的表达式可分别写成

$$\begin{cases} I_0 = I_i \cos^2\left(\frac{\beta}{2}\right) \\ I_1 = I_i \sin^2\left(\frac{\beta}{2}\right) \end{cases} \tag{7-53}$$

$$\beta = \frac{2\pi}{\lambda}\Delta n L$$

得衍射效率

$$\eta_s = \frac{I_1}{I_i} = \sin^2\left(\frac{\pi L}{\sqrt{2}\lambda}\sqrt{\frac{L}{H}M_2 P_s}\right)$$

$M_2 = \frac{n^6 P^2}{\rho v_s^3}$ 是声光介质的物理参数组合,是由介质本身性质决定的量,称为声光材料的品质因数(或声光优质指标),它是选择声光介质的主要指标之一;P_s 为超声功率;H 为换能器的宽度;L 为换能器的长度.

可见:

① 若 P_s 确定,要使衍射光强尽量大,则要求选择 M_2 大的材料,并要把换能器做成长而窄(即 L 大 H 小)的形式.

② 当 P_s 足够大,使 $\frac{\pi L}{\sqrt{2}\lambda}\sqrt{\frac{L}{H}M_2 P_s}$ 达到 $\frac{\pi}{2}$ 时,$\frac{I_1}{I_i} = 100\%$.

③ 当改变 P_s 时,$\frac{I_1}{I_i}$ 也随之改变,因而通过控制 P_s(即控制加在电声换能器上的电功率)

就可以达到控制衍射光强的目的,实现声光调制.

3. 声束和光束的匹配

为了充分利用声能和光能,声光调制器比较合理的情况是工作于声束和光束的发散角比 $\alpha \approx 1 \left[\alpha = \dfrac{\Delta\theta_i(\text{光束发散角})}{\Delta\phi(\text{声束发散角})} \right]$.

对于声光调制器,为了提高衍射光的消光比,希望衍射光尽量与 0 级光分开,要求衍射光中心和 0 级光中心之间的夹角大于 $2\Delta\phi$,即大于 $\dfrac{8\lambda}{\pi d_0}$. 由于衍射光和 0 级光之间的夹角(即偏转角)等于 $\dfrac{\lambda}{v_s} f_s$,因此可分离条件为

$$f_s \geq \dfrac{8v_s}{\pi d_0} = \dfrac{8}{\pi\tau} \approx \dfrac{2.55}{\tau} \tag{7-54}$$

7.4 光束扫描技术

光束扫描(beam scanning)技术根据应用目的不同可分为两种类型:一种是光的偏转角连续变化的模拟式扫描,它能描述光束的连续位移;另一种是不连续的数字扫描,它是在选定空间的某些特定位置上使光束的空间位置"跳变". 前者主要用于各种显示,后者主要用于光存储.

7.4.1 机械扫描

机械扫描(mechanical scanning)技术是目前最成熟的一种扫描方法. 如果只需要改变光束的方向,即可采用机械扫描方法. 机械扫描技术是利用反射镜或棱镜等光学元件的旋转或振动实现光束扫描. 图 7.18 所示为一简单的机械扫描原理装置,激光束入射到一可转动的平面反射镜上,当

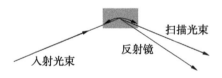

图 7.18 机械扫描装置示意图

平面镜转动时,平面镜反射的激光束的方向就会发生改变,达到光束扫描的目的.

机械扫描方法虽然原始,扫描速度慢,但其扫描角度大而且受温度影响小,光的损耗小,因而适用于各种光波长的扫描. 因此,机械扫描方法在目前仍是一种常用的光束扫描方法. 它不仅可以用在各种显示技术中,还可用在微型图案的激光加工装置中.

7.4.2 电光扫描

电光扫描(electrooptical scanning)利用电光效应来改变光束在空间的传播方向,其原理如图 7.19 所示.

光束沿 y 方向入射到长度为 L、厚度为 d 的电光晶体,如果晶体的折射率是坐标 x 的线性函数,即

$$n(x) = n + \dfrac{\Delta n}{d} x \tag{7-55}$$

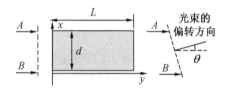

图 7.19 电光扫描原理图

用折射率的线性变化 $\dfrac{\mathrm{d}n}{\mathrm{d}x}$ 代替 $\dfrac{\Delta n}{d}$,那么光束射出晶体后的偏转角 θ 可根据折射定律 $\dfrac{\sin\theta}{\sin\theta'} = n$

求得. 设 $\sin\theta \approx \theta \ll 1$, 则

$$\theta = n\theta' = -L\frac{\Delta n}{d} = -L\frac{dn}{dx} \quad (7\text{-}56)$$

式中的负号是由坐标系引进的, 即 θ 由 y 转向 x 为负.

图 7.20 所示的是根据这种原理做成的双 KDP 楔形棱镜扫描器. 它由两块 KDP 直角棱镜组成, 棱镜的三个边分别沿 x'、y' 和 z 轴方向, 但两块晶体的 z 轴反向平行. 光线沿 y' 方向传播且沿 x' 方向偏振. 在这种情况下, A 线完全在上棱镜中传播, "经历" 的折射率为 $n_A = n_o - \frac{1}{2}n_o^3\gamma_{63}E_x$. 而在下棱镜中, B 线 "经历" 的折射率为 $n_B = n_o + \frac{1}{2}n_o^3\gamma_{63}E_x$. 于是上、下折射率之差 ($\Delta n = n_B - n_A$) 为 $n_o^3\gamma_{63}E_x$. 得

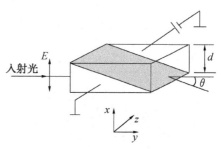

图 7.20 双 KDP 楔形棱镜扫描

$$\theta = \frac{L}{d}n_o^3\gamma_{63}E_x \quad (7\text{-}57)$$

取 $L = d = h = 1\,\text{cm}$, $\gamma_{63} = 10.5 \times 10^{-12}\,\text{m/V}$, $n_o = 1.51$, $V = 1000\,\text{V}$, 则得 $\theta = 35 \times 10^{-7}\,\text{rad}$. 可见电光偏转角是很小的, 很难达到实用的要求.

为了使偏转角加大, 而电压又不致太高, 常将若干个 KDP 棱镜在光路上串联起来, 构成长为 mL、宽为 d、高为 h 的偏转器. 如图 7.21 所示 KDP 棱镜偏转器中两端各有一个角为 $\frac{\beta}{2}$ 的 KDP, 中间是几块顶角为 β 的等腰三角棱镜, 它们的 z 轴垂直于图面, 棱镜的宽度与 z 轴平行, 前后相邻的两棱镜的光轴反向, 电场沿 z 轴方向. 各棱镜的折射率交替为 $n_o - \Delta n$ 和 $n_o + \Delta n$, 其中 $\Delta n = \frac{1}{2}n_o^3\gamma_{63}E$. 故光束通过扫描器后, 总的偏转角为每级 (一对棱镜) 偏转角的 m 倍, 即

$$\theta_{\text{总}} = m\theta = \frac{mLn_o^3\gamma_{63}V}{hd} \quad (7\text{-}58)$$

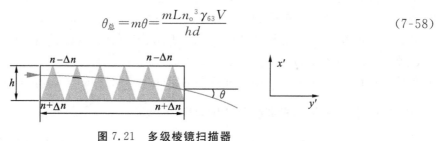

图 7.21 多级棱镜扫描器

一般 m 为 $4 \sim 10$, m 不能无限增加的主要原因是激光束有一定的尺寸, 而 h 的大小有限, 光束不能偏出 h 之外.

7.4.3 电光数字式扫描

它是由电光晶体和双折射晶体组合而成的, 其结构原理如图 7.22 所示. 图中 S 为 KDP 晶体, B 为方解石双折射晶体 (分离棱镜), 它能使线偏振光分成互相平行、振动方向垂直的两束光, 其间隔 b 为分裂度, ε 为分裂角 (也称离散角).

上述电光晶体和双折射晶体就构成了一个一级数字扫描器，入射的线偏振光随电光晶体上加和不加半波电压而分别占据两个"地址"之一，分别代表"0"和"1"状态．

若把 n 个这样的数字偏转器组合起来，就能做到 n 级数字式扫描．如图 7.23 所示为一个三级数字式扫描器，使入射光分离为 2^3 个扫描点的情况．

要使可扫描的位置分布在二维方向上，只要用两个彼此垂直的 n 级扫描器组合起来就可以实现．这样就可以得到 $2^n \times 2^n$ 个二维可控扫描位置．

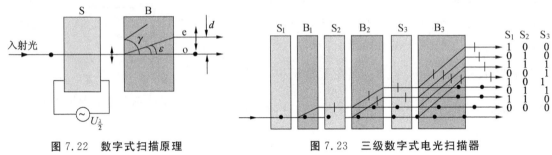

图 7.22　数字式扫描原理　　　　　　图 7.23　三级数字式电光扫描器

7.5　空间光调制器

前面介绍的各种调制器是对一束光的"整体"进行作用，而且对与光传播方向相垂直的 xy 平面上的每一点其效果相同．空间光调制器可以形成随 xy 坐标变化的振幅（或强度）透过率 $A(x,y) = A_0 T(x,y)$，或者形成随坐标变化的相位分布 $A(x,y) = A_0 T e^{j\varphi(x,y)}$，或者形成随坐标变化的不同的散射状态．顾名思义，这是一种对光波的空间分布进行调制的器件．

控制单元光学性质的信号称为"写入信号"，写入信号可以是光信号，也可以是电信号，射入器件并被调制的光波称为"读出光"；经过空间光调制器后的输出光波称为"输出光"．若写入信号是光学信号时，通常表现为一个二维的光强分布的图像，通过一光学系统成像在空间光调制器的单元平面上，这个过程称为"编址"．当读出光通过调制器时，其光学参量（振幅、强度、相位或偏振态）就受到空间光调制器各单元的调制，结果变成了一束具有新的光学参量空间分布的输出光．这种器件可以应用于光学信息处理和光计算机中用作图像转换、显示、存储、滤波．特别是为获得光学信息处理的优点，进行实时的二维并行处理就更需要实时的空间光调制器．本节简要介绍几种典型的空间光调制器（spatial light modulator）．

7.5.1　泡克耳读出光调制器（PROM）

泡克耳读出光调制器是一种利用电光效应制成的光学编址型空间光调制器，其性能比较好，目前已得到实际的应用．

为了满足实时处理的要求，陆续出现了多种结构原理的器件，有的把光敏薄膜与铁电晶体结合起来；有的则利用本身具有光敏性能的光致导电晶体制成．其中由硅酸铋（BSO）晶体材料制成的空间光调制器得到了较快的发展，BSO 不但具有光电导效应，而且具有线性电光效应．它的半波电压比较低，对 $\lambda = 400 \sim 450$ nm 的蓝光较灵敏（光子能量较大），而对 600 nm 的红光（光子能量较小）的光电导效应很微弱．由于光敏特性随波长的剧烈变化，材料对蓝光敏感，对红光不敏感，所以可用蓝光作为写入光，用红光作为读出光，从而可减少读出光和写入光之间的互相干扰.

BSO-PROM 空间光调制器的结构示意图如图 7.24 所示. 在 BSO 晶体的两侧涂覆 3μm 厚的绝缘层, 最外层镀上透明电极就成为透射式器件. 如果在写入一侧镀上双色反射层用以反射红光而透射蓝光, 就构成反射式的器件. 反射式结构不但能降低半波电压, 而且消除了晶体本身旋光性的影响.

7.5.2 液晶空间光调制器

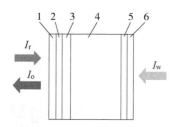

1、6. 透明电极; 2、5. 绝缘层; 3. 双色反射层; 4. 晶体

图 7.24 反射式硅酸铋空间光调制器结构示意图

液晶是一种有机化合物, 一般由棒状柱形对称的分子构成, 具有很强的电偶极矩和容易极化的化学团. 对这种物质施加外场(电、热、磁等), 液晶分子的排列方向和液晶分子的流动位置就会发生变化, 即能改变液晶的物理状态. 如对液晶施加电场, 它的光学性质就发生变化, 这就是液晶的电光效应.

比较典型的液晶空间光调制器是硫化镉 (CdS) 向列相液晶光阀, 如图 7.25 所示. 这种液晶光阀的主要功能是实现图像的非相干/相干转换. 其工作过程是, 将待转换的一非相干图像通过一光学系统(作为写入光 I_w)从器件右侧成像到光导层上, 同时有一束线偏振相干光(作为读出光 I_r)从器件左侧射向液晶层, 其偏振方向与液晶层左端的分子长轴方向一致, 由于高反射膜的作用, 这束光将两次通过液晶层, 最后从左方出射, 通过一个偏振轴方向与 I_r 偏振方向相垂直的检偏器, 得到输出光 I_o.

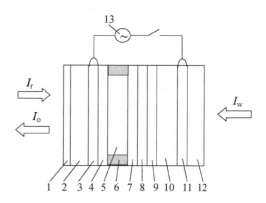

1. 介质膜; 2、12. 平板玻璃; 3、11. 透明电极; 4、7. 液晶分子取向膜层; 5. 液晶; 6. 膈圈; 8. 多层介质膜反射镜; 9. 隔光层; 10. 光导层; 13. 电源

图 7.25 硫化镉液晶光阀示意图

思考题

1. 什么叫线性电光效应?
2. 怎样利用 KDP 晶体实现强度调制? 说明原理.

附录 D 几种常用的光强度调制装置

一、调制盘

最简单的调制盘有时叫作斩波器, 如图 D.1(a) 所示, 在圆形板上由透明和不透明相同的扇形区构成. 当盘旋转时, 通过盘的光脉冲周期性的变化, 光脉冲的形状决定于扇形尺寸和光源在盘上的像的大小和形状. 如果光源聚焦在盘上成一极小的圆, 如 M 点, 则通过盘的光脉冲为矩形波. 如果光源在盘上的像较大, 如 P 点的圆, 则盘旋转时, 黑的扇形逐步遮盖光斑,通过盘的光强近乎正弦地变化.如欲调制线光源[图 D.1(b)],可把线光源 1 放于圆筒 2 的中心轴上,在圆筒的表面上有相隔等距离的狭缝 3,圆筒的前面放置缝隙光阑 4,仅当圆筒的狭缝与光阑的狭缝对准时,有光通过光阑,而当圆筒旋转时,可得到线状的调制光.

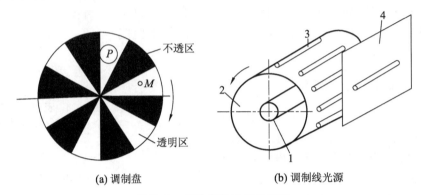

图 D.1　斩波器和调制线光源

二、利用电磁感应的机械式光调制

利用电磁感应产生运动,完成光调制的方案很多,图 D.2 所示是其中一种装置原理图.将一永磁铁固定在基座上,中间加入激磁线圈,该线圈中铁芯的一端经簧片后固定在基座上,在铁芯的另一端上固定挡片,即光调制片.在激磁线圈中加入交变电流,则铁芯两端产生交变磁场,在永磁铁作用下挡片左右摆动,对光束进行调整,其调制频率是激磁电流交变频率的两倍,而其调制波形应与激磁电流的波形和强度、光束和挡片的相对形状和大小有关.

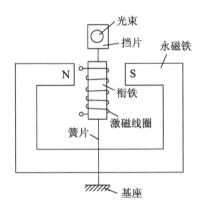

图 D.2　电磁感应调制器

第8章 光电成像与显示技术

图像是人类获取自然界信息的最重要的途径,人类70%以上所获取的信息来源于人眼,即来自图像.光电成像(photoelectronic imaging)与显示技术(display technology)是各类设备的眼睛,被广泛应用于工业生产、军事监控、文化生活等领域.随着现代半导体制造技术的不断发展,光电传感器在像元总数、像元尺寸、响应灵敏度等方面不断提升,应用日益广泛.与此同时,随着智能手机的普及和三维显示的应用需求,结合新材料、新设计、新方法的显示技术,正带给我们一场前所未有的视觉盛宴.

8.1 固体摄像器件

光电成像系统的核心是光电传感器.光电传感器把入射到光敏面上的空间分布光强信息(可见光、红外辐射等)转换为按时序串行输出的电信号,使该信号再现入射的光辐射图像.常见的固体摄像器件主要有三大类:电荷耦合器件(charge coupled device,CCD)、互补金属氧化物半导体(complementary metal oxide semiconductor,CMOS)图像传感器、电荷注入器件(charge injection device,CID).本节着重介绍前两种固体摄像器件.

8.1.1 电荷耦合器件(CCD)

自1970年美国贝尔实验室研制成功第一只电荷耦合器件(CCD)以来,依靠业已成熟的MOS集成电路工艺,CCD技术得以迅速发展.电荷耦合器件(CCD)是由整齐紧密排列的若干个小的光敏元(通常称为像素)组成的阵列,总约有几十万甚至上千万个.它们的作用就相当于人的视网膜上的感光细胞,用以感受照射在其上的光的强弱与色彩.

1. 工作原理

CCD以电荷作为信号,通过电荷存储与电荷转移将光信号空间分布转换为电信号分布.其工作过程分为信号电荷的产生、存储、传输和检测四个过程.

(1) 电荷存储

构成CCD的基本单元是MOS(金属-氧化物-半导体)电容器,这种电容器能存储电荷,其结构如图8.1所示.以P型硅为例,在硅衬底上进行氧化处理,形成二氧化硅(SiO_2)层,在上面淀积金属作为栅极构成一只MOS电容器.在P型硅中空穴是多数载流子,电子是少数载流子,CCD传感器利用的就是带负电的电子.若在某一时刻给它的金属电极加上正向电压U_G,p-Si中的多数载流子(此时是空穴)便会受到排斥,于是,在Si表面处就会形成一个耗尽区,电荷耦合器件必须工作在瞬态和深度耗尽状态.这个耗尽区与普通的PN结一样,同样也是电离受主构成的空间电荷区.并且,在一定条件下,U_G 越大,耗尽层就越深.这时,Si 表面吸收少数载流子(此时是电子)的势(即表面势 U_i)也就越大.显而易见,这时的 MOS 电容器所能容纳的少数载流子电荷的量就越大.

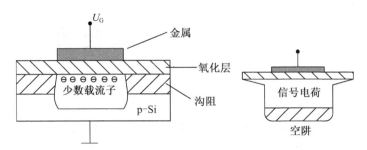

图 8.1　MOS(金属-氧化物-半导体)电容器结构及表面势阱

当 CCD 受到光照时,半导体吸收了电子的能量,随即产生电子-空穴对,这时电子被吸引存储在势阱中,这些电子是可以传导的.光照越强,势阱中所存储的电子越多.这样就把光照强度和电荷数量联系了起来,实现了光电转换.由于势阱中的电子处于存储状态,不会短时间消失,便实现了对光强的记忆.

(2) 电荷传输

CCD 器件中存储在势阱中的电荷包,能随栅极电压的变化做定向移动.当相邻电极的压差以及它们间的距离满足一定的要求时,电荷就能顺利地由浅势阱转移到深势阱.通常是将频率、波形相同,并且彼此间相位保持固定关系的多相时钟脉冲分组依次加在 CCD 的电极上,使电极上的电压按一定的规律变化,在半导体表面形成一系列分布不对称的势阱,使得电荷包沿着势阱的移动方向做定向连续移动,这就是所谓多相时钟驱动法.其中包括两相时钟驱动、三相时钟驱动和四相时钟驱动等.

下面以三相表面沟道 CCD(Surface Channel CCD)为例,解释 CCD 电荷转移过程.

图 8.2 为三相表面沟道 CCD 电荷转移示意图,在 t_1 时刻,ϕ_1 高电位,ϕ_2、ϕ_3 低电位.此时 ϕ_1 电极下的表面势最大,势阱最深.假设此时已有信号电荷(电子)注入,则电荷就被存储在 ϕ_1 电极下的势阱中.t_2 时刻,ϕ_1、ϕ_2 为高电位,ϕ_3 为低电位,则 ϕ_1、ϕ_2 下的两个势阱的空阱深度相同,但因 ϕ_1 下面存储有电荷,则 ϕ_1 势阱的实际深度比 ϕ_2 电极下面的势阱浅,ϕ_1 下面的电荷将向 ϕ_2 下转移,直到两个势阱中具有同样多的电荷.t_3 时刻,ϕ_2 仍为高电位,ϕ_3 仍为低电位,而 ϕ_1 由高到低转变.此时 ϕ_1 下的势阱逐渐变浅,使 ϕ_1 下的剩余电荷继续向 ϕ_2 下的势阱中转移.t_4 时刻,ϕ_2 为高电位,ϕ_1、ϕ_3 为低电位,ϕ_2 下面的势阱最深,信号电荷都被转移到 ϕ_2 下面的势阱中,这与 t_1 时刻的情况相似,但电荷包向右移动了一个电极的位置.当经过一个时钟周期 T 后,电荷包将向右转移三个电极位置,即一个栅周期(也称一位).因此,时钟的周期变化,就可使 CCD 中的电荷包在电极下被转移到输出端,其工作过程从效果上看类似于数字电路中的移位寄存器.

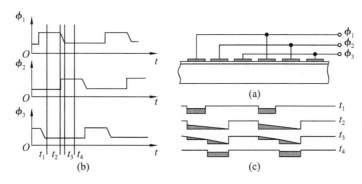

图 8.2 三相表面沟道 CCD 电荷转移过程示意图

(3) 电荷检测

有效地收集和检测电荷在 CCD 中成像是一个关键问题. CCD 的重要特性之一是信号电荷在转移过程中与时钟脉冲没有任何电容耦合,但在输出端则不可避免. 因此,有必要选择适当的输出电路,尽可能地减小时钟脉冲反馈输出的程度. 电荷输出结构有多种形式,如"电流输出"结构、"浮置扩散输出"结构及"浮置栅输出"结构. 其中"浮置扩散输出"结构应用最广泛,下面以浮置扩散放大器电压输出方式为例做一介绍.

图 8.3 为浮置扩散式 CCD 电荷检测示意图. 输出结构包括输出栅 OG、浮置扩散区 FD、复位栅 R、复位漏 RD 以及输出场效应管 T 等. 所谓"浮置扩散",是指在 P 型硅衬底表面用 V 族杂质扩散形成小块的 n^+ 区域,当扩散区不被偏置,即处于浮置状态工作时,称作"浮置扩散区".

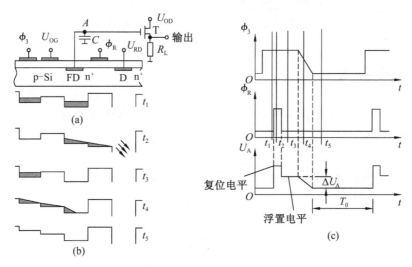

图 8.3 浮置扩散式 CCD 电荷检测示意图

电荷包的输出过程如下: U_{OG} 为一定值的正电压,在 OG 电极下形成耗尽层,使 ϕ_3 与 FD 之间建立导电沟道. 在 ϕ_3 为高电位期间,电荷包存储在 ϕ_3 电极下面. 随后复位栅 R 加正复位脉冲 ϕ_R,使 FD 区与 RD 区沟通,因 U_{RD} 为正十几伏的直流偏置电压,则 FD 区的电荷被 RD 区抽走. 复位正脉冲过去后 FD 区与 RD 区呈夹断状态,FD 区具有一定的浮置电位. 之后, ϕ_3 转变为低电位, ϕ_3 下面的电荷包通过 OG 下的沟道转移到 FD 区. 此时 FD 区(即 A 点)的电

位变化量为

$$\Delta U_A = \frac{Q_{FD}}{C} \tag{8-1}$$

式中，Q_{FD}是信号电荷包的大小，C是与 FD 区有关的总电容（包括输出管 T 的输入电容、分布电容等）.

CCD 输出信号的特点是：信号电压是在浮置电平基础上的负电压，每个电荷包的输出占有一定的时间长度 T。在输出信号中叠加有复位期间的高电平脉冲. 对 CCD 的输出信号进行处理时，较多地采用了取样技术，以去除浮置电平、复位高脉冲及抑制噪声.

2. CCD 分类

CCD 按结构可分为线阵 CCD 和面阵 CCD，线阵 CCD 可分为单沟道传输与双沟道传输两种结构，面阵 CCD 有行间转移结构与帧转移结构两种；按光谱可分为可见光 CCD、红外 CCD、X 光 CCD 和紫外 CCD，其中可见光 CCD 又可分为黑白 CCD、彩色 CCD 和微光 CCD. 图 8.4 为线阵 CCD 和面阵 CCD 实物图.

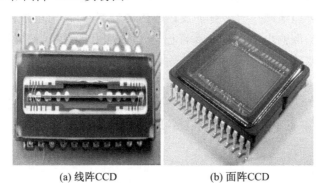

(a) 线阵CCD　　　　　　(b) 面阵CCD

图 8.4　线阵 CCD 和面阵 CCD 实物图

3. CCD 的特性参数

(1) 转移效率

电荷包从一个栅转移到下一个栅时，有 η 部分的电荷转移过去，余下 ε 部分没有被转移，ε 称为转移损失率.

$$\eta = 1 - \varepsilon \tag{8-2}$$

一个电荷量为 Q_0 的电荷包，经过 n 次转移后的输出电荷量应为

$$Q_n = Q_0 \eta^n \tag{8-3}$$

总效率为

$$\eta^n = \frac{Q_n}{Q_0} \tag{8-4}$$

(2) 暗电流

CCD 成像器件在既无光注入又无电注入情况下的输出信号称为暗信号，即暗电流. 暗电流的根本起因在于耗尽区产生复合中心的热激发. 由于工艺过程不完善及材料不均匀等因素的影响，CCD 中暗电流密度的分布是不均匀的. 暗电流的危害有两个方面：限制器件的低频限、引起固定图像噪声.

(3) 灵敏度(响应度)

CCD 灵敏度是指在一定光谱范围内,单位曝光量的输出信号电压(电流).

(4) 光谱响应

CCD 的光谱响应是指等能量相对光谱响应.最大响应值归一化为 100% 所对应的波长,称为峰值波长 λ_{max};通常将 10%(或更低)的响应点所对应的波长,称为截止波长.有长波端的截止波长与短波端的截止波长,两截止波长之间所包括的波长范围称为光谱响应范围.

(5) 噪声

CCD 的噪声可归纳为三类:散粒噪声、转移噪声和热噪声.

(6) 分辨率

分辨率是摄像器件最重要的参数之一,它是指摄像器件对物像中明暗细节的分辨能力.测试时用专门的测试卡.目前国际上一般用 MTF(调制传递函数)来表示分辨率.

(7) 动态范围与线性度

CCD 的动态范围指的是光敏元满阱信号与等效噪声信号的比值.线性度是指在动态范围内,输出信号与曝光量的关系是否成直线关系.

8.1.2 互补金属氧化物半导体(CMOS)图像传感器

随着 CMOS 制造工艺的发展,CMOS 图像传感器技术发展很快,国内外很多公司和科研机构均对其展开研究,已开发出多种光学输出格式、不同扫描类型和指标参数的 CMOS 图像传感器,并广泛应用于光谱学、天文学(观测研究)、空间探测、国防、医学等不同领域.

1. 工作原理

CMOS 光敏元是由一块杂质浓度较低的 P 型硅片作衬底,用扩散的方法在其表面制作两个高掺杂的 n^+ 型区(电极),这两个电极称为源极(S)和漏极(D),然后在硅表面用高温氧化的方法覆盖二氧化硅(SiO_2)绝缘层,在源极和漏极之间的绝缘层上方制作一层金属铝,称为栅极(G),在金属铝上方放置光敏元件.

CMOS 光电传感器工作时,P 型硅衬底和源极接电源负极,漏极接电源正极.当没有光线照射时,源极和漏极之间无电流通路,不能形成电流,输出节点无电压输出.当入射光照射到金属铝上方放置的光敏元件上时,由于光子的激发,在源极和漏极之间的 P 型硅衬底上表面积累电荷,从而形成电流通路,在输出节点产生电压.由于光生电荷的数量与光强度成正比,在输出节点产生的电压也与光强成正比.

CMOS 像元的结构相对 CCD 更为复杂,尽管没有单晶硅,不会减小对蓝光的灵敏度,但相对较小的光敏区域降低了整体的光敏特性,同时也降低了芯片的满阱容量,导致感光能力下降,从一定程度上影响了 CMOS 图像传感器的成像质量.

CMOS 图像传感器按内部结构可分为无源像素机构 PPS(passive-pixel sensor)和有源像素机构 APS(active-pixel sensor).最早期的 CMOS 芯片无法将放大器放在每个像素位置以内,称为无源光敏机构,CMOS 像元主要由光电二极管和地址选通开关(row transistor)构成,虽然填充因子比较高,但是噪声也非常大.目前大多数的 CMOS 都采用有源像素机构,每个像元中有三个晶体管(transistor)分别完成放大信号、地址选通和复位的功能,因此通常也称为"3T"CMOS.

（1）无源像素结构(PPS)

图8.5为无源像素结构CMOS示意图.无源像素单元具有结构简单、像素填充率高及量子效率比较高的优点.但是,由于传输线电容较大,CMOS无源像素传感器的读出噪声较高,而且随着像素数目增加,读出速率加快,读出噪声变得更大.

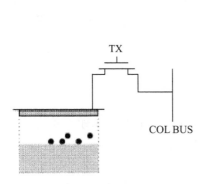

图8.5　无源像素结构CMOS示意图

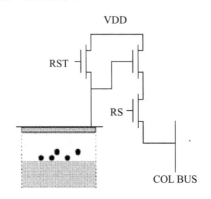

图8.6　有源像素结构CMOS示意图

（2）有源像素结构(APS)

图8.6为"3T"型有源像素结构CMOS示意图.复位场效应管(RST)构成光敏二极管的负载,其栅极与复位信号线相连接.当复位脉冲信号出现时,复位管导通,光敏二极管瞬时复位;当复位脉冲信号消失以后,复位管截止,光敏二极管进行光信号采集并积分.由场效应所构成的源极跟随放大器(amplifier)将光敏二极管的高阻输出信号进行电流放大,当选通脉冲到来时,行选择开关(RS)导通,使得被放大的光电信号输送到列总线上.在主动光敏元结构中,光电转换后的信号立即在像素内进行放大,然后通过X-Y寻址方式读出,从而提高了CMOS传感器的灵敏度.APS结构具有良好的消噪功能,它不受到电荷转移效率的限制,因此处理速度快,图像质量相比PPS有明显改善.

随着制作工艺的提高,使在像素内部增加复杂功能器件的设想成为可能,在像素位置以内已经可以增加诸如电子开关、互阻抗放大器和用来降低固定图形噪声的相关双采样保持电路以及消除噪声等多种附加功能.同时,也相继出现了4T、5T和6T(可以实现全局快门)的CMOS.在命名中,T表示CMOS芯片每个像元上晶体管的数量,至于在芯片上实现的功能还要看具体每个晶体管的功能.例如,有些4T CMOS芯片,也能实现全局快门的功能.增加CMOS像元中晶体管数量,可以帮助芯片实现更多的功能并弥补如噪声高、快门一致性差等缺点.但由于这些晶体管是遮光的,同时也进一步降低了芯片的填充因子比率,降低了芯片的灵敏度.

2. 系统结构

CMOS图像传感器芯片是一个高度集成的芯片,它将光敏元件、模拟及数字功能模块都集成到了一个芯片上,形成了一个片上系统,减小了系统的复杂度,能够大大节约成本和降低系统功耗.图8.7为CMOS图像传感器芯片的系统结构图.

首先,外界光照射像素阵列,产生信号电荷,行选通逻辑单元根据需要,选通相应的行像素单元,行像素内的信号电荷通过各自所在列的信号总线传输到对应的模拟信号处理器(ASP)及A/D变换器,转换成相应的数字图像信号输出.行选通单元可以对像素阵列逐行扫描,也可以隔行扫描.隔行扫描可以提高图像的场频,但会降低图像的清晰度.行选通逻辑单元和列选通逻辑单元配合,可以实现图像的窗口提取功能,读出感兴趣窗口内像元的图像信息.

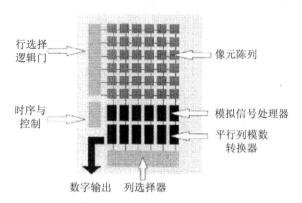

图 8.7　CMOS 图像传感器芯片的系统结构图

3. CMOS 与 CCD 的比较

CMOS 像元中产生的电荷信号在像元内部被直接转化成电压信号,当选通关开启时直接通过每个像元内置的放大器进行放大输出;而 CCD 是将电压信号先经过同一节点输出,再经过统一的放大器进行放大.这是 CMOS 与 CCD 之间最大的差别.

CCD 摄像器件有光照灵敏度高、噪声低、像素面积小等优点.但 CCD 光敏单元阵列难与驱动电路及信号处理电路单片集成,不易处理一些模拟和数字功能;CCD 阵列驱动脉冲复杂,需要使用相对高的工作电压,不能与深亚微米超大规模集成(VLSI)技术兼容,制造成本比较高.

CMOS 摄像器件具有集成能力强、体积小、工作电压单一、功耗低、动态范围宽、抗辐射和制造成本低等优点.目前 CMOS 单元像素的面积已与 CCD 相当,CMOS 已可以达到较高的分辨率.如果能进一步提高 CMOS 器件的信噪比和灵敏度,那么 CMOS 器件有可能在中低档摄像机、数码相机等产品中取代 CCD 器件.

8.1.3　图像传感器光强分布

采用 CCD 或 CMOS 作为记录介质,记录的是离散化的光强分布.以矩阵像素排布的 CCD 为例,计算光强分布.若 CCD 的尺寸为 $L_x \times L_y$,像素的尺寸为 $\alpha \Delta x \times \beta \Delta y$,横向和纵向的像素数分别为 N_x 和 N_y,Δx 和 Δy 分别是像素的横向和纵向间距,$(\alpha,\beta) \in [0,1]$ 称为 CCD 的填充因子,如图 8.8 所示.

当 CCD 记录光强分布时,是对每个像素面积上的光强平均值作为此像素的亮度值.从数学的角度来看这相当于首先将一个长与宽分别为 $\alpha \Delta x$ 与 $\beta \Delta y$ 的矩形对接收到的光强分布做卷

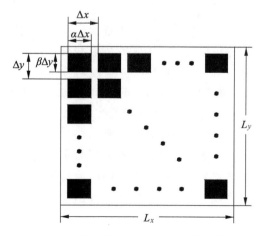

图 8.8　像素呈矩形排列 CCD 的结构

积运算,然后选择横向与纵向间距中心的光强作为此像素的亮度. 得到的亮度分布受到一个 $L_x \times L_y$ 大小的矩形函数限制,得到的强度分布为

$$I_R(x,y) = \left[I_i(x,y) * \mathrm{rect}\left(\frac{x}{\alpha \Delta x}, \frac{y}{\beta \Delta y}\right) \right] \mathrm{comb}\left(\frac{x}{\Delta x}, \frac{y}{\Delta y}\right) \mathrm{rect}\left(\frac{x}{L_x}, \frac{y}{L_y}\right) \quad (8-5)$$

式(8-5)中,$I_R(x,y)$ 为 CCD 接收到的强度分布,"*"代表卷积运算,代表像素面积上的平均亮度.

若忽略填充因子的影响(通常填充因子 α、$\beta \geqslant 99\%$),认为 $\alpha \Delta x \approx \Delta x$, $\beta \Delta y \approx \Delta y$,并不考虑积分效应对采样过程的影响,则 CCD 采集的强度分布可以简化为

$$I_R(x,y) = I_i(x,y) \mathrm{comb}\left(\frac{x}{\Delta x}, \frac{y}{\Delta y}\right) \mathrm{rect}\left(\frac{x}{L_x}, \frac{y}{L_y}\right) \quad (8-6)$$

CCD 采集到的亮度信息由图像采集卡传输到计算机并以矩阵形式进行保存,这个矩阵就是所采集的光强分布.

8.2 光电成像系统

8.2.1 系统组成

一般来说,光电成像系统应当由光学成像系统、光电成像器件、信号传输、控制机构、图像存储与处理等几部分组成.

(1) 光学成像系统

光学成像系统包含成像物镜. 成像物镜将目标进行成像,并保证使目标像落在光电成像器件的成像面上,同时还要保证有足够大的口径,并在很短的曝光时间内使成像面有足够的光照度以满足光电成像器件的响应需要.

(2) 光电成像器件

光电成像器件无疑是光电成像系统中的关键,很大程度上决定了整个成像系统性能的优劣. 光电成像器件主要完成成像面上目标像的采样,而每次采样过程又包括光生电荷的积累、含有图像信息的电荷包的转移和读出、输出信号的处理等过程.

(3) 信号传输

信号传输系统担负着长距离、高质量地将图像信号传送到图像记录和显示系统的任务. 按照传输方式分为无线传输和有线传输.

(4) 控制机构

控制系统完成对镜头光圈、焦距、聚焦等的控制,若有像增强器,则还必须有对其电压、增益、快门等进行操作的控制器.

(5) 图像存储与处理

图像存储系统负责采用数字化的存储方式完成图像的快速存储,由计算机直接控制记录和重放. 存储图像的数量、质量和大小与存储芯片的容量成正比. 图像处理系统则应用软件完成对图像质量的改善和图像内容的判读.

8.2.2 光电成像系统的评价方法——调制传递函数(MTF)评价

光电成像系统的调制传递函数(modulation transfer function, MTF)主要受光学系统 MTF、探测器 MTF、大气扰动的 MTF、电子线路的 MTF、显示器的 MTF 等部分影响。本节着重介绍光学系统 MTF 和探测器 MTF。

1. 光学系统 MTF

光学系统的 MTF 由三部分组成，即衍射受限传递函数 MTF_D、像差传递函数 MTF_A 以及散焦引起的传递函数 MTF_{DE}。

对于非相干光成像系统，其光学传递函数(optical transfer function, OTF)可表示为

$$OTF(f_x, f_y) = \frac{\iint_{-\infty}^{+\infty} h_1(x,y) \exp[-j2\pi(f_x x + f_y y)] dx dy}{\iint_{-\infty}^{+\infty} h_1(x,y) dx dy} \tag{8-7}$$

式(8-7)中，$h_1(x,y)$ 为成像系统的点扩展函数(point spread function, PSF)，OTF 通常为复数，因此可以表示为

$$OTF(f_x, f_y) = M(f_x, f_y) \exp[j\phi(f_x, f_y)] \tag{8-8}$$

$M(f_x, f_y)$ 是 OTF 的模，被称为调制传递函数(MTF)。$\phi(f_x, f_y)$ 是 OTF 的辐角，被称为相位传递函数(phase transfer function, PTF)。MTF 反映的是系统各频率分量的振幅响应特性，PTF 反映的是系统各频率分量的相位移动特性。

由于 MTF 反映的是系统对空间频率的响应特性，只和空间频率有关，跟信号强度无关。MTF 是系统如实复现场景能力的度量，对于不同的系统，所能如实复现的最高频率也不同。光学成像系统能复现信号的最高频率为光学截止频率，对于离散的光电成像系统，其可能复现的最高频率信息是其中光学系统的光学截止频率和采样阵列的奈奎斯特频率以及信号传输系统的带宽三者之间的最小值。随着近年来数字通信行业的飞速发展，信道带宽已可以充分满足成像系统的信号传输，因此现代光电成像系统的截止频率一般由光学截止频率和系统奈奎斯特频率中的最小值决定。

MTF 是输出调制度和输入调制度的比值的零频归一化值，理想情况下 MTF 不受照明亮度与系统增益的影响。

对于圆形孔径的衍射受限光学系统，其衍射受限 MTF_D 为

$$MTF_D = \frac{2}{\pi} \left[\arccos\left(\frac{f}{f_c}\right) - \frac{f}{f_c} \sqrt{1 - \left(\frac{f}{f_c}\right)^2} \right] \tag{8-9}$$

式中，f_c 是衍射受限系统的光学截止频率，由系统平均波长 λ 和镜头 F 数决定：

$$f_c = \frac{1}{F\lambda} \tag{8-10}$$

容易看出，光学系统实际上是一个截止频率为 f_c 的低通滤波器。

光学系统像差的 MTF 在 FLIR92 模型中被近似成一个高斯函数，其中 σ 用来说明材料、设计、加工和装调对 MTF 的综合影响，它不是一个可测量。

$$MTF_A \approx \exp[-2(\pi\sigma f)^2] \tag{8-11}$$

实际的光电成像系统由于要观察不同深度的场景，难免会出现散焦，散焦引起的 MTF 变化用光程差来度量。散焦使光学系统的 MTF 变窄，光程差越大，这种现象就越明显，当系

统散焦很严重时甚至会出现相位翻转.

2. 探测器 MTF

(1) 像元积分和采样 MTF

若输入信号是幅值为 A1、频率为 f_0 的余弦函数,则像元积分 MTF 为

$$MTF = \text{sinc}\left(\frac{\pi f_0}{f_p}\right)\text{sinc}\left(\frac{\pi f_0}{f_d}\right) \tag{8-12}$$

式中,$f_p = \frac{1}{p}$,$f_d = \frac{1}{d}$,f_p 为像元采样频率,p 为像元间隔,f_d 为像元截止频率,d 为像元尺寸;$\text{sinc}\left(\frac{\pi f_0}{f_p}\right)$ 称为采样 MTF.

(2) 传输 MTF

探测器的结构和工作特性决定了每当电荷从一个势阱转移到相邻势阱的过程中难免有电荷的遗失,这自然会影响最终电荷的输出. 一般用电荷转移效率(charge transfer efficiency,CTE)来描述这一过程. 用 MTF_{CTE} 来表示由于电荷的不完全传输对成像的影响.

$$MTF_{CTE} = \exp\left\{-N(1-\varepsilon)\left[1-\cos\left(\frac{f}{f_N}\right)\right]\right\} \tag{8-13}$$

式中,ε 为电荷转移效率,N 是一个势阱中的电荷被传输的总次数. 很显然随着电荷包传输次数的增加,MTF_{CTE} 会变小. 当 $N(1-\varepsilon)$ 很小的时候,上式可简化为

$$MTF_{CTE} = 1 - 2N(1-\varepsilon) \tag{8-14}$$

(3) 探测器的扩散 MTF

理想情况下光子在耗尽区激发出的光电子全部被势阱吸收,但实际情况是总会有少数的光电子游离于势阱之外,并且由于扩散作用甚至会进入相邻的势阱之中,从 MTF 的角度分析,此过程将导致 MTF 的下降.

8.2.3 光电成像系统的基本参数

1. 光学系统的通光口径(有效孔径、入瞳直径)D

光学系统的通光口径 D 决定了光学系统接收的能量. 图 8.9 为通光口径 D 对辐射通量的影响示意图. I_e 为点源的辐射强度,R 为点源到光学系统的半径. 成像系统接收的辐射通量(光功率)为

$$\Phi_e = I_e \frac{\pi (D/2)^2}{R^2} \tag{8-15}$$

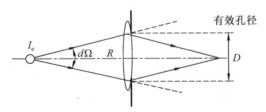

图 8.9 通光口径 D 对辐射通量的影响示意图

2. 光学系统的焦距 f

焦距是光学系统中衡量光的聚集或发散的度量方式,在光圈相同且拍摄距离相同的情况下,焦距越大,景深越小;反之,焦距越小,景深越大.而且,当镜头焦距短到一定程度时,其产生的影像景深是非常大的.比如鱼眼镜头的景深就很大.正因为如此,当使用超广角镜头进行拍摄时,由于可以有较大的景深,所以在跟拍运动物体时可以不必跟焦.

3. 相对孔径 D/f

相对孔径定义为光学系统的入瞳直径(通光孔径)D 与焦距 f 之比,相对孔径的倒数称为 F 数. 相对孔径决定红外成像光学系统的衍射分辨率及像面上的辐照度.

成像系统衍射分辨率由式(8-16)给出:

$$\sigma = 1.22 \frac{\lambda}{D/f} \tag{8-16}$$

像面上的辐照度 $E \propto \left(\dfrac{D}{f}\right)^2$. 由上面的公式可以看出,提高光学系统灵敏度的方法之一就是获得尽可能的相对孔径.

F 数表示在同一单位时间内的光通量的多少,F 值越小,同一单位时间内的光通量越多.上一级的进光量是下一级的一倍.例如,光圈从 $F8$ 调整到 $F5.6$,进光量便多一倍,我们也说光圈开大了一级.

4. 观察视场角 W_H、W_V

设光电成像器件垂直于光轴的两个方向(水平、竖直)的尺寸分别为 D_H、D_V,成像系统焦距为 f,则光电成像系统的视场角可用式(8-17)表示:

$$\tan \frac{W_H}{2} = \frac{D_H/2}{f}, \quad \tan \frac{W_V}{2} = \frac{D_V/2}{f} \tag{8-17}$$

若考虑到光电成像器件尺寸较小,式(8-17)可简化为

$$W_H = \frac{D_H}{f}, \quad W_V = \frac{D_V}{f} \tag{8-18}$$

光电成像系统在扫描成像过程中,对应瞬时视场的视场角可由该时刻扫描到的像素水平、竖直方向相应尺寸决定.

5. 帧时 T_f 和帧速 $\dot{F}$

对于扫描光电成像系统,完成一帧扫描所需的时间称为帧时 T_f,单位时间完成的帧数称为帧速 $\dot{F}$,显然有

$$T_f = \frac{1}{\dot{F}} \tag{8-19}$$

6. 滞留时间 τ_d

对光电扫描系统而言,物空间一点扫过单元探测器所经历的时间称为滞留时间 τ_d.

8.3 光电显示技术

在各个领域高度信息化的今天,显示技术的覆盖率和普及率已经到达一个新的高度,从最基本的黑白液晶屏计算器,到彩色 CRT 电视,再到液晶 3D 显示器,显示技术的飞跃大大

丰富了视觉信息的获取途径,加快了信息的传播,并成为日常生活中不可或缺的一部分.

8.3.1 阴极射线显示管

阴极射线显示器(cathode ray tube,CRT),是最早使用的显示器,它技术成熟,价格低,可视性好(高亮度与高对比度),响应速度快,寿命长(10万小时).早期的CRT技术仅能显示光线的强弱,展现黑白画面;而彩色CRT通过三色电子枪使屏幕上的磷化物显示颜色.

1. 结构组成与工作原理

彩色CRT显示器的结构如图8.10所示,它主要由三支分别发射红、绿、蓝三色电子束的电子枪(1、2)、聚焦线圈(3)、偏转线圈(4)、高压阳极(5)、荫罩(6)、荧光层(7)组成.图8.10中的8是荧光层内部结构的特写.

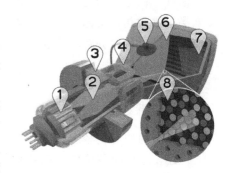

图 8.10 彩色 CRT 显示器结构图

红、绿、蓝三基色被视频信号放大器输出的三个模拟电压信号激发,三支电子枪发射出电子束,电子束加速后被聚焦线圈聚集成很细的三条,经过偏转线圈产生的磁场发生偏转后被扫描到荧光屏的各个位置.同时随着视频信号的变化,屏幕上的亮暗也随着阴极与栅极之间的电压变化.荧光屏上涂有按红、绿、蓝三个一组规律排布的磷粉,每组对应于一个像素.为了让每一电子束只能轰击到一种颜色的荧光粉,在荧光屏前加了一个荫罩.它是一个上面布满小孔的金属板,电子束穿过小孔到达荧光屏,由于三个电子束不重合,它们射向荫罩的角度也不同.穿过荫罩后,三束电子束到达三个分立的点上,保证了每支电子束只会点亮一种颜色的荧光粉.由于三个小点非常靠近,人眼无法分辨,因此感受的颜色是三种颜色的综合.屏幕上所有像素构成了一幅完整的图像.由于荧光粉的亮度随时间按指数规律衰减,电子束必须以一定的频率刷新屏幕以保持图像稳定.将每秒刷新屏幕的次数称为刷新频率,刷新频率通常在50~90Hz之间.由于人眼的视觉暂留特性,因此一般不会有感觉.

2. 影响CRT成像质量的因素

(1) 光点大小

评估显示器件上的图像质量时,屏幕上光点大小的影响非常重要.由于空间电荷效应、电子透镜的几何像差以及对屏幕上不同位置聚焦要求的不同,打到屏幕上的电子束具有一定的大小,光点越小,清晰度就越高,图像质量就越好.然而,我们并不需要无限减小光点大小,因为人眼视觉特性的原因,在3m远左右的地方只能分辨出0.5mm的图像细节.

(2) 光晕(haze)

未能正确聚焦是产生光晕问题的主要因素,此时荧光屏上的光点会有比较明显的模糊边缘,而这对图像质量会产生负面的影响.由于电子光学系统固有的几何像差问题,电子束无法完全聚焦到一个点上,故绝对光晕是不可避免的,只能在不增大光点的前提下尽量减小光晕部分的大小,或者说,从视觉特性上消除光晕.我们可以通过改善电子束的形状使得像散较小来达到减小光晕的目的.

(3) Moiré

Moiré是由相似材质构成的物体(相似波长的水波、电磁波等也包括在此范围内)相互重叠而引起的波浪状明暗相间的条纹.Moiré现象在显示器件里较为常见,尤其在低电流工作情况下大面积显示相同颜色的时候较为明显,这在一定程度上会影响视觉效果.

Moiré 现象对相互重叠的相似物体的微小位移、变形等非常敏感,因此在不同的领域里,Moiré 现象已被发现有多种形式.在工程学相当多的情况下,影响视觉显示效果的 Moiré 现象是要努力去避免的.如在信息图像显示领域内,引起 Moiré 现象的两种相互干涉的物体是条纹状的荫罩孔结构和 CRT 固有扫描模式下的电子束.光点足够小时,引起的 Moiré 现象较为明显,故解决 CRT 中的 Moiré 问题就归结为如何在保持一定清晰度的情况下有效增大低电流下荧光屏上光点大小的问题.

(4) 光点均匀性

对于平板显示器件(LCD、PDP 等)来说,由于显示屏上的每个像素点可以在几乎相同的工作环境下被触发,故显示屏上的光点均匀性比较容易达到较高的水准.而 CRT 由于是由高速运动的电子束来激励荧光粉发光的,而电子束激励荧光屏上不同位置上的像素点时入射角度、电子束大小等不可能做到一致,故整屏光点的均匀性较差.空间电荷效应、电子透镜的几何像差、荧光粉本身的差异等不可避免的因素仍然使得在追求 CRT 整屏均匀性的道路上困难重重.

(5) 点距和束偏移

点距(dot pitch)是指构成同一像素点上不同颜色荧光粉点之间的距离.大多数情况下,点距是指绿色荧光粉点和红、蓝两色荧光粉点连线中点的距离.点距越小,图像的清晰度及色彩就越逼真.

束偏移(beam displacement)是指由机械偏差引起的电子束偏离主透镜中心轴线的现象.若电子束大部分或全部没有通过主透镜中心,则由于不能准确聚焦,屏上光点会出现偏向一侧的光晕.如果通过改变阳极电压来校正聚焦的话,则会引起屏上光点的整体偏移.

3. CRT 的局限

虽然 CRT 显示技术曾在显示领域中扮演最重要的角色,但随着科学技术的发展,该技术也显出一定的局限:首先,CRT 显示器本身体积较大,重量较大,较大的真空玻璃外壳比较容易破裂,随着尺寸增大,扫描频率的下降已无法支持运动图像,这几点都限制了 CRT 向大面积显示屏迈进;其次,CRT 显示技术由于内部存在磁场,较易受到电磁场的干扰,发生线性失真;再次,CRT 耗电量较大,并且存在一定的辐射,影响使用者的健康.

8.3.2 液晶显示器

自 20 世纪 60 年代液晶显示器(liquid crystal display,LCD)问世以来,长期应用于中小尺寸的显示器中,人们也一直认为它是替代传统阴极射线管(CRT)电视的最佳方式.液晶显示器由于其功耗低、薄型化(平板化、重量轻)、显示清晰和易驱动等特点,成为各种显示场合中应用最为广泛的显示器件:在显示器领域中,小到手表、计算器,大到液晶电视、投影机,占据着绝对领先的市场份额;在非显示器领域中,如相位调制器、可调焦透镜、光纤通信和激光控制器等光子器件,液晶可能具有自然界物质中最大的双折射率,并且驱动电压低,在应用时可实现与有源驱动器件联合来制作高密度、高精度调制器件.

1. 结构组成与工作原理

液晶材料的发现已经超过 100 年了,1888 年奥地利植物学家赖尼铁兹(Friedrich Reinitzer)在研究胆固醇的结晶特性过程中,发现该物质在温度变化过程中,表现出奇特的热熔性质,同时具备了液体的流动性和类似晶体的某种排列特性.之后,德国物理学家奥·莱曼(O. Lehmann)在详细研究其光学特性后将之命名为液晶.液晶在光学上类似于单轴晶体,是一种各向异性物质,其特性和结构介于固态晶体与各向同性液体之间.从宏观物理性质上看,它既具有液体的流动性、黏滞性,又具有晶体的各向异性,能像晶体一样发生双折射、布喇格反射、衍射及旋光效应,也能在外场作用下产生电光、磁光或热光效应.

液晶显示器为多层介质结构,如图 8.11 所示为扭曲向列相(TN：TwistNematic)液晶显示器结构示意图,液晶加在玻璃基板之间,玻璃基板外有透光轴正交的一对偏光片,偏光片的透光轴与邻近的液晶分子指向相同.在不加电压的情况,液晶分子平行于基板而且扭曲排列,从而可以将上偏光片起偏的偏振光的偏振面扭曲,从而令其从下偏光片透出,形成亮态;而在加电压后,液晶层中间的液晶分子垂直基板表面,进入液晶层的偏振光偏振面不能再被扭曲,从而被下偏光片阻挡,形成暗态.这样就可以实现亮度上的变化了.在像素电极上设置彩色滤色膜,即可实现彩色显示,TN 液晶显示器对不同波长光的透过率和电压之间的关系有所不同,如图 8.11 所示,这是因为液晶对不同波长的光,它的相位延迟量是不同的,在液晶层中传播的物理条件有所不同,从而造成光通过时的透过率不同.不同的像素上施加不同的驱动电压,可实现三原色的各级灰度的显示,从而组成不同的彩色,这个显示原理和 CRT 彩色显示器是一样的.

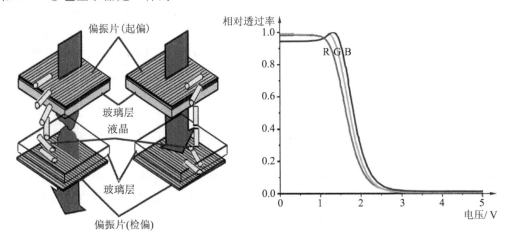

图 8.11　扭曲向列相液晶显示器的结构示意图和电光曲线

2. 液晶的分类

按照液晶分子本身的排列方式来分,液晶可以分为层状液晶(sematic)、向列型液晶(nematic)和胆甾型或胆固醇型液晶(cholesteric).

(1) 层状液晶

由液晶棒状分子聚集一起,形成一层一层的结构.其每一层的分子的长轴方向相互平行[图 8.12(a)].长轴的方向垂直于每一层平面或与平面成一倾斜角.由于其结构非常近似于晶体,所以又称作近晶相.其秩序参数 S(order parameter)趋近于 1.在层状型液晶层与层间的键结会因为温度而断裂,所以层与层间较易滑动.但是每一层内的分子键结较强,所以不易被打断.因此就单层来看,其排列不仅有序且黏性较大.如果我们利用巨观的现象来描述液晶的物理特性的话,我们可以把一群区域性液晶分子的平均指向定为指向矢(director),

这就是这一群区域性的液晶分子平均方向. 而以层状液晶来说, 由于其液晶分子会形成层状的结构, 因此又可就其指向矢的不同再分类出不同的层状液晶.

(2) 向列型液晶

Nematic 是希腊词, 代表的意思与英文的 thread 是一样的. 主要是因为用肉眼观察这种液晶时, 看起来会有像丝线一般的图样[图 8.12(b)]. 这种液晶分子在空间上具有一维的规则性排列, 所有棒状液晶分子长轴会选择某一特定方向(也就是指向矢)作为主轴并相互平行排列. 而且它不像层状液晶一样具有分层结构. 与层列型液晶比较, 其排列比较无秩序, 也就是其秩序参数 S 较层状型液晶较小. 另外, 其黏度较小, 所以较易流动(它的流动性主要来自分子长轴方向的自由运动). 向列型液晶就是现在的 TFT 液晶显示器常用的 TN 型液晶.

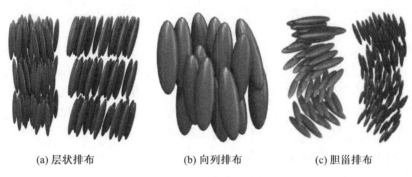

(a) 层状排布　　(b) 向列排布　　(c) 胆甾排布

图 8.12　液晶分子不同排布方式

(3) 胆甾型或胆固醇型液晶

这种液晶的名字来源于它们大部分是由胆固醇的衍生物所生成的. 但有些没有胆固醇结构的液晶也会具有此液晶相. 这种液晶如图 8.12(c)所示, 如果把它的一层一层分开来看, 很像层状液晶. 但是在 z 轴方向来看, 会发现它的指向矢会随着一层一层的不同而像螺旋状一样分布, 而当其指向矢旋转 360° 所需的分子层厚度就称为 pitch. 正因为它每一层跟层状液晶很像, 所以也叫作 Chiral Nematicphase. 以胆固醇液晶而言, 与指向矢的垂直方向分布的液晶分子, 由于其指向矢的不同, 就会有不同的光学或电学的差异, 也因此造就了不同的特性.

若根据液晶态的形成原因分类, 则可将液晶分成因为温度形成液晶态的热致型液晶(thermotropic)与因为浓度形成液晶态的溶致型液晶(lyotropic). 以之前所提过的分类来说, 层状液晶与向列液晶一般多为热致型液晶, 是随着温度变化而形成液晶态的. 而对于溶致型的液晶, 需要考虑分子溶于溶剂中的情形. 当浓度很低时, 分子便杂乱地分布于溶剂中而形成等方性的溶液, 不过当浓度升高大于某一临界浓度时, 由于分子已没有足够的空间来形成杂乱的分布, 部分分子开始聚集形成较规则的排列, 以减少空间的阻碍, 因此形成异方性(anisotropic)的溶液. 所以溶致型液晶的产生就是液晶分子在适当溶剂中达到某一临界浓度时, 便会形成液晶态.

3. LCD 的照明方式和光源

由于液晶本身并不发光, 因此 LCD 需要通过外来光源实现透射或反射来显示. LCD 有三种照明方式: 反射型、全透型和半透型. 反射型 LCD 的底偏光片后面加了一块反射板, 它一般在户外和光线良好的办公室使用. 全透型 LCD 的底偏光片是全透偏光片, 它需要连续使用背光源,一般在光线差的环境中使用.半透型LCD是处于以上两者之间,底偏光片能部分反光,一般也带背光源,光线好的时候,可关掉背光源;光线差时,可点亮背光源使用LCD.

现有LCD大多数是透射型的,对于这些透射型LCD来说,背光源是它们不可或缺的组成部分.背光源系统为LCD面板提供光源,它主要由光源、导光板、光学用膜片和塑胶框等部分组成.依光源分布位置不同,分为侧光式和直下式.作为LCD的背光源,为了确保显示画面的质量,它应具有亮度高、发光均匀、照明角度大、可调、效率高、功耗低、寿命长、轻且薄等性能.

背光源为LCD提供光源,主要有冷阴极荧光灯(cold cathode fluorescent lamps,CCFL)、电致发光(electroluminescence,EL)和发光二极管(light emitting diode,LED)三种类型.

(1) 冷阴极荧光灯(CCFL)

冷阴极荧光灯是一种依靠冷阴极气体放电、激发荧光粉的光源.在玻壳内充入氩[Ar]、氖[Ne]和汞[Hg],以用镍[Ni]、钽[Ta]、锆[Zr]或氧化物涂覆的金属作电极,灯内壁涂有三基色荧光粉.惰性气体为缓冲气体,充入气体的压强对灯的亮度、启动性能和寿命都有很大影响.CCFL背光的最大优点是亮度高,所以大面积液晶显示基本上都采用它.其缺点是功耗较大、工作温度窄、含有汞等有害物质.随着欧盟电子电机设备中危害物质禁用指令(ROHS)的推广,CCFL已经逐渐退出市场.

(2) 电致发光(EL)

EL器件是电致发光器件,是一种薄膜冷光源,通过交变电场激发夹在两片透明电极中间的荧光粉而发光,EL具有超薄、耗能低、发光柔和均匀等优点,不会产生紫外线,具有特优的抗水、抗震及可任意弯曲等性能.但是EL器件需要较高的交流电压来驱动,寿命较短,目前多用于中小型LCD背光源、仪器仪表及薄膜开关的照明指示、交通运输及消防安全的指示标志、艺术钟表、电子礼品玩具、广告招牌、室内外装饰照明和暗室照明等领域.

(3) 发光二极管(LED)

与同规格CCFL背光产品相比,LED背光能够节能40%以上,此外不含有害物质,更加有利于环保,已经逐渐取代CCFL背光成为市场的主流.与传统背光技术相比,LED作为LCD的背光源主要具有以下优点:色域宽、寿命长、亮度高、可调光、响应速度快、区域调光、安全环保.世界上第一台LED背光液晶电视由日本SONY公司于2004年推出,它解决了传统液晶彩色电视色饱和度不够的问题,使LED背光有了快速多样化的发展.

按照光源位置和光源构成的不同,LED背光源主要有以下三种:侧入式白光LED光源、直下式白光LED(white LED,WLED)光源和直下式三原色LED(red-green-blue LED,RGB-LED)光源.侧入式WLED背光采用位于面板侧边的白光LED发光,由于光源位于机身一侧,不占用机体厚度,因此有利于研究超薄电视机.直下式WLED背光直接采用位于面板底部的白光LED发光,可以实现亮度的区域调整,但不能按原色调整.直下式RGB-LED背光利用三原色原理,采用三原色红、绿、蓝混合产生白光.由于不需要彩色滤光片,该方案的节能水平最高,色域最广,具有动态分区背光技术的能力.但其构成、加工工艺比较复杂,驱动电路的要求也较高,是成本最高的背光源.

值得一提的是,随着新型材料领域的不断发展,由美籍华裔教授邓青云教授在实验中发现的有机发光二极管(organic light-emitting diode,OLED)正成为下一代潜力巨大的显示器件.其构造上的核心是有机发光材料,当电流通过时,这些有机材料发光显示,其自发光特性使得 OLED 的功耗更低.目前常用的 OLED 结构采用的是三层电极中间层的结构,包括电子传输层(ETL)、有机发光层(ELL)和空穴传输层(HTL),如图 8.13 所示.

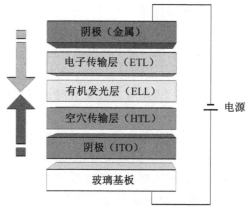

图 8.13 OLED 结构示意图

OLED 结构中的玻璃基板用来支撑整个 OLED 显示器件,一般要求表面平整光滑,在封装前需要预处理.阳极一般由铟锡氧化物(ITO)导电玻璃制成,而阴极一般采用低功函数的有机金属制作而成,可以采用蒸镀法制备.

电子传输层的主要作用就是帮助阴极释放出来的电子能够更加顺利地到达有机发光材料当中去,从而提高发光的效率.电子传输层一般采用荧光染料化合物,必须要求热稳定性和表面稳定性.

空穴传输层的作用与电子传输层类似,主要是帮助阳极产生的空穴能够顺利、高效地到达有机发光材料当中,提高空穴的注入和传输能力.该层也要求热稳定性能要好,大多数采用的是多苯基芳胺类有机化合物,俗称 IPD.

有机发光层是通过掺杂百分之几的荧光掺杂剂到荧光基质材料中制作而成.基质材料通常也与电子传输层或者空穴传输层采用的材料相同,要求热和光化学稳定性,同时也要具备较高的量子效率.

OLED 在电场驱动下,通过载流子注入和复合导致发光.其原理是用玻璃透明电极和金属电极分别作为器件的阳极和阴极,在一定电压驱动下,电子和空穴分别从阴极和阳极注入电子和空穴传输层,然后分别迁移到发光层,相遇形成激子,使发光分子激发,后者经过辐射后发出可见光.

4. LCD 显示器的性能指标

(1) 可视面积

可视面积指液晶显示器可以显示图形的若大范围,显示器所标示的尺寸与可视面积一致.

(2) 分辨率

所谓分辨率,就是指画面的解析度,由多少像素构成,其数值越大,图像也就越清晰.分辨率以乘法形式表现,比如 800×600,其中"800"表示屏幕上水平方向显示的点数,"600"表示垂直方向显示的点数.

(3) 可视角度

可视角度是指显示图案能看得清楚的角度.它由定向层的摩擦方向决定,不能通过旋转偏光片改变.一般而言,LCD 的可视角度都是左右对称,但上下不一定对称.常常是上下角度小于左右角度.当我们说可视角度为左右 80°时,表示站在始于屏幕法线 80°的位置时仍可清晰看见屏幕图像.

(4) 亮度、对比度

液晶显示器的最大亮度通常由背光源来决定,TFT 液晶显示器的可接受亮度为 150cd/m² 以上,亮度低一点则感觉较暗. 对比度是定义最大亮度值(全白)除以最小亮度值(全黑)的比值. 一般来说,人眼可以接受的对比值约为 250∶1.

(5) 响应时间

响应时间实际上是指液晶单元从一种分子排列状态转变成另外一种分子排列状态所需要的时间,响应时间越短越好,它反映了液晶显示器各像素点对输入信号反应的速度,即屏幕由暗转亮或由亮转暗的速度. 响应时间短,则使用者在看运动画面时不会出现尾影拖曳的感觉. 一般将反应速率分为两部分:Rising 和 Falling;而表示时以两者之和为准.

(6) 显示颜色数(色彩度)

LCD 重要的当然是色彩表现度. LCD 面板由 $M \times N$ 个像素点组成,这些像素点由输入信号控制实现显像功能,每个独立的像素色彩由红、绿、蓝(R、G、B)三种基本色来控制. 大部分厂商生产出来的液晶显示器,每个基本色(R、G、B)达到 6 位,即 $2^6=64$ 种表现度,那么每个独立的像素就有 $64^3=262144$ 种色彩. 也有不少厂商使用所谓的 FRC(frame rate control)技术以仿真的方式来表现出全彩的画面,也就是每个基本色(R、G、B)能达到 8 位,即 256 种表现度,那么每个独立的像素就有高达 $256^3=16777216$ 种色彩了.

8.3.3 等离子体显示器

等离子体显示器(plasma display panel,PDP)与传统的 CRT 显像管结构相比,具有分辨率高、屏幕大、超薄、色彩丰富和鲜艳的特点. 虽然目前 PDP 显示器的价格还比较高,尚不普及,但是由于它自身所具有的一些特点,使它将来有可能成为一种重要的显示输出设备,占据大屏幕显示市场.

1. 等离子体的基本概念

等离子体在物理学中指正、负电荷浓度处于平衡状态的体系,即等离子体就是一种被电离,并处于电中性的气体状态. 由于电离气体整体行为表现出电中性,也就是电离气体内正负电荷数相等,因此称这种气体状态为等离子体态. 在近代物理学中把电离度大于 1% 的电离气体都称为等离子体.

任何不带电的普通气体受到外界高能作用后(如高能粒子束轰击、强激光照射、气体放电、高温电离等方法),部分原子中的电子吸收足够的能量成为自由电子,同时原子由于失去电子成为带正电的离子. 这样原来中性的气体就因为电离成为由大量自由电子、正电离子和部分中性原子组成的物质,即等离子体.

看似"神秘"的等离子体,其实是宇宙中一种常见的物质,在太阳、恒星、闪电中都存在等离子体. 等离子体可分为两种:高温和低温等离子体. 等离子体是一种很好的导电体,可以利用电场和磁场来控制等离子体. 等离子体物理的发展为材料、能源、信息、环境空间科学的进一步发展提供了新的技术.

2. PDP 的基本结构与工作原理

PDP 的基本结构如图 8.14 所示,显示屏幕以玻璃作为基板,基板间隔一定距离,四周经气密性封接形成一个个放电空间. 放电空间内充入氖、氙等混合惰性气体作为工作媒质.在两块玻璃基板的内侧面上涂有金属氧化物导电薄膜作激励电极.当给电极上加上电压,放电空间内的混合气体便发生等离子体放电现象.气体等离子体放电产生紫外线,这种紫外光碰击后面玻璃上的红、绿、蓝三色荧光体,它们再发出我们在显示器上所看到的可见光,显现出图像.为保护介质层在放电过程中不受离子轰击,介质表面再涂覆一层MgO保护层,采用MgO保护层后可得到稳定的放电和较低的维持电压,并能延长器件的使用寿命.

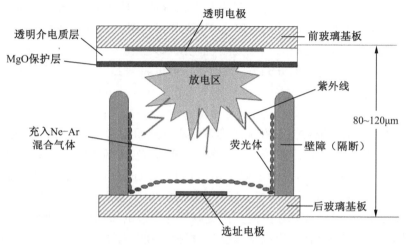

图 8.14　PDP 显示器基本结构图

3. PDP 的特点

等离子技术是一种自发光显示技术,不需要背光源,因此没有 LCD 显示器的视角和亮度均匀性问题,而且实现了较高的亮度和对比度.与 CRT 和 LCD 显示技术相比,等离子显示器的屏幕越大,图像的色深和保真度越高.除了亮度、对比度和可视角度优势外,等离子技术也避免了 LCD 技术中的响应时间问题,而这些特点正是动态视频显示中至关重要的因素.因此,从目前的技术水平看,等离子显示技术在动态视频显示领域的优势更加明显,更加适合作为家庭影院和大屏幕显示终端使用.等离子显示器无扫描线扫描,因此图像清晰稳定,无闪烁,不会导致眼睛疲劳.

8.4　三维显示技术

人们对显示的要求是不断提高的.从以前的黑白显示到彩色显示、模拟显示到数字显示、低分辨率显示到高分辨率显示、平面显示(2D 显示)到立体显示(3D 显示),显示技术实现的效果逐渐趋近于人眼最适的观看效果.符合人类认知习惯的 3D 光电显示技术能够更真实地重现或虚拟与客观世界相同的场景,增强表达图像的深度感、层次感和真实性.

为实现高性能的动态裸眼 3D 显示,人们进行了各种探索,主要可分为双目视差 3D 显示和真 3D 显示两种.双目视差 3D 显示又可分为助视 3D 显示和光栅 3D 显示.助视 3D 显示采用分色、偏振、快门与头盔等手段使双目形成视差,产生 3D 视觉;光栅 3D 显示主要基于狭缝光栅或柱透镜光栅形成 3D 图像.真 3D 显示主要包括体 3D 显示、集成成像 3D 显示和全息 3D 显示等.

8.4.1 双目视差 3D 显示

双目视差是指由于人两眼间存在一定的距离即瞳距,因而左右眼观察景物时的角度略有差异,这个差异导致了两只眼睛的视网膜上形成的视觉图像略有不同. 20 世纪初期,人们就发现了视差对立体视觉的贡献. 大脑根据这两幅有细微差别的视差图像进行分析处理,可以识别不同物体在场景中的深度关系,形成具有深度的立体视觉. 基于这样的原理,双目视差 3D 显示为观察者的左、右眼分别提供同一场景的视差图像,通过光学等技术手段,使得左眼只接收到左视差图像,而右眼只接收到右视差图像,经过大脑的视融合处理,从而感知到立体图像. 根据左右眼视差图像分光方式的不同,可以将双目视差 3D 显示分为助视 3D 显示和光栅 3D 显示.

1. 助视 3D 显示

助视 3D 显示利用眼镜或头盔等辅助设备完成视差图像对和左右眼的匹配. 根据原理不同又可分为分色 3D、偏振 3D、快门 3D 和头盔 3D 等. 分色 3D 利用不同波段的可见光(例如,红蓝色)分别显示视差图像对,观看者佩戴由滤色片制成的分色眼镜(如红绿眼镜),使得左右眼只能看到相对应的不同颜色的视差图像,形成立体视觉. 偏振 3D 利用两束正交偏振光分别显示视差图像对,观看者佩戴由两个正交偏振片制成的偏振眼镜,使得左右眼只能看到相对应的不同偏振的视差图像,形成立体视觉. 根据使用的偏振光的不同,偏振 3D 可分为线偏振 3D 和圆偏振 3D 两种. 后者受观看者的观看姿势影响很小,具有更大的观看舒适度. 目前的 3D 电影大多采用这种方式. 快门 3D 利用快门眼镜,显示屏幕上时序地显示左右眼视差图像,快门眼镜同步时序地打开左右快门,使得观看者左右眼时序地接收到对应的视差图像,形成立体视觉. 头盔 3D 利用头戴显示设备,直接给观看者左右眼提供两幅视差图像,使得观看者沉浸在虚拟的 3D 世界中,当下非常流行的虚拟现实技术(virtual reality,VR)正是基于这样的显示原理. 然而,以上助视 3D 显示技术要求观看者佩戴眼镜或头盔,大大降低了观看的自由度和舒适度.

2. 光栅 3D 显示

光栅 3D 显示是一种裸眼 3D 显示,分为狭缝光栅 3D 显示和柱透镜光栅 3D 显示(图 8.15). 狭缝光栅 3D 利用狭缝光栅的透光条的透射和挡光条的遮挡,将左右眼视差图像的光线分离形成观看区域的视点,当观看者左右眼分别位于不同视点上时便可以观看到立体图像. 狭缝光栅 3D 显示器根据狭缝光栅相对于 2D 显示屏所放置的位置不同,又可分为前置狭缝光栅 3D 显示和后置狭缝光栅 3D 显示两种. 柱透镜光栅 3D 利用柱透镜将左右眼视差图像的光线折射到不同方向形成视点. 光栅 3D 显示具有裸眼观看不需要辅助设备的优点,但同时由于视点的位置限制,使得观看者需要位于特定的观看距离上,并且双眼要正好位于特定的视点上才能观看到正确的 3D 图像. 一旦双眼位置偏离观察视点,或者正好位于左右颠倒的视点上时,就会看到串扰的图像,并且引发严重的视疲劳.

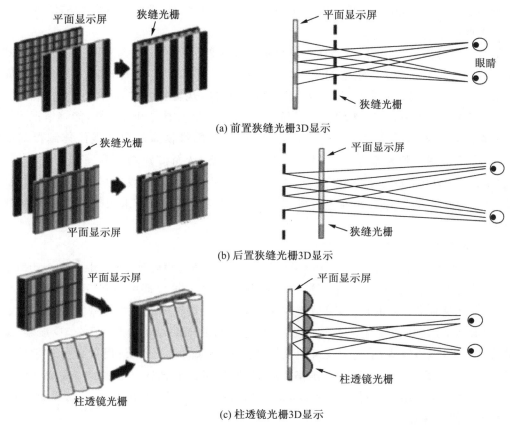

图 8.15 光栅 3D 显示的结构与原理

8.4.2 真 3D 显示

真 3D 显示提供近乎真实的 3D 显示,在某种程度上观看者无法辨别其与真实物体的差别,观看感受十分接近于观看真实物体.与双目视差 3D 显示相比,真 3D 显示不仅提供了心理景深,还提供了真正的物理景深,真正在空间中构造出 3D 像,因而不存在观看视疲劳.这种技术的另外一个优点是允许多人从几乎任何角度进行观看.

1. 体 3D 显示

体 3D 显示主要技术有三种:动态屏、上转换发光及层屏显示技术.基于动态屏的体 3D 显示方法依靠机械装置旋转或移动平面显示屏,利用人眼的视觉暂留效应实现空间立体显示效果.其中,用于显示平面图像的动态屏可以是直视显示屏或投影显示屏,动态屏的形状可以是平面形或螺旋形.这种体 3D 显示方式能实现 360°观看,但都具有复杂的机械装置,其体积庞大,3D 数据量非常巨大,且很难实现真实场景和有遮挡关系的场景的显示等特点.

基于上转换发光的体 3D 显示是使用两束不同波长的不可见光束来扫描和激励位于透明体积内的光学活性介质,在两光束的交汇处取得双频两步上转换效应而产生可见光荧光,从而实现空间立体图像的显示.这种体 3D 显示方式无须采用任何用于旋转或移动的部件,因而大大提高了系统的稳定性,降低了工作噪声;但是,目前尚缺乏合适的激励源和具有充分光转换效率的发光介质,体素被串行激活,体素总数不够多,无法表述复杂的图像信息或活动的光点信息.

基于层屏的体 3D 显示使用高速投影机将待显示的立体物体的深度截面连续投射到由距离观看者远近不同的层屏组成的显示体相对应的深度位置上,且保证在较短时间内完成在显示体上的一次投影成像,利用人眼的视觉暂留效应,观看者可在显示体前方任意位置观看到 3D 图像.层屏一般采用液晶散射屏制成,液晶散射屏具有光开关特性,能够根据施加电压与否在透明与不透明两种状态之间快速切换.投影机将物体的深度截面连续投射到层屏上,其中每帧图像切片都停留在相应深度的层屏处,从而得到均匀有序的体素阵列,实现 3D 显示.这种体 3D 显示方式存在层屏间的亮度不均匀,远离投影机的层屏亮度很低.另外,3D 图像由 2D 图像切片堆叠而成,从而缺乏真实立体感,可采用抗锯齿技术对此进行改善.

2. 集成成像 3D 显示

集成成像 3D 显示(integral image 3D display)利用微透镜阵列(microlens array)对空间中的 3D 场景进行拍摄,基于光路可逆原理,拍摄过程的逆过程即可重建 3D 场景的光场信息.集成成像具有准连续的视点,可以重建全视差信息(垂直视差和水平视差).相对于双目视差 3D 显示,集成成像没有立体观看视疲劳,也不需要辅助设备;相对于体 3D 显示,集成成像结构简单,体积轻薄,不需要复杂的机械装置和特殊的发光介质;相对于全息 3D 显示,集成成像不需要相干光源和超高分辨率的空间光调制器,信息量更小.此外,集成成像原理简单,易于集成于二维显示器并实现 2D/3D 功能切换,显示效果相对优秀,已经成为真 3D 显示技术的研究热点之一.

集成成像包括记录和再现两个过程.图 8.16 为集成光学直接拍摄 3D 物体与显示原理图.记录过程利用微透镜阵列记录 3D 场景在不同角度的 3D 信息,由于构成微透镜阵列的每个透镜元从不同方向记录 3D 场景的小部分信息,每个透镜元都具有独特的成像功能,在每个透镜元的后焦平面上对应生成了一幅不同方位视角的微小图像,称为图像元,所有的图

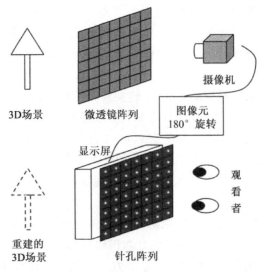

图 8.16　集成光学直接拍摄 3D 物体与显示原理

像元组成了微图像阵列.在这一过程中,3D 场景中的任意一点都被许多透镜元记录下来,该点的 3D 信息就被扩散记录于微图像阵列中.再现过程中,利用普通 2D 显示器显示微图像阵列,再使用与记录时参数相同的微透镜阵列与之精密耦合,根据光路可逆原理,微透镜阵列又把所有图像元像素发出的光线聚集还原,在微透镜阵列的前后方重建出与记录时的 3D 场景完全相同的 3D 图像.

3. 全息 3D 显示

全息 3D 显示(holographic 3D display)因能够记录光波的完整信息而成为实现真三维显示的最佳途径.目前,根据全息显示技术记录介质与显示载体的不同,可将其分为传统的光学全息和电子全息两类.

传统光学全息采用卤化银、明胶、光聚合物等来记录全息图,这些记录材料具有空间分辨率高、衍射率高和视场角大的特点,能够记录每个细节信息,但对实验条件要求较高且后期的化学湿处理过程复杂,制约了光学全息技术的发展.随着光电技术的发展,空间光调制器等光电器件逐渐出现并运用于全息显示技术,使全息 3D 显示技术得到了更强大的生命力.根据光电器件在传统光学的作用不同,可以将传统光学三维显示技术分为采用光折变聚合物的可更新显示全息显示技术、扫描式全息显示技术、多光源彩色全息显示技术等.

伴随着计算机处理速度的提升和存储容量的扩展,全息技术也随之高速发展,特别是计算全息(computer generated hologram,CGH)和数字全息技术(Digital Holography,DH)的出现,为实现真 3D 显示注入新的活力.作为现代光学一个重要分支的计算全息,计算全息术利用计算机编码,模拟光学记录过程,得到三维物体的全息干涉图样.和传统的光学全息图相比,计算全息同样可以记录物光波的振幅和相位,而且具有灵活性大、噪声低、重复性高等独特的优点.该技术主要依靠编程模拟全息图的生成过程,因此其算法的要求体现在运算速度以及视场角方面.数字全息利用 CCD 代替干板,将记录的全息图存入计算机,用计算机模拟光学再现.与传统光学全息相比,数字全息的制作成本低,成像速度快,记录和再现灵活.目前数字全息还在发展阶段,对于图像颜色的记录以及实现大视场角再现是研究的热点问题.图 8.17 分别为采用计算全息和数字全息重建 3D 物体.

(a) 计算全息

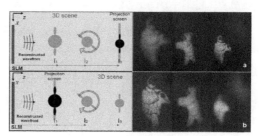
(b) 数字全息

图 8.17 利用全息重建 3D 物体

思考题

1. 简述 CCD 成像器件的基本组成和工作原理.
2. CCD 成像器件主要有哪些性能指标?
3. 试比较 CCD 和 CMOS 成像器件的特点.
4. 简述光电系统的组成与评价方式.
5. 简述彩色显像管的基本工作原理.
6. 简述 TN 型液晶显示器件的结构、工作原理和驱动原理.
7. 简述液晶显示器的主要技术指标及其含义.
8. 什么是等离子体？简述 PDP 显示板的结构和显示原理.
9. 比较等离子显示与液晶显示的性能特点.
10. 三维显示有哪些方法？试比较其各自优缺点.

英语词汇

第1章

完全电解质(perfect dielectric)
无耗媒质(lossless medium)
亥姆霍兹方程(Helmholtz equation)
偏振(polarization)
红外辐射(infrared radiation)
可见光(visible light)
紫外辐射(ultraviolet radiation)
相速度(phase velocity)
群速(group velocity)
价带(valence band)
导带(conduction band)
能量间隔(energy band gap)
禁带(forbidden band)
本征半导体(intrinsic semiconductor)
掺杂半导体(doped semiconductor)
载流子(carrier)
施主(donor)
空穴(hole)
受主原子(accepter)
多数载流子(majority carrier)
少数载流子(minority carrier)
内建电场(built-in electric field)
发光二极管(light-emitting diode,LED)
半导体激光(semiconductor laser)
光探测器(photodetector)
光纤通信(fiber-optic communications)
太阳能电池(solar cell)
截止波长(cutoff wavelength)
非平衡载流子(non-equilibrium carrier)
产生和复合(generation and recombination of electron-hole pair)
扩散(diffusion)
漂移(drift)
PN结(p-n junction)
激光二极管(laser diode,LD)
雪崩击穿(avalanche breakdown)
齐纳击穿(Zener breakdown)

第2章

辐射度学(radiometry)
热辐射(thermal radiation)
平均强度(averaged intensity)
发光(或辐射)强度空间分布图
　　(luminous(or radiant)diagram)
半强度角(half-intensity angle)
偏差角(misalignment angle)
电致发光(electroluminescence)
光致发光(photoluminescence)
化学发光(chemiluminescence)
热致发光(thermoluminescence)

第 3 章

色温(color temperature)
自发辐射(spontaneous radiation)
受激辐射(stimulated radiation)
受激吸收(stimulated absorption)
激光器(light amplification by stimulated emission of radiation, LASER)
粒子数反转(population inversion)
单色性(monochromaticity)
卤素灯泡(halogen lamp)
荧光灯(fluorescent lamp)
汞灯(mercury lamp)
发光二极管(light emitting diode, LED)

第 4 章

光电效应(photoelectric effect)
光热效应(photothermal effect)
白噪声(white noise)
色噪声(color noise)
热噪声(Johnson noise)
散粒噪声(shot noise)
产生-复合噪声(generation-recombination noise)
上升时间(rise time)
下降时间(fall time)
归一化探测率(specific detectivity)

第 5 章

光电二极管(photodiode)
光电倍增管(photomultiplier tube)
变像管(image converter tube)
电子束摄像管(electron beam camera tube)
截止波长(cutoff wavelength)
负电子亲和势阴极(negative electron affinity, NEA)
光电导探测器(photoconductive detector)
光伏探测器(photovoltaic detector)

第 6 章

热探测器(thermal detector)
热电堆(thermopile)
测热辐射计(bolometer)
热释电探测器(pyroelectric detector)
热敏电阻(thermistor)

第 7 章

调制（modulation）
振幅调制（amplitude modulation）
频率调制（frequency modulation）
相位调制（phase modulation）
强度调制（intensity modulation）
脉冲调制（pulse modulation）
脉冲编码调制（pulse code modulation）
电光效应（electro-optic modulation）
半波电压（half wave voltage）
声光调制（acoustooptic modulation）
相位光栅（phase grating）
声光衍射（acousto-optic diffraction）
光束扫描（beam scanning）
机械扫描（mechanical scanning）
电光扫描（electrooptical scanning）
电光数字式扫描（electrooptical digital scanning）
空间光调制器（spatial light modulator）

第 8 章

光电成像（photoelectronic imaging）
显示技术（display technology）
电荷耦合器件（charge coupled device，CCD）
互补金属氧化物半导体（complementary metal oxide semiconductor，CMOS）
电荷注入器件（charge injection device，CID）
表面沟道 CCD（surface channel CCD）
无源像素机构 PPS（passive-pixel sensor）
有源像素机构 APS（active-pixel sensor）
放大器（amplifier）
调制传递函数（modulation transfer function，MTF）
光学传递函数（optical transfer function，OTF）
点扩展函数（point spread function，PSF）
相位传递函数（phase transfer function，PTF）
电荷转移效率（charge transfer efficiency，CTE）
阴极射线显示管（cathode ray tube，CRT）
光晕（haze）
点距（dot pitch）
束偏移（beam displacement）
液晶显示（liquid crystal display，LCD）
层状液晶（sematic）
向列型液晶（nematic）
胆甾型或胆固醇型液晶（cholesteric）
秩序参数（order parameter）
指向矢（director）
热致型液晶（thermotropic）
溶致型液晶（lyotropic）
异方性（anisotropic）
冷阴极荧光灯（cold cathode fluorescent lamps，CCFL）
等离子体显示（plasma display panel，PDP）
虚拟现实技术（virtual reality，VR）
集成成像 3D 显示（integral image 3D display）
微透镜阵列（microlens array）
全息 3D 显示（holographic 3D display）
计算全息（computer generated hologram，CGH）
数字全息技术（digital holography，DH）

参考文献

[1] Kasap S O. 光电子学与光子学原理与实践[M]. 2版. 罗风光译. 北京:电子工业出版社,2015.

[2] 王庆友. 光电技术[M]. 3版. 北京:电子工业出版社,2013.

[3] 江月松. 光电技术与实验[M]. 北京:北京理工大学出版社,2002.

[4] 江文杰,曾学文,施建华. 光电技术[M]. 北京:科学出版社,2009.

[5] 周自刚,范宗学,冯杰. 光电子技术基础[M]. 北京:电子工业出版社,2015.

[6] 波恩,沃尔夫. 光学原理[M]. 7版. 北京:电子工业出版社,2006.

[7] Kumar C, Patel N. Optoelectronics-Past, Present, and Future[J]. Sadhana, 1992, 17(3—4):327—354.

[8] Soref R, Lorenzo J. All-silicon active and passive guided-wave components for $\lambda=1.3$ and $1.6\ \mu m$[J]. IEEE J Quantum Electron, 1986, QE—22(6):873—879.

[9] Di Faico A, Faolain L O, Krauss T F. Chemical sensing in slotted photoniccrystal heterostructure cavities[J]. Appl Phys Lett, 2009, 29(94):063503-1—063503-3.

[10] Peter Yu. Fundamentals of Semiconductors[M]. Berlin:Springer-Verlag, 2010.

[11] Cutler M, Mott N. Observation of Anderson localization in an electron gas[J]. Physical Review, 1969, 181(3):1336.

[12] Allen J W. Gallium arsenide as a semi-insulator[J]. Nature, 1960, 187(4735):403—405.

[13] Hecht J. Short history of laser development[J]. Optical Engineering, 2010, 49(9):091002-1—091002-23.

[14] Tahir A. The evolution of laser in laryngology[J]. International Journal of Otolaryngology and Head & Neck Surgery, 2015, 4(02):137.

[15] Wu X. Ultraviolet photonic crystal laser[J]. Applied Physics Letters, 2004, 85(17):3657.

[16] 丘军林. 我国高功率 CO_2 激光器的发展——回顾与展望[J]. 应用激光, 2002, 22(2):254—256.

[17] 周炳琨,高以智,陈倜嵘. 激光原理[M]. 7版. 北京:国防工业出版社,2014.

[18] Raguse John. Correlation of electroluminescence with open-circuit voltage from thin-film CdTe solar cells[J]. Journal of Photovoltaics, 2015, 5(4):4.

[19] Alfaraj N, Mitra S, Wu F. Photoinduced entropy of InGaN/GaN p-i-n double-heterostructure nanowires[J]. Applied Physics Letters, 1998, 110(16):161110.

[20] Stella P, Kortner M, Ammann, et al. Measurements of nitrogen oxides and ozone fluxes by eddy covariance at a meadow: evidence for an internal leaf resistance to

NO$_2$[J]. Biogeosciences,2013,10:5997—6017.

[21] Keizars K Zen,Forrest Beth M,Rink W Jack. Natural residual thermoluminescence as a method of analysis of sand transport along the coast of the St. Joseph peninsula, Florida[J]. Journal of Coastal Research,2008,24:500.

[22] Rogalski A. History of infrared detectors[J]. Opto-Electronics Review,2012, 20(3):279—308.

[23] Richards P L. Bolometers for infrared and millimeter waves[J]. Journal of Applied Physics,1994,76:1—36.

[24] Dobre Octavia A,Ali Abdi,Yeheskel Bar-Ness,et al. Survey of automatic modulation classification techniques:classical approaches and new trends[J]. IET Communications, 2007,1(2):137—156.

[25] Gerald C Holst. CCD Arrays Cameras and Displays[M]. Winter Park:JCD Publishing,1998.

[26] Glenn D Boreman. Modulation Transfer Function in Optical and Electro-Optical Systems[M]. Bellingham:SPIE Press,2001.

[27] Gordon Arthur. Prediction and measurement of minimum resolvable contrast for TV sensors[J]. SPIE 1994,2223:533—542.

[28] 王新久. 液晶光学和液晶显示[M]. 北京:科学出版社,2006.

[29] 高鸿锦,董友梅. 液晶与平板显示技术[M]. 北京:北京邮电大学出版社,2007.

[30] Paturzo M P,Memmolo A Finizio. Synthesis and display of dynamic holographic 3D scenes with real-world objects[J]. Optics Express,2010,18(9):8806—8815.

[31] Nehmetallah G,Banerjee P. Applications of digital and analog holography in three-dimensional imaging[J]. Advances in Optics and Photonics,2012,4(4):472—553.